Stephan Kabelac

Thermodynamik der Strahlung

Grundlagen und Fortschritte der Ingenieurwissenschaften

Fundamentals and Advances in the Engineering Sciences

herausgegeben von
Prof. Dr.-Ing. Wilfried B. Krätzig, Ruhr-Universität Bochum
Prof. em. Dr.-Ing. Dr.-Ing. E.h. Theodor Lehmann[†], Ruhr-Universität Bochum
Prof. Dr.-Ing. Dr.-Ing. E.h. Oskar Mahrenholtz, TU Hamburg-Harburg
Prof. Dr. Peter Hagedorn, TH Darmstadt

Konvektiver Impuls-, Wärme- und Stoffaustausch
von Michael Jischa

Einführung in Theorie und Praxis der Zeitreihen- und Modalanalyse
von Hans G. Natke

Mechanik der Flächentragwerke
von Yavuz Basar und Wilfried B. Krätzig

Introductory Orbit Dynamics
von Fred P. J. Rimrott

Festigkeitsanalyse dynamisch beanspruchter Offshore-Konstruktionen
von Karl-Heinz Hapel

Abgelöste Strömungen
von Alfred Leder

Strömungsmechanik
von Klaus Gersten und Heinz Herwig

Konzepte der Bruchmechanik
von Reinhold Kienzler

Dünnwandige Stab- und Stabschalentragwerke
von Johannes Altenbach, Wolfgang Kissing
und Holm Altenbach

Thermodynamik der Strahlung
von Stephan Kabelac

Stephan Kabelac

Thermodynamik
der Strahlung

Mit 69 Bildern und 10 Tabellen

Dr. habil. Stephan Kabelac
Sachgebietsleiter in der Zentralen Forschung und
Entwicklung der Bayer AG in Leverkusen
Privatdozent am Institut für Thermodynamik
an der Universität Hannover

Alle Rechte vorbehalten
© Friedr. Vieweg & Sohn Verlagsgesellschaft mbH, Braunschweig/Wiesbaden, 1994

Der Verlag Vieweg ist ein Unternehmen der Verlagsgruppe Bertelsmann International.

Das Werk einschließlich aller seiner Teile ist urheberrechtlich geschützt. Jede Verwertung außerhalb der engen Grenzen des Urheberrechtsgesetzes ist ohne Zustimmung des Verlags unzulässig und strafbar. Das gilt insbesondere für Vervielfältigungen, Übersetzungen, Mikroverfilmungen und die Einspeicherung und Verarbeitung in elektronischen Systemen.

Druck und buchbinderische Verarbeitung: Lengericher Handelsdruckerei, Lengerich
Gedruckt auf säurefreiem Papier
Printed in Germany

ISBN 3-528-06589-3

Vorwort

Die Energietechnik beschäftigt sich mit der Umwandlung von Primärenergien in Nutzenergien. Strahlung, insbesondere die Solarstrahlung, ist eine Energieform, deren Umwandlung in andere Energieformen mit den Methoden der Thermodynamik beschrieben werden kann. Diese Thermodynamik der Strahlung, deren Grundlage von Physikern wie Max Planck, Albert Einstein, Max von Laue u.a. Anfang dieses Jahrhunderts geschaffen wurde, wird in diesem Buch systematisch zusammengestellt und diskutiert.

Zur Bilanzierung eines Strahlungsenergiewandlers müssen Energie und Entropie der zu- und abgehenden Strahlungsströme bekannt sein. Die Berechnung dieser Größen aus der Strahldichte und dem Polarisationsgrad, jeweils als Funktion der Wellenlänge und des Raumwinkels, steht im Mittelpunkt der Betrachtungen. Die Anwendung wird am Beispiel der technisch interessanten terrestrischen Solarstrahlung gezeigt. Die Eingangsgrößen Strahldichte und Polarisationsgrad werden durch halbempirische Atmosphärenmodelle bereitgestellt. Die hier maßgebenden Streu- und Absorptionsvorgänge werden einführend behandelt.

Das Buch versteht sich als Bindeglied zwischen der Thermodynamik und der Physik elektromagnetischer Strahlung. Aus der Thermodynamik fließt die Lehre der Energiewandlung ein, ebenso wie die Beschreibung von Strahlung im Gleichgewicht (Hohlraum–Strahlung). Die Physik beschreibt die Wechselwirkung zwischen Strahlung und Materie, ohne die eine realistische Modellierung der Strahlungsenergiewandlung nicht gelingt (Strahlung im Nicht–Gleichgewicht). Somit werden durch dieses Fachbuch nicht nur Thermodynamiker und Ingenieure der Energietechnik angesprochen, sondern auch Physiker, die sich für die Solarstrahlung als regenerative Energieform interessieren. Es wird deutlich, daß noch eine Vielzahl offener Fragen den zukünftigen Forschungsbedarf unterstreichen.

Dieses Buch entwickelte sich aus meiner Tätigkeit am Institut für Thermodynamik der Universität Hannover. Somit gilt mein unmittelbarer Dank dem damaligen Leiter des Instituts, Prof. Dr.-Ing. Dr.-Ing.E.h. H.D. Baehr. Viele weitere Personen haben wertvolle Beiträge eingebracht, wobei ich mich stellvertretend bei Manfred Burke, Frank-Detlef Drake und Thomas Enkemann bedanken möchte. Dem Verlag Vieweg danke ich für die freundliche und geduldige Zusammenarbeit.

Langenfeld, im Dezember 1993   Stephan Kabelac

Inhaltsverzeichnis

Bezeichnungen	VIII
1 Einführung	**1**
1.1 Energiewandlung	1
1.2 Das Strahlungsmodell	6
2 Historie und Literaturübersicht	**10**
3 Strahlung im Gleichgewicht	**15**
3.1 Hohlraum-Strahlung	15
3.2 Die Exergie von Hohlraum–Strahlung	26
4 Strahlung im Nicht–Gleichgewicht	**35**
4.1 Die Umrechnung auf Strahlungsströme	35
4.2 Strahlungseigenschaften realer Materie	40
4.3 Verdünnte Schwarzkörper–Strahlung	43
4.4 Die Polarisation von Strahlung	48
4.5 Die Entropie–Berechnungsgleichung	53
4.6 Die Abhängigkeit der Entropie von direkten Einflußgrößen	54
4.7 Die Entropieberechnung mit dem Wienschen Verschiebungsgesetz	62
4.8 Die Strahlungsentropie nach Landsberg	64
5 Die Entropie der Strahlung – Anwendung	**68**
5.1 Die Strahlungsvorgänge in der Atmosphäre	68
5.1.1 Das Atmosphärenmodell	69
5.1.2 Das Polarisationsmodell	85
5.1.3 Das Raumwinkel-Verteilungsmodell	87
5.2 Ergebnisse	92
5.3 Ein Anwendungsbeispiel	96
5.4 Die Strahlungsentropie in der Thermodynamik der irreversiblen Prozesse	102

6 **Die Exergie der Strahlung**   110
    6.1 Die erste Version des Strahlungsenergiewandlers 112
    6.2 Die zweite Version des Strahlungsenergiewandlers 117
    6.3 Die Exergie der Solarstrahlung 124

7 **Das chemische Potential der Strahlung**   126
    7.1 Die zugrundeliegende Idee 126
    7.2 Die physikalische Herleitung 128
    7.3 Auswirkung eines chemischen Potentials 132
    7.4 Der Wirkungsgrad einer photovoltaischen Zelle 136

8 **Anhang**   141
    A1 Strömungsgrößen 141
    A2 Die Maxwellsche Theorie 142

Literaturverzeichnis   146

Bezeichnungen

A	Fläche
a	Strahlungskonstante, vgl. Tab. 3.1
$a(t)$	Amplitude des Vektors des elektrischen Feldes
B	Geometriefaktor, Gl. 4-6
b_A	Ångströmscher Trübungsfaktor der Atmosphäre
C	Zustandsdichte, Gl. 3-4
c	Lichtgeschwindigkeit, vgl. Tab. 3.1
c^0	spezifische Wärmekapazität
D	Strahlungsentropiestrom, flächenspezifisch
E	Strahlungsenergiestrom, flächenspezifisch
$\vec{E}^{el}$	elektrischer Feldvektor
E_g	Bandabstand im Halbleiter, vgl. Kap. 7
$\mathcal{E}$	Exergie
f	allgemeine analytische Funktion
G	Gibbsche freie Enthalpie
H	Enthalpie
h	Plancksches Wirkungsquantum, vgl. Tab. 3.1
I	Intensität
$\mathbf{J}$	Kohärenz–Matrix mit den Komponenten J_i, vgl. Kap. 4.4
J	Fluß, Gl. 5-25
K	Strahlungsentropiedichte, Gl. 4-3
k	Imaginärteil des Brechungsindex, Absorptionskonstante
k	Boltzmann-Konstante, vgl. Tab. 3.1
K_1, K_2	Konstanten
L	Strahldichte, Gl. 4-2
m	Brechungsindex
m	Masse
m_a	relative Atmosphärenmasse
N	Anzahl der Photonen
n	Quantenzahl
n	Realteil des komplexen Brechungsindex $\overline{m} = n - ik$
$\overline{n}^G$	mittlere Besetzungszahl im Gleichgewicht eines Photonen–Quantenzustands
$\vec{n}$	Normalenvektor
o	Ozongehalt der Atmosphäre
P	Polarisationsgrad
P	Leistung
P	Wahrscheinlichkeit für ein Besetzungsschema
p	Druck
p	Wahrscheinlichkeit, vgl. Kap. 4.8

Q	Wärme
q_{el}	Ladung eines Elektrons
R	Restanteil, vgl. Abb. 3.5
R	Gaskonstante, vgl. Kap. 3.2
$\vec{r}$	Strahlrichtungsvektor
S	Entropie
$\dot{S}_{irr}$	Entropieerzeugungsrate
s	volumenspezifische Entropie
T_λ	spektrale Strahlungstemperatur, Gl. 3-8 bzw. Gl. 420
T	thermodynamische Temperatur
T^0	effektive Temperatur, vgl. Kap. 4.3
T_F	Flußtemperatur, vgl. Kap. 4.3
T_m	thermodynamische Mitteltemperatur
t	Zeit
U	innere Energie
U^{el}	elektrische Spannung
u	volumenspezifische innere Energie
V	Volumen
W	Arbeit
W^N	Nutzarbeit, Gl. 3-18
w	Wasserdampfgehalt der Atmosphäre
X	Arbeitskoordinate, Gl. 1-6
$X(\epsilon)$	Entropiefunktion der verdünnten Schwarzkörper-Strahlung
x	mittlere Besetzungszahl eines Photonen–Quantenzustands
x	Qualitätsfaktor zum Entropiegehalt von Strahlung, Gl. 6-9
y	Arbeitskoeffizient, Gl. 1-6
z	dimensionslose Frequenz, $z = (hc)/(k\lambda T)$
α	Verhältnis von Partikelgröße zu Wellenlänge, vgl. Kap. 5.1
α	Absorptionsgrad, vgl. Kap. 4.2
β	Streukoeffizient, vgl. Kap. 5.1
Δ	Formfaktor, Gl. 4-19
δ	halber Öffnungswinkel eines Strahlenkegels
ε	Energie eines Photons
ε	Emissionsgrad, vgl. Kap. 4.2
ϵ	Verdünnungsgrad, vgl. Kap. 4.3
ζ	exergetischer Wirkungsgrad, vgl. Kap. 1
η	energetischer Wirkungsgrad
ϑ	Zenitwinkel
λ	Wellenlänge
μ	chemisches Potential
ν	Frequenz
ρ	Reflexionsgrad, vgl. Kap. 4.2
σ	Stefan–Boltzmann Konstante, vgl. Tab. 3.1
τ	optische Dicke, Gl. 5-11

τ	Transmissionskoeffizient, Gl. 5-1
$\mathcal{I}$	Streufunktion, Gl. 5-24
Φ	Strahlungsenergiestrom, $\Phi = \int E\,dA$
ϕ	Phase der elektromagnetischen Welle
Ψ	Strahlungsentropiestrom, $\Psi = \int D\,dA$
ψ	Beobachterwinkel, vgl. Abb. 5.8
φ	Azimutwinkel
Ω	Raumwinkel
ω	Kreisfrequenz, $\omega = 2\pi\nu$

Indizes

A	Atmosphäre
b	Schwarzkörper
dif	diffuse Strahlung
dir	direkte Solarstrahlung
G	Gleichgewicht
s	solar
u	Umgebungszustand
λ	spektrale Größe im Wellenlängenintervall $\lambda, \lambda+d\lambda$
ν	spektrale Größe im Frequenzintervall $\nu, \nu+d\nu$
$\perp$	senkrecht zur Bezugsebene polarisierter Teil
$\parallel$	parallel zur Bezugsebene polarisierter Teil

1 Einführung

1.1 Energiewandlung

Ein Anwendungsgebiet der technischen Thermodynamik ist die Energiewandlung. Die elektromagnetische Strahlung ist eine Erscheinungsform von Energie, analog zur thermischen, mechanischen, elektrischen, chemischen oder nuklearen Energie. Da die in der Natur vorkommenden Energieformen, die *Primärenergien*, wie z.B. die chemische Energie der fossilen Brennstoffe, i.a. nicht jene Energieformen sind, die dem Menschen als *Endenergien* nützlich sind, bedarf es der Umwandlung der Primärenergien in Endenergien wie thermische, elektrische oder mechanische Energie. In Bild 1.1 sind einige wichtige Energiewandlungspfade dargestellt, wie sie der Energie-

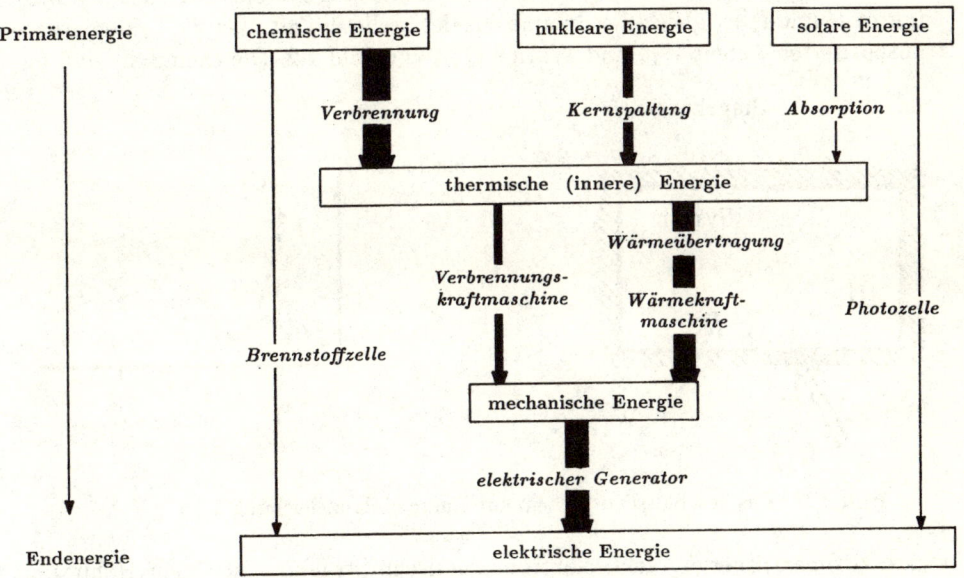

Bild 1.1 Energiewandlungspfade

technik zugrunde liegen. Die heute wichtigste Primärenergie ist mit einem Anteil von rd. 88 % Primärenergie die chemische Energie fossiler Brennstoffe in Form von Kohle, Erdöl und Erdgas (Stand 1992). Dies liegt u.a. in der sehr hohen Energiedichte dieser Brennstoffe begründet. 1 kg (1,4 l) Benzin enthält ca. 45 000 kJ (12,5 kWh) chemisch gebundene Energie, die sich durch einen einfachen Verbrennungsprozeß nahezu vollständig in thermische Energie umwandeln läßt. Zudem sind diese Brennstoffe einfach und verlustfrei zu speichern.

Die am Erdboden eintreffende Solarenergie ist ebenfalls leicht in thermische Energie umzuwandeln, sie hat aber eine sehr viel geringere Energiedichte von ca. 180 W/m² im Langzeitmittel und ist nur unzulänglich speicherbar. Aufgrund ihrer Umweltverträglichkeit und ihrer unbegrenzten Verfügbarkeit ist die Solarenergie dennoch aus ihrer natürlichen, geophysikalischen Domäne in den Kreis der technisch nutzbaren Primärenergien hervorgetreten. Für eine verstärkte wirtschaftliche Nutzung dieser Energieform muß die Berechnungsgrundlage für die hierbei notwendigen Energieumwandlungsschritte zugänglich sein.

Die physikalische Beschreibung der Energieumwandlungen, wie sie in Bild 1.1 dargestellt sind, basiert auf den beiden Hauptsätzen der Thermodynamik. Der 1. Hauptsatz verknüpft die genannten Energieformen durch eine Energiebilanzgleichung. Für ein einfaches, ruhendes geschlossenes System lautet diese Bilanzgleichung im einfachsten Fall (Baehr, 1992)

$$U_2 - U_1 = Q_{12} + W_{12}. \qquad 1\text{-}1$$

Die Änderung der inneren Energie U eines geschlossenen Systems zwischen den Zeitpunkten t_1 und t_2 ist gleich der Summe aus der in dieser Zeit über die Systemgrenze transportierten Arbeit W_{12} und Wärme Q_{12}, vgl. Bild 1.2. Die chemische und nu-

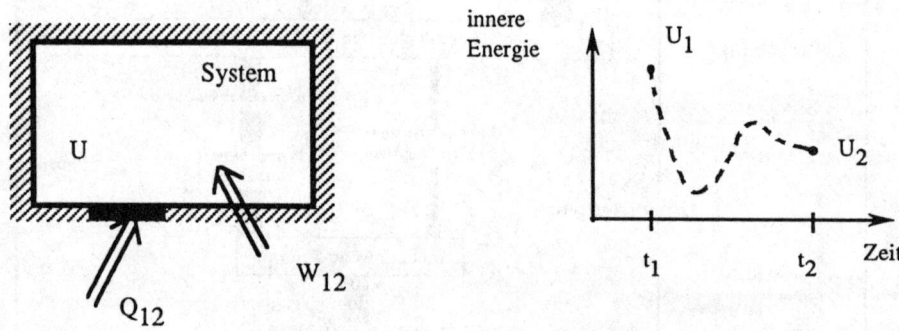

Bild 1.2 Das geschlossene System zur Energiebilanzgleichung 1-1

kleare (Primär-)Energie, auch elektromagnetische Strahlung in einem Hohlraum, sind Erscheinungsformen der inneren Energie U, einer *Zustandsgröße*, während die i.a. gesuchten Endenergien, die elektrische und mechanische Arbeit W sowie Wärme Q, als *Prozeßgrößen* auf der rechten Seite von Gl. 1-1 stehen. Zustandsgrößen sind allein dem System zugeordnet, sie sind permanent vorhanden. Prozeßgrößen treten nur während eines Prozesses in Erscheinung, d.h. zwischen den Zeitpunkten t_1 und t_2; und sie sind nur an der Systemgrenze detektierbar. Prozeßgrößen sind Energien im Übergang, d.h. man kann die Prozeßgröße Arbeit nicht aus Zustandsgleichungen

1.1 Energiewandlung

berechnen, wie z.B. die innere Energie oder die Entropie, sie muß aus Bilanzgleichungen bestimmt werden. Da sie nur an der Systemgrenze auftritt, müssen insgesamt zwei Systeme betrachtet werden: das eigentliche System, dessen innere Energie bilanziert wird, und das umgebende System, die Umgebung.

Die Umwandlung der inneren Energie eines geschlossenen Systems z.B. in Arbeit, wie sie durch Gl. 1-1 bzw. in Bild 1.2 beschrieben wird, ist ein diskontinuierlicher Prozeß, der zwischen den Zeitpunkten t_1 und t_2 abläuft, vgl. Kapitel 3. Technisch sehr viel bedeutsamer sind kontinuierliche Umwandlungsprozesse, wo zeitlich stationär ein kontinuierlicher *Strom* von Primärenergie (Öl, Windenergie, Solarstrahlung) vermittels eines stationär oder periodisch arbeitenden Energiekonverters in Leistung oder in einen Wärmestrom umgewandelt wird. Diesem konzeptionell anders zu betrachtenden kontinuierlichen Energiekonverter liegt eine Leistungsbilanz der Art

$$\dot{m} h_B - \dot{m} h_A = \dot{Q} + P \qquad \text{1-2}$$

zugrunde, vgl. Bild 1.3. Hierin bedeuten A und B unterschiedliche Raumpunkte (nicht Zeitpunkte), die durch die festzulegende Abgrenzung des bilanzierten Kontrollraums willkürlich bestimmt werden. In dem durch Gl. 1-2 beschriebenen Fall ist der zu konvertierende Energiestrom in Form von Enthalpie an einen Materiestrom $\dot{m}$ gekoppelt, wie z.B. bei einer Dampfturbine. Es können aber auch nur Wärme- und Arbeitsströme (Leistung) bilanziert werden, wie bei einer Wärmekraftmaschine. Auch bei offenen Systemen ist wieder zwischen der (spezifischen) Enthalpie h als Zustandsgröße und der Leistung P bzw. des Wärmestroms $\dot{Q}$ als Prozeßgröße zu unterscheiden. Diese Leistungsbilanz ist ebenfalls im Zusammenspiel mit der Um-

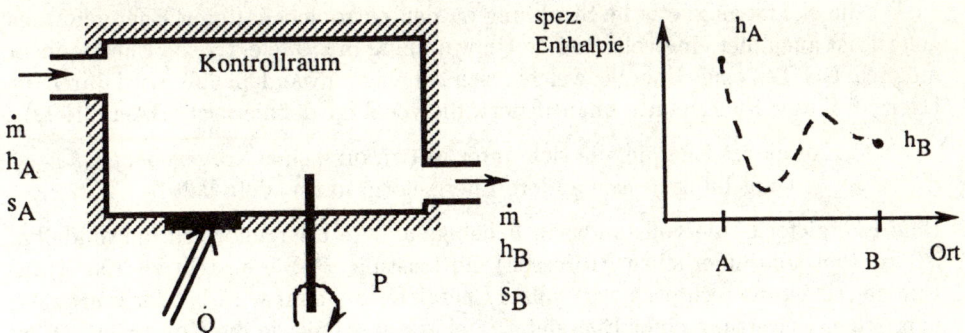

Bild 1.3 Der Kontrollraum zur Energiebilanzgleichung 1-2

gebung des Kontrollraums zu betrachten.

Die Aussagen des ersten Hauptsatzes (i.e. der Energiebilanzgleichung) sind noch nicht ausreichend, um Energieumwandlungen thermodynamisch zu bewerten. Die Umwandlung von einer Energieform in eine andere ist i.a. nicht auf gleichem Wege und nicht im gleichen Maße rückgängig zu machen. Zum Beispiel ist die Umwandlung von elektrischer Energie in thermische Energie vollständig möglich; der umgekehrte Umwandlungsfall (thermische in elektrische Energie) hingegen nur in eingeschränktem Maße. Diese Unsymmetrie ist Folge des zweiten Hauptsatzes der Thermodynamik, welcher sich in Form einer Entropiebilanzgleichung darstellt. Diese lautet für ein offenes System, wie in Bild 1.3 dargestellt,

$$\dot{m}\,s_B - \dot{m}\,s_A = \int_A^B \frac{d\dot{Q}}{T} + \dot{S}_{irr}\,.\qquad\text{1-3}$$

Das Integral erstreckt sich über alle Wärmeströme, die bei der am jeweiligen Ort herrschenden thermodynamischen Temperatur T über die Grenze des Kontrollraums treten. $\dot{S}_{irr}$ bedeutet die stationär im Kontrollraum erzeugte Entropie. Dieser Term ist immer positiv, im reversiblen Fall wird er zu null. Entropiebehaftete Energieformen wie z.B. die thermische Energie sind nicht vollständig in entropiefreie Formen wie mechanische Leistung umwandelbar. Es wird mit der thermischen Energie dem Konverter Entropie zugeführt, aber mit der mechanischen Energie keine Entropie abgeführt. Da sich die Entropie des Kontrollraums im stationären Fall nicht kontinuierlich vermehren darf, muß die durch den Wärmestrom $\dot{Q}_{zu}$ eingebrachte Entropie z.B. durch einen zusätzlichen Wärmestrom $\dot{Q}_{ab}$ abgeführt werden. Bei einer Wärmekraftmaschine ist das Verhältnis zwischen der vom Konverter abgegebenen Leistung und dem bei der Temperatur T_{zu} zugehenden Wärmestrom $\dot{Q}_{zu}$ im reversiblen Umwandlungsfall gleich dem Carnot-Wirkungsgrad η_c, wenn die Wärme auf dem niedrigst möglichen Temperaturniveau, der Umgebungstemperatur T_u, abgegeben wird,

$$\eta_c = \frac{P_{rev}}{\dot{Q}_{zu}} = 1 - \frac{T_u}{T_{zu}}\,.\qquad\text{1-4}$$

Da die elektromagnetische Strahlung zu den entropiebehafteten Energieformen gehört, ist auch hier eine vollständige Umwandlung in z.B. elektrische Energie nicht möglich. Der Teil einer Energie, welcher sich beliebig umwandeln läßt, wird durch die Exergie[1] dieser Energieform quantifiziert, die wie folgt definiert ist (Baehr, 1992):

„Exergie ist Energie, die sich unter Mitwirkung einer vorgegebenen Umgebung in jede andere Energieform umwandeln läßt."

Eine Energieform, die vollständig in beliebige andere Energieformen umwandelbar ist, ist (bei kontinuierlichen Prozessen) die Leistung P. Sie besteht zu 100 % aus Exergie, sie ist die technisch wertvollste Energieform. Somit wird bei der thermodynamischen Bewertung einer Energieform mittels der Exergie die Konvertierbarkeit in Leistung betrachtet. Das andere Extrem ist die innere Energie der (irdischen) Umgebung, aus der keine Arbeit gewonnen werden kann[2]. Die Exergie der Umgebungsenergie ist null, womit ein natürlicher Nullpunkt der Exergie gegeben ist.

---
[1] Ein aus „ex" (aus, heraus) und „ergon" (Arbeit, Kraft) zusammengesetztes Wort, welches von Rant (1956) eingeführt wurde.
[2] Eine Formulierung des zweiten Hauptsatzes von W. Thomson (Lord Kelvin) aus dem Jahre 1851 lautet: It is impossible, by means of inanimate material agency, to derive mechanical effect from any portion of matter by cooling it below the temperature of the coldest of the surrounding objects.

1.1 Energiewandlung

Derartige Energie, die nicht Exergie ist, wird Anergie genannt. Die Summe aus Exergie und Anergie ist die Energie.

Da Primärenergien wie die solare Strahlungsenergie vor der technischen Nutzung am Anfang einer ganzen Umwandlungskette stehen, ist es von besonderem Interesse, die jeweilige hieraus maximal (d.h. im reversiblen Idealfall) gewinnbare Leistung P_{rev} als Endenergie zu kennen. Dieses läßt sich z.B. aus der Verbreitung des Carnot-Faktors η_c innerhalb der Ingenieurwissenschaften ablesen, der speziell den reversiblen Umwandlungsschritt von thermischer zur mechanischen Energie charakterisiert.

Die Exergie $\dot{\mathcal{E}} = P_{rev}$ der Primärenergie ist eine thermodynamisch solide Bezugsgröße für reale Umwandlungsprozesse, da ein Wirkungsgrad der Form $\zeta = P_{real}/\dot{\mathcal{E}}$ im reversiblen Idealfall maximal den Wert 1 erreichen kann (im Gegensatz zum energetischen Wirkungsgrad der Form $\eta = P_{real}/E_{zu}$). Durch Kenntnis der Exergie $\mathcal{E}$ kann zwischen den *prinzipiellen* Umwandlungsbeschränkungen (d.h. durch den 2. Hauptsatz bedingten) und den technisch bedingten Irreversibilitäten unterschieden werden, vgl. Bild 1.4.

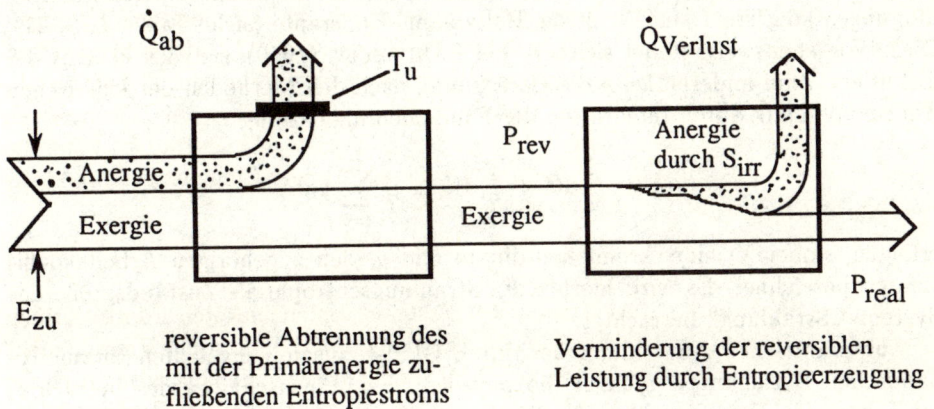

Bild 1.4 Die gedankliche Aufteilung eines Energiewandlungsprozesses zur Identifizierung der beiden Umwandlungsverluste

Zur Berechnung der Exergie $\mathcal{E}$ von Strahlung bedarf es der Energie und der Entropie von Strahlung sowie eines Umgebungszustands. Die Berechnung der Entropie der Strahlungsenergie steht im Mittelpunkt dieses Buches, sie dient zwei Zielen. Zum einen kann damit die Exergie („Arbeitsfähigkeit") beliebiger Strahlung berechnet werden, insbesondere die der Solarstrahlung als Primärenergie; zum zweiten können die technisch bedingten Irreversibilitäten im Strahlungsenergiekonverter spezifiziert werden, indem durch Aufstellen einer Entropiebilanz analog zu Gl. 1-3 die Entropieerzeugungsrate $\dot{S}_{irr}$ berechnet wird (z.B. beim Durchtritt der Strahlung durch eine Glasscheibe, vgl. Kap. 5.3).

Unter Strahlung wird im folgenden ausschließlich die elektromagnetische Feldenergie verstanden. Schall als mechanischer Ausbreitungsvorgang in Form lokaler

Schwingungen materieller Teilchen sowie die Partikelstrahlung z.B. in Form von α- und β-Strahlung werden ausgeschlossen. Auch wird die relativistische Emission schnell bewegter Körper hier nicht betrachtet (vgl. hierzu z.B. Born und Wolf, 1987).

1.2 Das Strahlungsmodell

Die zur Formulierung von Entropiebilanzgleichungen gesuchte Entropie realer Strahlung läßt sich nicht messen; sie muß, wie in allen anderen Bereichen der Thermodynamik, berechnet werden. Hierfür stehen prinzipiell zwei Ansätze zur Verfügung. Eine Möglichkeit besteht darin, die Entropie mit Hilfe des grundlegenden Postulats der statistischen Thermodynamik

$$S = k \ln \Omega,$$ 1-5

zu berechnen, wonach die Entropie proportional zum Logarithmus der Anzahl Ω der für das System erreichbaren Mikrozustände ist, die mit den gegebenen Randbedingungen konsistent sind. k ist die Boltzmann-Konstante (siehe Tab. 3.1, S. 21). Diese Vorgehensweise findet sich z.B. bei LANDSBERG (1959), sie wird in Kap. 4.8 diskutiert. Zum anderen kann die Berechnung nach den Methoden der klassischen Thermodynamik durch Integration der Fundamentalgleichung

$$\mathrm{d}S = \frac{1}{T}\mathrm{d}U + \frac{p}{T}\mathrm{d}V - \frac{1}{T}\sum_{i=2}^{n} y_i \mathrm{d}X_i$$ 1-6

erfolgen, wobei X_i eine Arbeitskoordinate und y_i den zugehörigen Arbeitskoeffizienten bezeichnet. Es wird hierbei die Strahlungsentropie als Zustandsgröße des Systems „Strahlung" betrachtet.

Zur praktischen Anwendung der durch Gl. 1-6 zusammengefaßten thermodynamischen Beziehungen müssen die physikalischen Eigenschaften des betrachteten Systems in Form von Materialgleichungen (Zustandsgleichungen) bekannt sein. Diese Zustandsgleichungen werden nicht von der Thermodynamik bereitgestellt, sie müssen entweder gemessen oder aus Modellvorstellungen abgeleitet werden. Bei der Suche nach einem solchen Modell für die elektromagnetische Strahlung stößt man unmittelbar auf den bekannten Welle–Korpuskel Dualismus, der sie seit Jahrhunderten begleitet (vgl. Kap. 2). Der Wellencharakter der Strahlung wird durch die *klassische* Theorie des kontinuierlichen elektromagnetischen Feldes von MAXWELL (1864) repräsentiert, während der Korpuskelcharakter durch das quantenstatistische Photonengasmodell von PLANCK (1901) und EINSTEIN (1905) dargestellt wird. Diese beiden Modelle sind heute keine Frage der Anschauung mehr, sondern des Anwendungsbereichs. Sie sind durch die Quantisierung des elektromagnetischen Feldes, wie sie im wesentlichen von DIRAC (1927, 1958) und GLAUBER (1963a-c) betrieben wurde, zu einer Theorie vereint worden (siehe Bild 1.5). Diese Theorie ist trotz der von DIRAC gleich mit eingeführten, zielorientierten Operatoren-Schreibweise ebenso abstrakt wie mathematisch aufwendig (Louisell, 1973), vor allem aber ergeben sich aus dieser allgemeinen Formulierung keine neuen Inhalte (Mandel und Wolf, 1965).

1.2 Das Strahlungsmodell

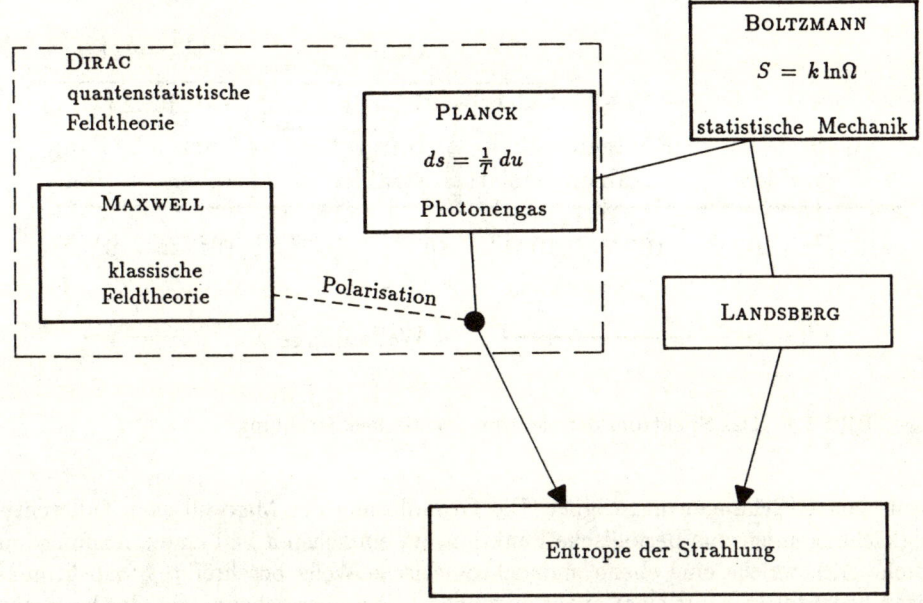

Bild 1.5 Die zwei Wege zur Entropie der Strahlung

So bezieht sich auch heute noch ein Großteil der Elektrotechnik auf eine von JAMES CLERK MAXWELL im Jahre 1864 veröffentlichte Arbeit. Im Anhang A2 sind die zugrundeliegenden Gleichungen zusammengestellt, wie sie in der Elektrotechnik im Wellenlängenbereich $\lambda > 10^2$ m zur Beschreibung herangezogen werden, vgl. Bild 1.6. Die Grenze dieser klassischen Theorie liegt zum einen dort, wo atomare Vorgänge explizit eine Rolle spielen. Dies ist z.B. beim photoelektrischen Effekt und bei der Laser-Strahlung der Fall, deren Modellierung nur mit Hilfe der Quantenmechanik gelingt. Zum anderen versagt die elektromagnetische Feldtheorie bei der Beschreibung der thermischen Strahlung. Diese in der Natur am häufigsten anzutreffende Strahlungsart ist im Vergleich zu den Radiowellen im Bereich der Elektrotechnik durch kleinere Wellenlängen charakterisiert. Sie bedarf nicht nur quantenmechanischer, sondern zusätzlich statistischer Betrachtung, da diese Strahlung durch stochastische atomare Vorgänge in der emittierenden Materie bedingt wird. Die Moleküle, Atome und subatomaren Teilchen wie Elektronen nehmen hierbei Energie durch Absorption von Strahlung sowie durch Kollisionen aufgrund ihrer inneren Energie auf, und strahlen diese Energie zu einem zufälligen Zeitpunkt an einer zufälligen Position mit zufälliger Phase wieder ab. Thermische Strahlung zeichnet sich also aus durch ein breites, kontinuierliches Spektrum und durch eine völlig ungeordnete Phase. In der quantenmechanischen Feldtheorie schlägt sich dieses in der Beschreibung der Ensemble-Verteilung der komplexen Feldamplituden durch eine Gauß-Verteilung nieder. Die Haupteinflußgröße auf die thermische Strahlung ist die *Temperatur* der emittierenden Materie.

Zur Beschreibung der völlig ungeordneten thermischen Strahlung sind die Max-

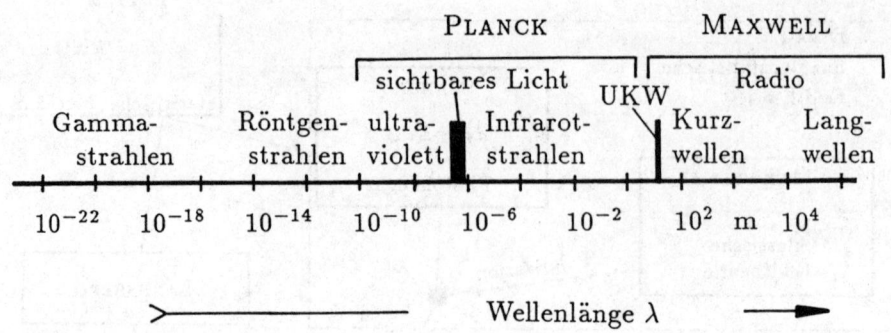

Bild 1.6 Das Spektrum der elektromagnetischen Strahlung

wellschen Gleichungen ungeeignet. Die Grundlösung der Maxwellschen Differentialgleichungen ist eine periodische Funktion, im einfachsten Fall eine Sinusfunktion (siehe A2), welche eine ebene, monochromatische Welle beschreibt. Monochromatisch bedeutet hier mit einer exakt angebbaren Frequenz schwingend, der Frequenz des erzeugenden Hertzschen Dipols. Diese abgestrahlte Welle (auch die Überlagerung vieler solcher Wellen gemäß einer Fourierreihe) hat aufgrund ihrer geordneten Struktur zwar eine durch den Poyntingschen Vektor beschriebene Energie, aber keine Entropie. Die Maxwellsche Theorie sieht den Entropiebegriff nicht vor. Sie stellt für jede reale Strahlung einen Idealfall dar, da diese ebene Welle zum einen keinem Strahlenkegel, sondern einer Strahllinie entspricht (also einen linienförmigen Ausbreitungs-Vektor hat), zum anderen exakt monochromatisch ist. Um endliche Energien übertragen zu können, muß eine reale Welle sowohl in Ausbreitungsrichtung divergieren als auch einen endlichen Spektral*bereich* haben (Planck, 1923, S. 104)[3]. Die Wellenlänge realer Strahlung ist niemals exakt gleich einem Wert λ, sondern beinhaltet den Bereich zwischen λ und $\lambda + d\lambda$, was eine Folge der Heisenbergschen Unschärferelation ist. Anstelle einer Welle treten demnach Wellenpakete bzw. Wellengruppen auf (Goldin, 1982).

Während die klassische, deterministische Theorie von MAXWELL einen geordneten und somit entropiefreien Zustand beschreibt, geht das Strahlungsmodell von PLANCK vom „Prinzip der elementaren Unordnung" aus (Planck, 1923, S. 115). Die beiden hier grob skizzierten Modelle der elektromagnetischen Strahlung unterscheiden sich somit grundsätzlich durch ihren Ordnungsgrad. Die Plancksche Theorie der Hohlraum-Strahlung bietet durch das zugrunde gelegte Strahlungs*gleichgewicht* die Möglichkeit, die Strahlung in die thermodynamische Systematik einzubinden, wie

---

[3] Hierzu gab es eine Diskussion, die 1915 zwischen von Laue und Einstein geführt wurde. Von Laue vertrat die Auffassung, daß auch die thermische Strahlung herkömmlich mit Fourierreihen beschrieben werden kann, was im Endeffekt die Zurückführung auf die klassische Physik bedeutet hätte. Einstein zeigte die statistische Unabhängigkeit der Fourierschen Koeffizienten untereinander, spricht aber noch von den „...Schwierigkeiten, welche in der theoretischen Unverdaulichkeit aller Gesetze bestehen, in denen das Plancksche h eine Rolle spielt".

1.2 Das Strahlungsmodell

es z.B. in Einsteins (1905) Betrachtungen zur Strahlung als idealem Gas (Photonengas) deutlich wird. Dennoch wird auch die Maxwellsche Theorie im Zuge der Entropieberechnung immer wieder auftreten. Die Streuvorgänge der Strahlung an kleinen Partikeln (z.B. Luftmolekülen) werden, wie auch das Phänomen der Polarisation von Strahlung, elegant durch die Maxwellsche Theorie beschrieben. Aufgrund des parallelen Auftretens dieser beiden Theorien erscheint die Strahlung in vielen Aspekten doppeldeutig, was sich in der Literatur oft in mangelnder Klarheit niederschlägt.

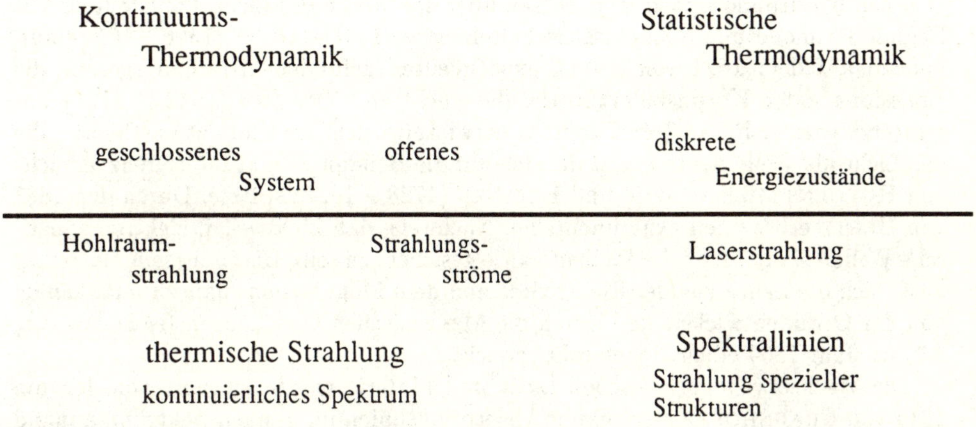

Kontinuums-Thermodynamik		Statistische Thermodynamik
geschlossenes System	offenes System	diskrete Energiezustände
Hohlraum-strahlung	Strahlungs-ströme	Laserstrahlung
thermische Strahlung kontinuierliches Spektrum		Spektrallinien Strahlung spezieller Strukturen

Bild 1.7 Eine Gegenüberstellung der Modellebenen der Thermodynamik mit denen der Strahlung

Die Thermodynamik bietet der Strahlung auf jeder der genannten Modellebenen Platz. Eine grobe Analogie wird durch Bild 1.7 aufgezeigt, welches gleichzeitig die thematische Abfolge in diesem Buch skizziert. Die Hohlraum-Strahlung, Thema des dritten Kapitels, ist analog zum geschlossenen System in der klassischen Kontinuumsthermodynamik. Es repräsentiert das Gleichgewichtssystem, an welchem die grundlegenden Beziehungen abgeleitet werden. Die offenen Systeme entsprechen den Strahlungsströmen, wie sie im vierten, fünften und sechsten Kapitel behandelt werden. Die statistische Thermodynamik bildet die Grundlage für die Laserstrahlung, Kap. 7. Die kinetischen Ansätze, die der Wärme- und Stoffübertragung entsprechen, ergeben vermittels der Thermodynamik irreversibler Prozesse die Strahlungsaustauschvorgänge, wie sie in Kapitel 5.4 beschrieben werden.

2 Historie und Literaturübersicht

Die naturwissenschaftliche Ergründung der Strahlung war lange Zeit identisch mit der Erforschung des Lichtes. Schon die griechischen Mathematiker betrieben eine Art geometrische Optik[1], sie kannten z.B. das Reflexionsgesetz, während die griechischen Naturphilosophen Hypothesen über das Wesen des Lichtes aufstellten. Mit Beginn der modernen Naturwissenschaften entwarf DESCARTES (1596 – 1650), aufbauend auf dem 1621 von SNELL experimentell gefundene Brechungsgesetz, die Emissions- oder Korpuskulartheorie, die auch von NEWTON (1642 – 1727) unterstützt wurde. Parallel und konträr entwickelte sich die Undulationstheorie, die das Licht als Welle deutete und die sich auf die Beugungs- und Interferenzversuche von HUYGENS (1629 – 1695) und FRESNEL (1788 – 1827) stützte. Durch den 1888 von HERTZ erbrachten experimentellen Nachweis, daß Lichtwellen elektromagnetische Wellen sind, schien die Wellentheorie gesichert zu sein. Bis zu diesem Zeitpunkt hatte sich die Lehre von der Elektrizität und dem Magnetismus nahezu unabhängig von der Optik entwickelt und durch die Maxwellschen Gleichungen (siehe Anhang A2) im Jahr 1864 einen Höhepunkt erreicht.

Die Wechselwirkung zwischen Licht und Materie wurde, initiiert von den um 1814 von FRAUNHOFER entdeckten Absorptionslinien im Sonnenspektrum, anhand der Spektralanalyse untersucht, die im folgenden einen Schwerpunkt der physikalischen Forschung bildete. Die Frage, wie Licht in den atomaren Bestandteilen der Materie erzeugt oder vernichtet wird, betrifft nicht nur die Optik, sondern auch die Atom- bzw. Molekularphysik. So wurde z.B. das Wiensche Strahlungsgesetz aus dem Jahre 1896 molekularkinetisch abgeleitet. Der in diese Thematik einzuordnende lichtelektrische Effekt, von HALLWACHS 1887 entdeckt, stand allerdings im Widerspruch zum Wellencharakter des Lichtes. Hiernach hätte die Energie des losgelösten Partikels proportional zur Intensität des einfallenden Lichtes sein müssen, was experimentell nicht bestätigt wurde.

Die Verbindung zwischen der Strahlung und der Thermodynamik wurde in der Zeit um die Jahrhundertwende von namhaften Physikern hergestellt. Vorbereitet wurde diese Thematik durch die Entdeckung der infraroten Strahlung durch HERSCHEL (1738 – 1822) und den nachfolgenden Untersuchungen zur Strahlungswärme von Körpern. Mit der Thermodynamik der elektromagnetischen Strahlung beschäftigten sich KIRCHHOFF (1860), WIEN (1896), PLANCK (1900a-c, 1901, 1902), EINSTEIN (1905, 1906), JEANS (1905), VON LAUE (1906, 1907) und PRINGSHEIM (1929). Diese Untersuchungen erfolgten zunächst auf der Basis der Maxwellschen Theorie, die den Entropiebegriff nicht berücksichtigt (siehe Kapitel 1.2 und Anhang A2). Die Theorie der thermischen Strahlung[2] löste sich dann von dieser

---
[1]Die geometrische Optik (Strahlenoptik) ist das Teilgebiet der Wellenoptik, welches sich für Strahlung mit unendlich kleiner Wellenlänge $\lambda \to 0$ ergibt.

[2]Als thermische Strahlung wird die durch die *thermische* Molekülbewegung verursachte Strah-

2 Historie und Literaturübersicht

Grundlage, indem ihr durch das Prinzip der elementaren Unordnung eine Entropie zugeordnet wurde, die „elektromagnetische Entropie" (Planck, 1900 a), welche durch die statistisch ungeordnete Phasenlage unendlich vieler Helmholtzscher Dipol–Schwingungen erklärt wurde. Im Jahre 1900 wurde durch die Quantentheorie von Planck eine neue Ära nicht nur für die Physik der Strahlung eröffnet. Diese revolutionäre Hypothese ist als direkte Folge der genannten thermodynamischen Betrachtungen zu werten; zum einen, da Planck die *Energie*verteilung des Normalspektrums über die *Entropie* dieser Strahlung unter Zugrundelegung der Gibbschen Fundamentalgleichung gefunden hat (Planck, 1901), zum anderen durch die Deutung der diskreten Energiequanten als Photonengas analog zum materiellen (idealen) Gas (Einstein, 1905). In dieser Arbeit von Einstein wird die Emissionstheorie des Lichtes in einer neuen Form wiedererweckt. So mußte die gleichzeitige Gültigkeit der Wellen- und der Korpuskeltheorie des Lichtes anerkannt werden. Diese Theorien werden durch die Quantenoptik vereint, wie sie durch eine detaillierte Theorie über die Wechselwirkung zwischen elektromagnetischem Feld und Materie von DIRAC (1927) aufgebaut wurde. Vorläufer dieser Arbeiten waren die Untersuchungen von MAX VON LAUE über die Kohärenz von Strahlenbündeln, die auch Arbeiten zur Entropieberechnung teilkohärenter Strahlung beinhalteten (1907). Eine eindrucksvolle Zusammenfassung der aus dieser intensiven Zeit resultierenden Erkenntnisse ist das Buch „Theorie der Wärmestrahlung" von PLANCK (1923), nach wie vor ein Grundlagenbuch mit nahezu uneingeschränkter Gültigkeit.

In den nachfolgenden Jahren wurden Untersuchungen über die thermodynamischen Eigenschaften der Strahlung recht selten. Das Plancksche Strahlungsgesetz fand zusammen mit der Bose–Einstein Statistik in Form des idealen Photonengases einen festen Platz in den Lehrbüchern der statistischen Thermodynamik (Fowler und Guggenheim, 1965; Reif, 1965; Landsberg, 1978), praktische Anwendung fand das Strahlungsgesetz von Planck in der Wärmeübertragung durch Strahlung (Siegel und Howell, 1972). Die Wellenoptik konzentrierte sich durch die Entwicklung des Lasers auf die Theorie der Kohärenz optischer Felder (Mandel und Wolf, 1965), welche in Kap. 4.5 angesprochen wird. Auch die Diracsche Theorie über die Quantisierung des elektromagnetischen Feldes wurde ausgebaut (Louisell, 1973), ohne eine Brücke zur Thermodynamik zu schlagen. In den sechziger Jahren intensivierte sich, ausgehend von der Solarstrahlung, die Diskussion über Umwandlungsmöglichkeiten der Strahlungsenergie. Allgemein lassen sich hierbei die Arbeiten zur Umwandlung der Energie der Strahlung in drei Bereiche einteilen. Der zeitlich erste Bereich betrifft die Lumineszenz (allgemeiner die Umwandlung von anderen Energieformen *in* Strahlungsenergie), der zweite Bereich die Umwandlung von thermischer Strahlungsenergie in Arbeit und der dritte Bereich die Bereitstellung von Laserstrahlung aus anderen Energieformen. Der letzte Bereich kann als ein Spezialgebiet des ersten Bereiches aufgefaßt werden, vgl. Bild 2.1.

In einer ersten Anwendung der Arbeiten zur Thermodynamik der Strahlung in Bezug auf Energieumwandlungen wurde die Lumineszenz (alle Strahlungserscheinungen im Bereich des sichtbaren Spektrums, die nicht Folge der Temperatur der

---

lung bezeichnet, die außer von den Materialeigenschaften nur von der Temperatur der emittierenden Materie abhängt.

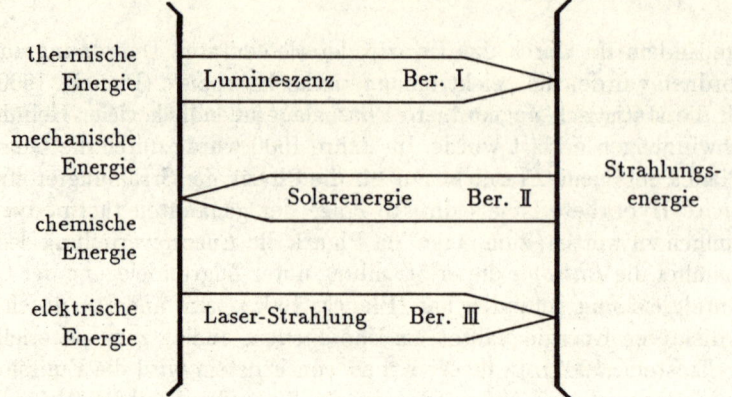

Bild 2.1 Die Umwandlungspfade der Strahlungsenergie

Materie bzw. Wärmebewegung der Moleküle sind) und allgemeiner die Frage nach der Umwandelbarkeit von elektrischer, thermischer oder Strahlungsenergie eines anderen Wellenlängenbereiches in Strahlungsenergie im Bereich des sichtbaren Lichtes behandelt. Auslösender Faktor war die Diskussion zwischen VAVILOV (1945) und PRINGSHEIM (1946) über die Frage, ob die experimentell beobachtete Anti-Stokesche Fluoreszenz[3] gegen den zweiten Hauptsatz verstößt oder nicht. Es setzte eine 30 Jahre währende Debatte über „Licht–Wirkungsgrade" (i.e. Quotient von sichtbarer Strahlungsenergie zu erregender Energie) ein und darüber, ob, wann und wieviel diese größer als eins werden können. Bezüglich der Photolumineszenz (Fluoreszenz) sind die Arbeiten von LANDAU (1946), R. VON BALTZ (1970) und CHUKOVA (1974), allgemein die Veröffentlichungen von WEINSTEIN (1960), BUDÓ und KETSKEMÉTY (1968), LANDSBERG und EVANS (1968), PASTRŇAK und HEJDA (1974) sowie LANDSBERG und TONGE (1980) zu erwähnen. Insbesondere bei der elektrisch erregten Lumineszenz ergeben sich Licht–Wirkungsgrade deutlich größer als eins (Weinstein z.B. gibt einen Wert von 1,6 an), da hier entropiefreie elektrische Energie unter Zuhilfenahme von Umgebungswärme in entropiebehaftete Strahlungsenergie umgewandelt wird. Ein so entstehender optischer Kühlungseffekt (eine Abkühlung der unmittelbaren Umgebung des Systems, wie z.B. des Gitters einer Leuchtdiode) wurde auch gemessen (Kushida und Geusic, 1968).

Die Umwandlung von Strahlungsenergie in Arbeit (insbesondere die Umwandlung solarer Strahlungsenergie in Nutzarbeit) ist Inhalt der Veröffentlichungen aus dem zweiten Bereich. Hierzu erschienen, jeweils im Jahr 1964, die Arbeiten von PETELA, von SPANNER und die nahezu unbekannte Arbeit von BELL. PETELA wandte erstmalig auch den Exergiebegriff auf die Strahlungsenergie an. Aufgrund der sehr einfachen Gleichungen konzentrierten sich diese wie auch die folgenden Arbeiten speziell auf die Arbeitsfähigkeit von Hohlraum- oder Schwarzkörper–Strahlung, die sich, ähnlich wie ein Wärmestrom, durch die Angabe einer Temperatur charakterisieren läßt. In den zahlreichen diesbezüglichen Veröffentlichungen gab es unter-

---

[3]Ist die Wellenlänge der emittierten Strahlung kürzer, diese Strahlung also energiereicher als die der anregenden Strahlung, spricht man von Anti-Stokescher Fluoreszenz.

2 Historie und Literaturübersicht

schiedliche Ergebnisse und entsprechend lebhafte Diskussionen [4]. Die wesentlichen Ursachen für die abweichenden Ergebnisse zur Exergie der Strahlungsenergie sind der häufig nicht korrekt beachtete Unterschied zwischen geschlossenem und offenem System, unterschiedlich definierte Umgebungszustände sowie unterschiedlich definierte Wirkungsgrade. Somit sind die „konkurrierenden" Ergebnisse nicht falsch oder richtig, sie gelten unter jeweils anderen Umständen und beziehen sich auf unterschiedliche Systeme (Bejan, 1988, bei der Diskussion von geschlossenen Strahlungssystemen).

Die Unterscheidung zwischen der Exergie der inneren Energie von Hohlraum-Strahlung als geschlossenem System und der Exergie eines Strahlungsenergiestroms ergibt eine erste Aufteilung der Veröffentlichungen dieses zweiten Bereiches. Die Exergie von Hohlraum-Strahlung, die in Kap. 3.3 behandelt wird, wurde in der Literatur ebenso kontrovers diskutiert wie die kontinuierliche Umwandlung eines Strahlungsenergiestroms in Leistung (Kap. 6). Das Gros der Arbeiten beschäftigt sich wiederum mit der Umwandlung von idealer (Gleichgewichts-) Strahlung, die bei offenen Systemen durch die Schwarzkörper-Strahlung repräsentiert wird. PRESS (1976) und ausführlicher dann LANDSBERG und TONGE (1979) führten das Modell der „verdünnten Schwarzkörper-Strahlung" ein. Dieses Modell erlaubt eine annähernd realistische differenzierte Betrachtung von Direkt- und Diffusstrahlung[5], obwohl zur Charakterisierung dieser verdünnten Strahlung außer einer Temperatur nur der Verdünnungsgrad als zusätzliche Größe benötigt wird, vgl. Kap. 4.4. Der Verdünnungsgrad kann als modifizierter Emissionsgrad eines grauen Strahlers interpretiert werden. EDGERTON und PATTEN (1983) veröffentlichen eine Modellierung der diffusen Einstrahlung mit Hilfe der Rayleighschen Streutheorie, während BĂDESCU (1988) eine geometrisch verdünnte Strahlung betrachtet. Speziell die Umwandlungsmöglichkeiten von Diffusstrahlung hat RIES (1984) untersucht.

Eine weitere Aufteilung der Arbeiten des zweiten Bereichs (vgl. Bild 2.1) läßt sich anhand des betrachteten Energiewandlungssystems vornehmen. Einige Veröffentlichungen beschäftigen sich mit einem allgemeinen Strahlungsenergiewandler, der bei einem gegebenen Strahlungsenergiestrom die maximal mögliche Leistung abgibt. Die Unterschiede in den Resultaten (siehe Kap. 6) erklären sich hauptsächlich in der abweichenden Behandlung des Entropieerzeugungsterms, also durch die indirekte Festlegung auf speziellere Mechanismen der Umwandlung. So gehen CASTAÑS (1976, 1987), RUPPEL und WÜRFEL (1980), DE VOS und PAUWELS (1983) und BEJAN (1988) implizit von einer (irreversiblen) Umwandlung der Strahlungsenergie in *Wärme* und einer nachgeschalteten reversiblen Wärmekraftmaschine aus, während z.B. LANDSBERG (1983), SIZMANN (1985, 1990), BOŠNJAKOVIĆ und KNOCHE (1988) sowie AHRENDTS (1988) eine reversible Umwandlung der auf den Energiewandler auftreffenden Strahlungsenergie voraussetzen und zu einem anderen Ergebnis kommen, vgl. Kapitel 6.2.

Als spezielle Energiewandler wurden photovoltaische Zellen (Solarzellen) von

---

[4]Beispiele hierfür sind die Diskussionsbeiträge von Wexler/Parrott (1979), von Jeter/De Vos (1984) und Castans/Jeter (1986).

[5]Die Direktstrahlung stellt den von der Atmosphäre unbeeinflußten, gerichteten Teil der Solarstrahlung dar, die Diffusstrahlung den in der Atmosphäre gestreuten Anteil (siehe Kap. 5).

MÜSER (1957), SHOCKLEY und QUEISSER (1961), HENRY (1980), HAUGHT (1984) und anderen untersucht, ferner Solarkollektoren (Bošnjaković, 1981) und photochemische Systeme (Chukova, 1977; Knox, 1979; Connolly, 1981), wie z.B. die Photosynthese (Landsberg, 1977). Durch die Spezifizierung eines Systems wird der Umwandlungswirkungsgrad verringert, die abgegebene Leistung ist hierbei i.a. nicht die Exergie der einfallenden Strahlung. Einführende Arbeiten zu diesem zweiten Bereich sind die Veröffentlichungen von BOŠNJAKOVIĆ und KNOCHE (1988), LANDSBERG (1978, 1986) und BEJAN (1988).

Der dritte Bereich schließlich, die Umwandlung von Arbeit oder Wärme in Laser–Strahlung, ist dem ersten Bereich, also der Lumineszenz, verwandt und wird in Kapitel 7 behandelt. Erste Arbeiten hierzu wurden 1965 von PASTRŇÁK veröffentlicht, weitere von LEVINE und KAFRI (1975) sowie WÜRFEL und RUPPEL (1985). Durch die Einführung eines chemischen Potentials zur Beschreibung der Wechselwirkung von Strahlung und Materie (Landsberg, 1981; Würfel, 1982) wird eine realistische Einbeziehung des Erregungszustandes der Atome und eine Verbesserung in der Modellierung der Phänomene erreicht.

Einige neue Arbeiten speziell zur Entropie der Strahlung sind im Zusammenhang mit atmosphärischen Klimamodellen entstanden. Ziel dieser Arbeiten ist eine Einbeziehung der Strahlungsenergieflüsse in der Atmosphäre in die Thermodynamik der irreversiblen Prozesse, um mit dem Extremalprinzip der Entropieerzeugung nach PRIGOGINE ein zusätzliches Kriterium zur Lösung der Modellgleichungen für die atmosphärischen Vorgänge zu erhalten. WILDT (1972) und PALTRIDGE (1975) brachten die Hypothese der *maximalen* Entropieerzeugung als zusätzliches Kriterium in die Modellierung atmosphärischer Prozesse ein; diskutiert und erweitert wurde dieser Ansatz u.a. (zum Teil ohne gegenseitige Kenntnis) von GRASSL (1978, 1981), ESSEX (1984, 1987), CALLIES (1985, 1989) sowie HERBERT und PELKOWSKI (1990), die ein Minimum in der Entropieerzeugung postulieren. Diese Arbeiten werden in Kapitel 5.4 diskutiert. Interessant ist hierbei die teilweise unzureichende Differenzierung zwischen der Maxwellschen Theorie des elektromagnetischen Feldes und der Planckschen Theorie der thermischen Strahlung. Während noch bei HAASE (1963) und GRASSL (1978) die Strahlung mit der Maxwellschen Feldtheorie beschrieben und somit der Strahlungsenergiestrom als entropiefrei betrachtet wird, wurde erst Anfang der achtziger Jahre (Grassl, 1981; Essex, 1984) mit Hilfe des Planckschen Modells auch der Strahlungsentropiestrom richtig berücksichtigt. Eine Anwendung auf dem Gebiet der Wärmeübertragung erfuhr dieser Ansatz von ARPACI (1987).

3 Strahlung im Gleichgewicht

Die ordnenden, grundlegenden Beziehungen der Kontinuums-Thermodynamik fußen auf dem Begriff der Phase, d.h. einem homogenen System, in welchem die beschreibenden intensiven Zustandsgrößen nicht vom Ort abhängen. Deswegen kommt dem geschlossenen (materiedichten) System als Approximation einer Phase in der thermodynamischen Theorie eine bedeutende Rolle zu, während in der Praxis zum größten Teil offene, materiedurchströmte Systeme relevant sind. Analog zu einem geschlossenen System wird einleitend der (strahlungsdichte) Hohlraum betrachtet.

3.1 Hohlraum-Strahlung

Elektromagnetische Strahlung, die sich in einem Hohlraum mit *isothermer* Umrandung nach Erreichen des Gleichgewicht–Zustandes einstellt, wird Hohlraum–Strahlung genannt (Bild 3.1). Da die Eigenschaften dieser Hohlraum–Strahlung bekannt sind und die zugehörige Theorie als gesichert gilt, bildet sie den Ausgangspunkt für alle weiteren Ableitungen zur Entropie der Strahlung. Die Hohlraum–Strahlung ist unabhängig von der Präsenz von Materie, d.h. dieselbe Strahlung würde sich einstellen, wenn bei gleicher Temperatur ein Gas oder andere Materie

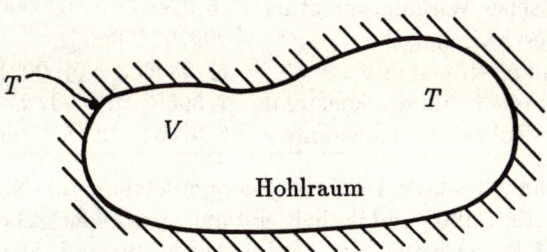

Bild 3.1 Der isotherme Hohlraum

im Hohlraum vorhanden wäre, es würde hierdurch lediglich die Formulierung der Energie- und Entropiebilanz erschwert. Ausschlaggebend für diese Art von Strahlung ist der vollkommene thermodynamische Gleichgewichtszustand dieses abgeschlossenen Systems, welcher allein durch die eine einheitliche thermodynamische Temperatur T gekennzeichnet ist. Diese Temperatur ist zum einen die (meßbare) Temperatur der umrandenden Materie, zum anderen aber auch die charakteristische Temperatur der Hohlraum–Strahlung selbst. Die Eigenschaften der umrandenden Materie müssen derart sein, daß im gesamten Spektrum ein von null verschiedener spektraler Absorptionsgrad und somit auch Emissionsgrad gegeben ist, zudem läßt sich ein vollständiges Gleichgewicht nur erreichen, wenn keine transparenten Umrandungen zugelassen werden. Diese Hohlraum–Strahlung ist durch ein charakteristisches Spektrum gekennzeichnet, welches sich von unendlich kleinen bis zu unendlich großen Wellenlängen erstreckt und welches nur von der Gleichgewichtstemperatur, nicht von Materialeigenschaften, abhängt. Dieses Spektrum ist in Bild 3.2 dargestellt.

Diese genannten Eigenschaften der Hohlraum–Strahlung sind mit einer Erklärung der Strahlungsemission und -absorption gemäß dem Bohrschen Atommodell vorstellungsmäßig nur schwer in Einklang zu bringen. Nach diesem Modell sind einer Substanz aufgrund ihres spezifischen molekularen Aufbaus nur bestimmte energetische Anregungszustände erlaubt, z.B. in der Elektronenschalen-Konfiguration oder im Schwingungs- oder Rotationszustand des Moleküls. Eine Änderung eines Energiezustands ist z.B. mit der Aussendung oder dem Einfangen von Energiequanten in Form von Photonen bzw. Phononen verknüpft. So lassen sich die molekülspezifischen Spektrallinien durch den atomaren Aufbau des Moleküls (quantenmechanisch) beschreiben. Nun ist aber zunächst schwer einzusehen, wie bei gegebener Temperatur in Hohlräumen aus unterschiedlichster Materie immer ein und dasselbe Spektrum resultiert. Die Spektralanteile, die nicht durch molekülspezifische Absorption (und entsprechender, durch das Gleichgewicht bedingte Emission) berührt sind, werden durch Reflexion zum charakteristischen Hohlraum–Spektrum ergänzt. Dieses Spektrum wird durch die Maximierung der Entropie im Gleichgewichtsfall bedingt.

Die allein der Gleichgewichtsstrahlung im Hohlraum zuzuordnende spektrale Energiedichte[1] wird durch die Beziehung

$$u_\lambda^G(\lambda, T) = \frac{U_\lambda^G(\lambda, T)}{V} = \frac{8\pi h c}{\lambda^5} \cdot \frac{1}{\exp[hc/k\lambda T] - 1} \qquad 3\text{-}1$$

als Funktion von Wellenlänge und Temperatur beschrieben. λ ist die Wellenlänge in m, T die thermodynamische Temperatur in Kelvin. Die spektrale Energiedichte ergibt sich in J/m^3 m.

Tabelle 3.1 Strahlungskonstanten (Cohen und Taylor, 1986)

h	Plancksches Wirkungsquantum	$(6,6260755 \pm 0,0000040) \cdot 10^{-34}$ Js
c	Lichtgeschwindigkeit	299792458 m/s
k	Boltzmann–Konstante	$(1,380658 \pm 0,000012) \cdot 10^{-23}$ J/K
a	Hohlraum–Strahlungskonstante	$7,5658 \cdot 10^{-16}$ J/m^3 K^4
σ	Stefan-Boltzmann Konstante	$5,67051 \cdot 10^{-8}$ W/m^2 K^4

Die Gleichung 3-1 wurde 1900 als „Energieverteilung im Normalspectrum" von PLANCK abgeleitet (1901) und enthält erstmalig das Plancksche Wirkungsquantum h. Der Index G kennzeichnet den Gleichgewichtszustand. Die Werte für die hier auftretenden Konstanten sind in Tabelle 3.1 zusammengefaßt.

In Bild 3.2 ist die spektrale Energiedichte über der Wellenlänge aufgetragen, wobei die Temperatur als Parameter auftritt. Dieses Gleichgewichts- oder Hohlraum–Spektrum wurde erstmalig von LUMMER und PRINGSHEIM (1900) hinreichend genau vermessen, es diente PLANCK zur Kontrolle der Gleichung 3-1. Eine *spektrale* Größe wie die Energiedichte in Gl. 3-1 bedeutet die nach der Wellenlänge λ (oder Frequenz $\nu = c/\lambda$) abgeleitete Größe

$$z_\lambda = \frac{\mathrm{d}z}{\mathrm{d}\lambda},$$

---

[1] Da sich die Strahlungsenergie mit einer endlichen Geschwindigkeit c im Raum ausbreitet, enthält ein endliches Volumenelement dieses Raumes eine endliche Strahlungsenergie.

3.1 Hohlraum-Strahlung

so daß die in Gl. 3-1 angegebene spektrale Energiedichte dem Wellenlängen*intervall* $\lambda, \lambda+d\lambda$ zuzuordnen ist und von quasi-monochromatischer Strahlung gesprochen wird. Über alle Wellenlängen integriert ergibt sich aus Gl. 3-1 die auf das von der

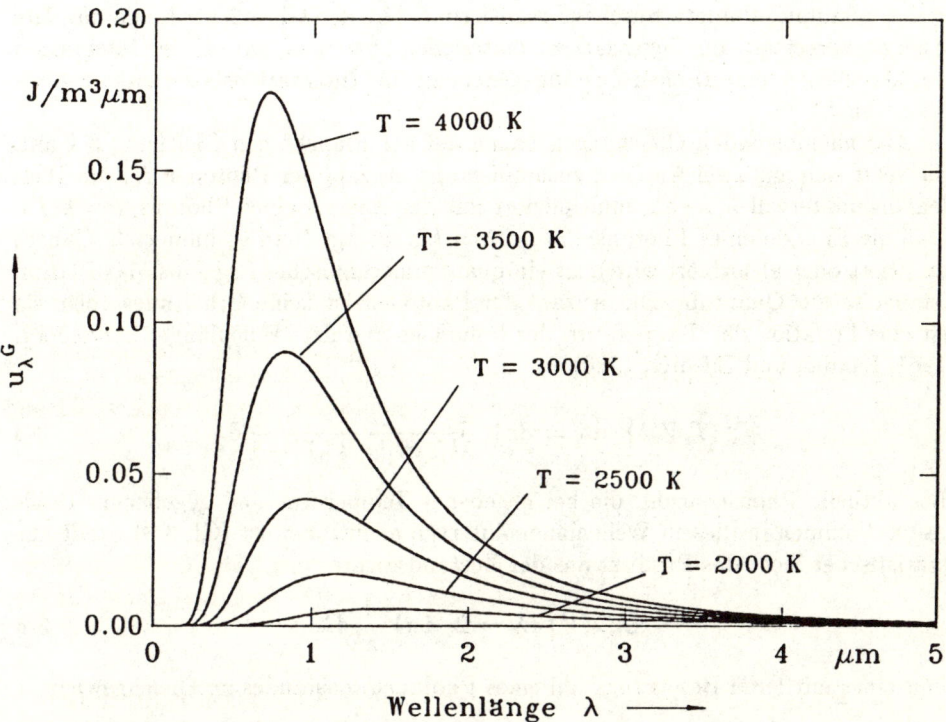

Bild 3.2 Gleichgewichts-Spektren für unterschiedliche Hohlraum-Temperaturen

Hohlraum-Strahlung ausgefüllte Volumen V bezogene Gesamt-Strahlungsenergie zu

$$u^G(T) = \frac{U^G(T)}{V} = 8\pi hc \int_0^\infty \frac{1}{\lambda^5} \frac{1}{\exp[hc/k\lambda T] - 1} d\lambda = \underbrace{\frac{8\pi^5 k^4}{15 h^3 c^3}}_{a} \cdot T^4. \qquad 3\text{-}2$$

Hohlraum-Strahlung kann als ein Photonengas betrachtet werden, dessen innere Energie U eine Funktion der zwei unabhängigen Variablen Volumen V und Temperatur T ist und thermodynamisch eine Phase repräsentiert (Baehr, 1992). Es gibt keine Abhängigkeiten der Zustandsgrößen vom Ort. Gleichgewichtsstrahlung ist grundsätzlich unpolarisiert. Die innere Energie U des Photonengases ist dem Volumen direkt proportional und somit die volumenspezifische innere Energie allein von der Temperatur abhängig. Die Vorgabe einer zweiten intensiven Zustandsgröße wird durch die Festlegung eines Gleichgewichtszustands ersetzt. In dieser Beziehung ähnelt das Photonengas entfernt dem materiellen idealen Gas, dessen volumenspezifische innere Energie ebenfalls nur von der Temperatur abhängt. Die Vorgabe einer zweiten intensiven Zustandsgröße wird hier durch die Festlegung der „Idealität" ersetzt. Im Gegensatz zum materiellen idealen Gas, welches als Modellvorstellung eine Extrapolation auf einen idealen, d.h. praktisch nicht erreichbaren Zustand beinhaltet ($p \to 0$ bzw. $v \to \infty$), ist Hohlraum–Strahlung nicht an einen imaginären Zustand geknüpft, sondern durchaus realisierbar. Mit der Gl. 3-2 wird eine *absolute* Energie berechnet, im Gegensatz zu materiellen Systemen, wo bei der Integration der klassischen, empirischen Zustandsgleichung eine Integrationskonstante unspezifiziert bleibt.

Alle nachfolgenden Gleichungen bauen auf der Planckschen Gleichung 3-1 auf. Sie setzt sich aus zwei Anteilen zusammen, der Anzahl der Photonen N_λ^G im Wellenlängenintervall $\lambda, \lambda+d\lambda$, multipliziert mit der Energie eines Photons, $\epsilon = hc/\lambda$. Daß die Energie eines Photons $\epsilon = hc/\lambda = h\nu$ beträgt (und es immer als Ganzes emittiert oder absorbiert wird), ist ein quantenmechanisches Ergebnis, das Photon ist per se ein Quantum. Die Anzahl der Photonen ist keine Erhaltungsgröße, sie ist eine Funktion der Temperatur, des Volumens und der Wellenlänge (Landsberg, 1961; Landau und Lifshitz, 1980)

$$N_\lambda^G (T, V, \lambda) \cdot d\lambda = 8\pi V \frac{1}{\lambda^4} \frac{1}{\exp[hc/k\lambda T] - 1} d\lambda . \qquad 3\text{-}3$$

Die aktuelle Photonenzahl, die bei gegebener Temperatur und gegebenem Hohlraum–Volumen in diesem Wellenlängenintervall anzutreffen ist (Gl. 3-3), stellt aus statistischer Sicht das Produkt aus der Zustandsdichte

$$C(\lambda, V) d\lambda = 2 \cdot 4 \pi V \frac{1}{\lambda^4} d\lambda \qquad 3\text{-}4$$

und einer mittleren Besetzungszahl eines Photonen–Zustandes im Gleichgewicht

$$\bar{n}^G (\lambda, T) = \frac{1}{\exp[hc/k\lambda T] - 1} \qquad 3\text{-}5$$

dar. Diese beiden Funktionen sind in Bild 3.3 über der Wellenlänge aufgetragen. Die Zustandsdichte beschreibt die Zahl der möglichen Energie–Quantenzustände eines Photons im jeweiligen Wellenlängenintervall. Sie fällt als Hyperbel asymptotisch gegen null ab, während die mittlere Besetzungszahl mit steigender Wellenlänge in Abhängigkeit von der Temperatur stark anwächst. Durch diese gegenläufigen Tendenzen resultiert das Maximum im Gleichgewichtsspektrum (Bild 3.2 und 3.3).

<small>Die mittlere Besetzungszahl $\bar{n}$ hat in der Theorie der optischen Kohärenz als Entartungs–Parameter δ eine allgemeinere Bedeutung (Mandel und Wolf, 1965). Es ist die mittlere Photonenzahl im jeweils gleichen Polarisationszustand im Kohärenzvolumen, dem Produkt aus Kohärenzfläche (in Bezug auf die örtliche Kohärenz) und der Kohärenzlänge (in Bezug auf die zeitliche Kohärenz). Thermische Strahlung ist nicht entartet ($\delta \ll 1$), während z.B. Laser–Strahlung hochgradig entartet ist ($\delta \gg 1$). Die Theorie der optischen Kohärenz wird zur Beschreibung der Polarisation benötigt und in Kap. 4.4 ausführlicher behandelt.</small>

Die Zustandsdichte gemäß Gl. 3-4 kann als klassisches Ergebnis gedeutet werden, da das Plancksche Wirkungsquantum h hier nicht vorkommt. Erst wenn die Wellenlänge durch die Partikelenergie $\epsilon = hc/\lambda$ ersetzt wird,

3.1 Hohlraum-Strahlung

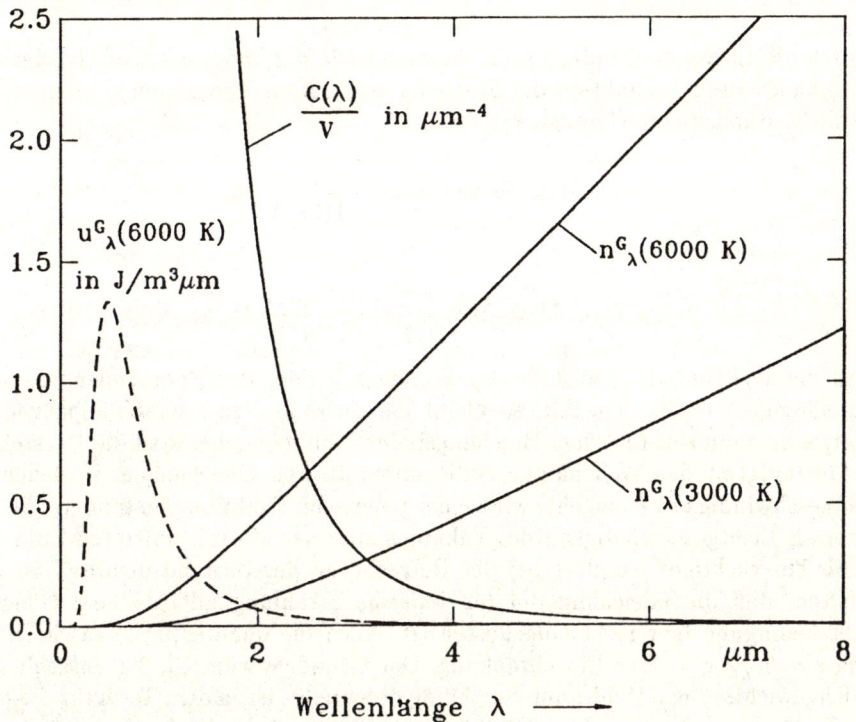

Bild 3.3 Darstellung von mittlerer Besetzungszahl $\bar{n}_\lambda^G$ und Zustandsdichte C als Funktion der Wellenlänge. Gestrichelt eingezeichnet ist die spektrale Energiedichte u_λ^G nach Gl. 3-3.

$$\epsilon = \frac{hc}{\lambda} = \frac{hc}{2V^{1/3}}\left(n_x^2 + n_y^2 + n_z^2\right)^{1/2}, \qquad 3\text{-}6$$

kommt der quantenphysikalische Aspekt zum tragen, wobei die Quantenzahlen mit n bezeichnet sind. Beachtenswert ist hier, daß es bei unendlich großem Volumen (z.B. Weltall) keine Quantelung der Energie gibt. Der Faktor 2, der in Gl. 3-4 aufgeführt ist, berücksichtigt gemäß der klassischen Maxwellschen Wellentheorie die beiden möglichen *Polarisationsebenen* einer elektromagnetischen Welle. Hierzu gibt es in der Planckschen (quantenstatistischen) Theorie kein Analogon, die Polarisation wird als Baustein aus der Maxwellschen Theorie übernommen (Kap. 4.4). Bei der Ableitung der Gleichung 3-4 für die Zustandsdichte wurde die Summation über alle möglichen Quantenzustände durch eine Integration ersetzt; es handelt sich somit um eine Näherung (siehe z.B. Mayer und Mayer, 1965). Es muß daher stets $V/\lambda^3 \gg 1$ erfüllt sein, d.h. bei sehr kleinen Hohlräumen bzw. bei sehr niedrigen Temperaturen sind diese Gleichungen (wie z.B. auch die Gleichungen für die kanonische Zustandssumme idealer Gase) nicht mehr gültig.

Wird Strahlung in einem isotropen Medium mit dem konstanten Brechungsindex m betrachtet, so ist bei der Formulierung der Zustandsdichte als Funktion der Frequenz oder als Funktion der Partikelenergie die Vakuum–Lichtgeschwindigkeit

c durch die Lichtgeschwindigkeit des Mediums $c_M = c/m$ zu ersetzen. Ist der Brechungsindex m eine Funktion der Frequenz, wie z.B. in dispersiven Medien, so gilt für die Zustandsdichte (Landsberg, 1961)

$$C(\nu)\,d\nu \;=\; 8\pi V \frac{m^3}{c^3} \nu^2 \frac{d(\ln m\nu)}{d(\ln \nu)}\,d\nu$$

oder

$$C(\epsilon)\,d\epsilon \;=\; 8\pi V \frac{m^3}{h^3 c^3} \epsilon^2 \frac{d(\ln m\epsilon)}{d(\ln \epsilon)}\,d\epsilon\,.$$

Wird die Wellenlänge λ anstelle der Frequenz ν oder der Photonenenergie ϵ als unabhängige Variable gewählt, so bleibt die Zustandsdichte unabhängig von der Lichtgeschwindigkeit und dem Brechungsindex[2]. Im folgenden wird die Darstellung in Abhängigkeit der Wellenlänge beibehalten. In den Gleichungen, in denen die Lichtgeschwindigkeit c eingeht, wird c als generische Funktion verstanden, die entweder als Lichtgeschwindigkeit des Vakuums oder der Materie auftreten kann.

Als ein wichtiges Resultat bei der Betrachtung der Zustandsdichte C ist festzuhalten, daß die Gleichung 3-4 für *beliebige* Strahlung gilt, da eine Gleichgewichtsbedingung hier nicht eingeflossen ist. Auch die quantenphysikalische Beziehung $\epsilon = hc/\lambda$ gilt ohne Einschränkung. Der Grund, warum Gl. 3-1 ausschließlich Gleichgewichts-, also Hohlraum–Strahlung beschreibt, ist in dem Term für die mittlere Besetzungszahl zu suchen, Gl. 3-5. Dieser Term ist der Dreh- und Angelpunkt in der quantenstatistischen Modellierung der Strahlung und wird in der weiteren Diskussion im Mittelpunkt stehen. Dieses wird bei der Ableitung der Gleichung zur Berechnung der Entropie von Hohlraum–Strahlung deutlich.

Die Thermodynamik stellt zur Entropieberechnung bei bekannter innerer Energie die Fundamentalgleichung 1-6 zur Verfügung[3]. Für Hohlraum–Strahlung als einkomponentige thermodynamische Phase ergibt die Integration von Gl. 1-6 bei konstantem Volumen zusammen mit Gl. 3-2

$$S = \int \frac{dU(T)}{T} \;\rightsquigarrow\; s^G(T) = \frac{S^G}{V} = \frac{4}{3}\underbrace{\frac{8}{15}\frac{\pi^5 k^4}{h^3 c^3}}_{a}\cdot T^3 = \frac{4}{3}\frac{u^G(T)}{T}. \qquad 3\text{-}7$$

Diese Gleichung beschreibt die volumenspezifische Entropie von Gleichgewichtsstrahlung in Abhängigkeit der thermodynamischen Temperatur T der Strahlung, ist also die zu Gl. 3-2 analoge Entropie–Zustandsgleichung des Photonengases. Der Gleichgewichtszustand (bei dem Hohlraum handelt es sich um ein abgeschlossenes

---

[2] Beachte $\quad \dfrac{1}{\lambda^4}d\lambda = (\dfrac{m\lambda}{c})^4 \dfrac{c}{m^2\lambda^2}\dfrac{d(m\lambda)}{d\lambda}d\lambda = \dfrac{m^3\lambda^2}{c^3}\dfrac{d(\ln m\lambda)}{d(\ln \lambda)}d\lambda$

[3] Historisch gesehen ist von Planck erst die Entropie des Photonengases mit Hilfe des Postulats der statistischen Mechanik, Gl. 3-1, und daraus mit der Fundamentalgleichung, Gl. 1-6, die Energie berechnet worden. Da es in diesem Abschnitt nicht um eine Ableitung, sondern um die Beziehungen der Gleichungen untereinander geht, wird hier von der Energiegleichung 3-1 ausgegangen.

3.1 Hohlraum-Strahlung

System) zeichnet sich dadurch aus, daß die Entropie dieses Systems einen Maximalwert angenommen hat. Alle denkbaren beliebigen Strahlungssysteme gleicher spezifischer Energie u haben eine spezifische Strahlungsentropie s kleiner als s^G.

Gleichung 3-7 läßt sich auch über die *spektralen* Größen herleiten. Dies ist beachtenswert, weil hier der Begriff der Phase nicht mehr so eindeutig zugrunde gelegt werden kann wie im eben betrachteten Fall des Photonengases. Ein Auflösen von Gl. 3-1 nach der Temperatur ergibt

$$T = \frac{hc}{k\lambda \cdot \ln[8\pi hc/\lambda^5 u_\lambda + 1]}. \qquad 3\text{-}8$$

Dieser Ausdruck wird in die für spektrale, volumenspezifische Größen umgeschriebene Fundamentalgleichung, Gl. 1-6, eingesetzt, was in

$$s_\lambda = \int \frac{1}{T} du_\lambda = \frac{8\pi k}{\lambda^4} \int \ln\left(1 + \frac{1}{x}\right) dx \qquad 3\text{-}9$$

resultiert. Die Größe x ist zunächst nur eine Substitutionsvariable, die sich durch Vergleich mit Gl. 3-1 bzw. 3-5 als die mittlere Besetzungszahl bei Hohlraum–Strahlung herausstellt

$$x := u_\lambda^G \cdot \frac{\lambda^5}{8\pi hc} = \frac{1}{\exp[hc/k\lambda T] - 1}. \qquad 3\text{-}10$$

Die Ausführung der Integration unter der Maßgabe $s_\lambda = 0$ bei $u_\lambda = 0$ ergibt schließlich

$$s_\lambda^G = \frac{8\pi k}{\lambda^4}[(1+x)\ln(1+x) - x\ln x] \qquad 3\text{-}11$$

als *spektrale* Entropiedichte der Hohlraum–Strahlung. Gl. 3-11 wurde erstmals von Planck (1901) angegeben. Die mittlere Besetzungszahl x spielt bei der Berechnung der Strahlungsentropie eine zentrale Rolle. Die spektrale Entropiegleichung für Hohlraum–Strahlung, Gl. 3-11, setzt sich zusammen aus der Zustandsdichte C nach Gl. 3-4, der Boltzmann–Konstanten k sowie einer charakteristischen Funktion $f(x)$, die nur von dieser Größe x abhängt. Diese beiden Anteile sind, analog zu Bild 3.3, in Bild 3.4 über der Wellenlänge aufgetragen. Auch in dieser Gleichung sind aufgrund der Näherung für die Zustandsdichte (Integration statt Summation) niedrige Temperaturen bzw. kleine Volumina ausgeschlossen. Auf die „spektrale Temperatur" nach Gl. 3-8, die zur Auswertung der Fundamentalgleichung in spektraler Form unabdingbar ist, wird noch häufig zurückgegriffen. Nur für das charakteristische Gleichgewichtsspektrum $u_\lambda^G = u^G(\lambda, T)$ resultiert aus Gl. 3-8 für *alle* Wellenlängen $0 < \lambda < \infty$ eine einheitliche *thermodynamische* Temperatur, unabhängig von der Wellenlänge. Nur für diesen Fall gilt die Fundamentalgleichung in der Form von Gl. 3-9, da bei der Ableitung nach der Wellenlänge i.a.

$$\partial s = \frac{1}{T}\partial u \quad \leadsto \quad \frac{\partial s}{\partial \lambda} = \frac{1}{T}\frac{\partial u}{\partial \lambda} - \frac{1}{T^2}\frac{\partial T}{\partial \lambda} \quad ; \quad \partial s_\lambda \neq \frac{1}{T}\partial u_\lambda$$

gilt. Der zweite Term in dieser Gleichung ist bei beliebiger Strahlung, wo die Strahlungstemperatur eine Funktion der Wellenlänge ist, nie beachtet worden.

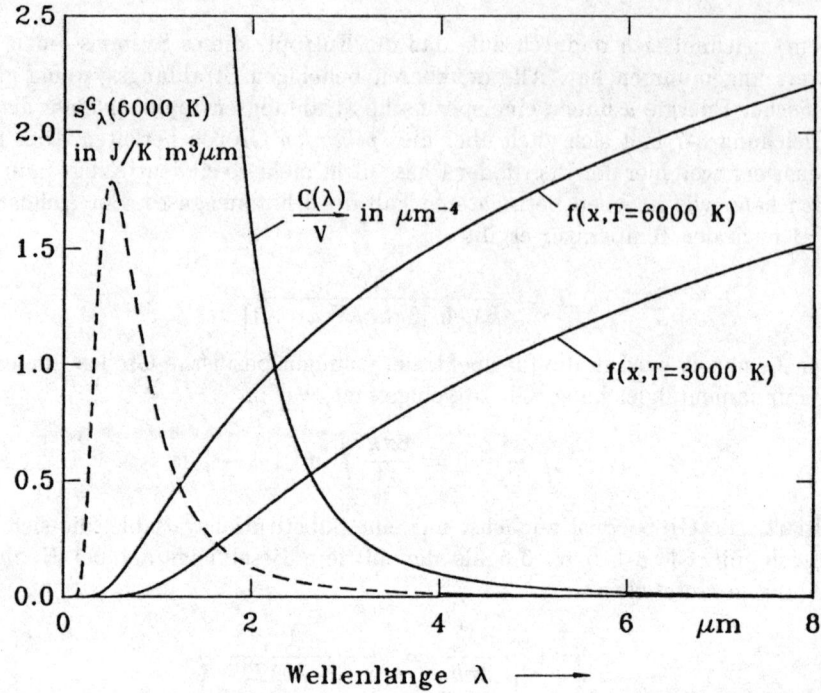

Bild 3.4 Darstellung der charakteristischen Funktion $f(x)$ und der Zustandsdichte C als Funktion der Wellenlänge. Gestrichelt eingezeichnet ist die volumenspezifische spektrale Entropie nach Gl. 3-11.

Integration von Gl. 3-11 über alle Wellenlängen ergibt in Übereinstimmung mit Gl. 3-7 wieder

$$s^G(T) = \frac{S^G}{V} = \frac{4}{3}\underbrace{\frac{8}{15}\frac{\pi^5 k^4}{h^3 c^3}}_{a}\cdot T^3 = \frac{4}{3}\frac{u^G(T)}{T}.\qquad 3\text{-}12$$

Daß sich durch einfaches Aufsummieren (Integration) der spektralen Entropiedichten die Entropiedichte des Systems „Hohlraum–Strahlung" ergibt, könnte als Beweis für die statistische Unabhängigkeit der einzelnen Spektralbereiche angesehen werden, genauso wie die Integration von Gl. 3-1 zu Gl. 3-2 erst durch die energetische Unabhängigkeit der einzelnen Photonen, i.e. durch die nicht vorhandene Wechselwirkung zwischen den Photonen, möglich ist. Da bei der Formulierung der spektralen Entropiedichte nach Gl. 3-11 aber *willkürlich* die Gültigkeit der Fundamentalgleichung in *spektraler* Form zugrunde gelegt wurde, ist dieses Ergebnis kein Beweis, sondern eine Folge der eine „spektrale Phase" definierenden Gl. 3-9 und somit auch keine Rechtfertigung der Behandlung spektraler Größen als jeweils separate Phasen. Dieses muß bei der Erweiterung der Entropiegleichung auf Nicht–Gleichgewichtsstrahlung in Kap. 4 beachtet werden.

3.1 Hohlraum-Strahlung

Wird das Photonengas im Hohlraum als thermodynamische Phase betrachtet, kann dem System „Photonengas" auch ein Strahlungsdruck zugeordnet werden. Für das Differential der inneren Energie der Phase gilt

$$dU = T dS - p dV \quad \text{oder} \quad p = T\frac{dS}{dV} - \frac{dU}{dV}.$$

Mit Gl. 3-2 und Gl. 3-7 wird der Strahlungsdruck

$$p = \frac{1}{3} u^G(T). \qquad 3\text{-}13$$

Dieser Strahlungsdruck kann, wie auch die Temperatur, formal für quasi- monochromatische Strahlung im Wellenlängenbereich $\lambda, \lambda+d\lambda$ angegeben werden,

$$p_\lambda = \frac{1}{3} u_\lambda^G(T,\lambda).$$

Gl. 3-13 für den Strahlungsdruck läßt sich auch aus der Impulsänderung $d\mathcal{P}$ der Photonen an der Hohlraumwand herleiten, vgl. Bošnjaković und Knoche (1988)

Die Anzahl von Photonen dN_λ^G im Wellenlängenintervall $\lambda, \lambda+d\lambda$, welche in der Zeit dt aus der Richtung ϑ, φ (vgl. Kap. 4.1) auf ein ideal spiegelndes Wandelement dA treffen, übertragen senkrecht zu diesem den Impuls

$$d^3\mathcal{P}_\lambda = h\frac{c}{\lambda} dN_\lambda \frac{\sin\vartheta}{2\pi} \cos^2\vartheta \, d\vartheta \, d\varphi.$$

Durch Integration über $0 \leq \vartheta \leq \pi/2$ und $0 \leq \varphi \leq 2\pi$ erhält man die Impulsänderung aller aus einer Raumhälfte einfallenden und reflektierten Photonen im betrachteten Wellenlängenbereich

$$d\mathcal{P}_\lambda = \frac{1}{3}\frac{hc}{\lambda} dN_\lambda.$$

Durch Vergleich mit der spektralen Energiedichte nach Gl. 3-1 ergibt sich der aus dieser Impulsänderung der Photonen resultierende spektrale Strahlungsdruck zu

$$p_\lambda = \frac{1}{3} u_\lambda \quad \text{oder} \quad p^G = \int_\lambda p_\lambda d\lambda = \frac{1}{3} u^G. \qquad 3\text{-}14$$

Die kanonische Zustandsgleichung für Hohlraum–Strahlung als integrierte Fundamentalgleichung lautet

$$S = \frac{4}{3}(aV)^{1/4} U^{3/4}, \qquad 3\text{-}15$$

sie hat lediglich zwei unabhängige extensive Variable. Es gilt für das Photonengas das „modifizierte" ideale Gasgesetz in der Form

$$p \cdot V = \frac{1}{3} \cdot U, \qquad 3\text{-}16$$

d.h. der Term pV/T ist nicht konstant, sondern proportional zur Entropie

$$\frac{pV}{T} = \frac{1}{4} S.$$

Die Wärmekapazität bei konstantem Druck, c_p, ist unendlich (wie bei der Kondensation eines reinen Stoffes)[4], und schließlich gilt für das Photonengas im Gleichgewicht, daß das chemische Potential μ gleich null ist

$$\mu = \left(\frac{\partial G}{\partial N}\right)_{T,p} = 0, \qquad 3\text{-}17$$

da sowohl die Gibbsche freie Enthalpie $G = U + pV - TS$ wie auch die entsprechende spektrale Größe G_λ jeweils null und dementsprechend unabhängig von der Photonenzahl im System ist. In Kapitel 7 wird für spezielle Systeme ein chemisches Potential der Strahlung eingeführt, welches von null verschieden ist und die Wechselwirkung zwischen Strahlung und Materie beschreiben soll. Ein chemisches Potential von null drückt die schon erwähnte Tatsache aus, daß speziell die Hohlraum–Strahlung unabhängig von der Materie am Hohlraum ist.

Gleichung 3-11, welche die spektrale Entropiedichte in Abhängigkeit von der mittleren Besetzungszahl x und der Wellenlänge λ beschreibt, ist der Ausgangspunkt aller Berechnungen zur Entropie auch beliebiger Strahlungsenergie. Wenn man in Gl. 3-10 nur das erste Gleichheitszeichen betrachtet, so kann die zur Entropieberechnung notwendige Größe x aus der meßbaren spektralen Energiedichte u_λ bestimmt werden. Dies würde die Entropieberechnung beliebiger Strahlung in einem geschlossenen System ermöglichen, wenn nur deren energetische Spektralverteilung $u = u(\lambda)$ bekannt ist (z.B. gemessen wurde). Es gilt in der Relation 3-10 aber auch das zweite Gleichheitszeichen, welches die Größe x mit dem Gleichgewichts–Term $\{\exp[hc/k\lambda T] - 1\}^{-1}$ verknüpft. Dieser Ausdruck beinhaltet die Bedingung des Entropiemaximums eines Gleichgewichtssystems, zudem verknüpft er die Besetzungszahl x mit der thermodynamischen Temperatur T.

Es folgt eine kurze Diskussion der zentralen Gl. 3-11, deren Erweiterung auf beliebige Strahlung im nächsten Kapitel behandelt wird. Es wird zur allgemeineren Darstellung in Gl. 3-1 eine dimensionslose Frequenz z eingeführt. Dies ist bei Gleichgewichtsstrahlung sinnvoll, da hier für alle Wellenlängen des Spektrums dieselbe Temperatur auftritt (isotherme Strahlung). Mit $u_\lambda d\lambda = u_z dz$ wird

$$u_z^G(z,T) = K_1 \frac{z^3}{\exp(z) - 1}; \quad \text{wobei} \quad K_1 = \frac{8\pi k^4}{c^3 h^3} \cdot T^4 \quad \text{und} \quad z := \frac{hc}{k\lambda T}$$

gilt. Die Konstante K_1 hat einen ähnlichen Aufbau wie die Strahlungskonstante a, vgl. Gl. 3-2. Unter Verwendung der Fundamentalgleichung in der Form $ds_z = du_z/T$ ergibt sich die spektrale Entropie zu

$$\begin{aligned} s_z^G(z,T) &= K_2\, z^2\, [(1+x)\ln(1+x) - x\ln x] \qquad \text{mit} \quad K_2 = \frac{8\pi k^4}{c^3 h^3}\cdot T^3 \\ &= K_2 \left\{ \frac{z^3}{\exp(z) - 1} + z^3 - z^2 \ln[\exp(z) - 1] \right\} \\ &= \frac{u_z^G}{T} + z^2 \ln(1+x)\cdot K_2 \quad ; \qquad \text{wobei} \quad x = \frac{1}{\exp(z) - 1}. \end{aligned}$$

---

[4]Dieses, zusammen mit der Tatsache, daß die innere Energie nur eine Funktion der Temperatur *oder* des Druckes ist, legt die Analogie von „Materie als kondensierte Strahlung" nahe (Landsberg, 1961)

3.1 Hohlraum-Strahlung

Bemerkenswert ist die Darstellung der spektralen Entropie als additive Erweiterung der spektralen inneren Energie, dividiert durch die (konstante) Temperatur, wie es in der letzten Gleichung zu erkennen ist. In Bild 3.5 ist die Energie- und Entropiefunktion sowie der additive Term $R = z^2 \ln(1 + x)$ über der Variablen z aufgetragen, wobei die Konstante zu $K_1 = 1,0$ J/m³ gesetzt wurde (dies ent-

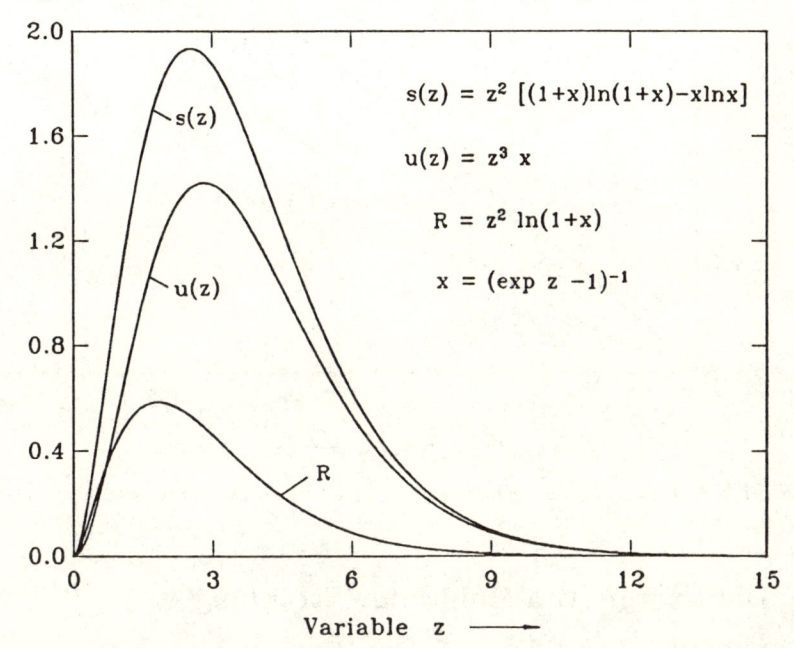

$$s(z) = z^2 [(1+x)\ln(1+x) - x\ln x]$$
$$u(z) = z^3 x$$
$$R = z^2 \ln(1+x)$$
$$x = (\exp z - 1)^{-1}$$

Bild 3.5 Darstellung der spezifischen spektralen Energie, der spektralen Entropie sowie des Differenzterms R von Gleichgewichtsstrahlung über der dimensionslosen Variablen z

spricht einer Temperatur von $T = 9630$ K). Durch diese gemeinsame Darstellung wird deutlich, daß das spektrale Entropiemaximum für eine gegebene Temperatur bei einer etwas höheren Wellenlänge liegt als das spektrale Energiemaximum. Es gilt das Wiensche Verschiebungsgesetz für das Maximum der spektralen Energie wie auch Entropie in der Form $\lambda_{u,max} T = 0,002898$ m K; $\lambda_{s,max} T = 0,003004$ m K (vgl. auch Bošnjaković und Knoche, 1988, S. 485). Für $\lambda \to 0$ haben beide Kurven eine waagerechte Tangente. Eine Parameterdarstellung $u = u(s)$ ist in Bild 3.6 dargestellt. Dieses Diagramm entspricht einem spektralen Energie, Entropie-Diagramm, wie es für integrale Werte in Abschnitt 4.3 eingeführt wird. Schließlich sollen die spektralen Größen u_λ und s_λ auch als Funktion der Frequenz ν angegeben werden. Mit Hilfe der Beziehung $\nu = c/\lambda$; $d\nu = -c/\lambda^2 \, d\lambda$ sowie Beachtung von $u_\nu d\nu = u_\lambda d\lambda$ sind die spektralen Beziehungen in Tabelle 3.2 zusammengestellt.

Im nachfolgenden Kapitel 4 werden die hier auf das geschlossene Strahlungssystem „Hohlraum" fixierten Gleichungen schrittweise auf den Nicht-Gleichgewichtsfall überführt.

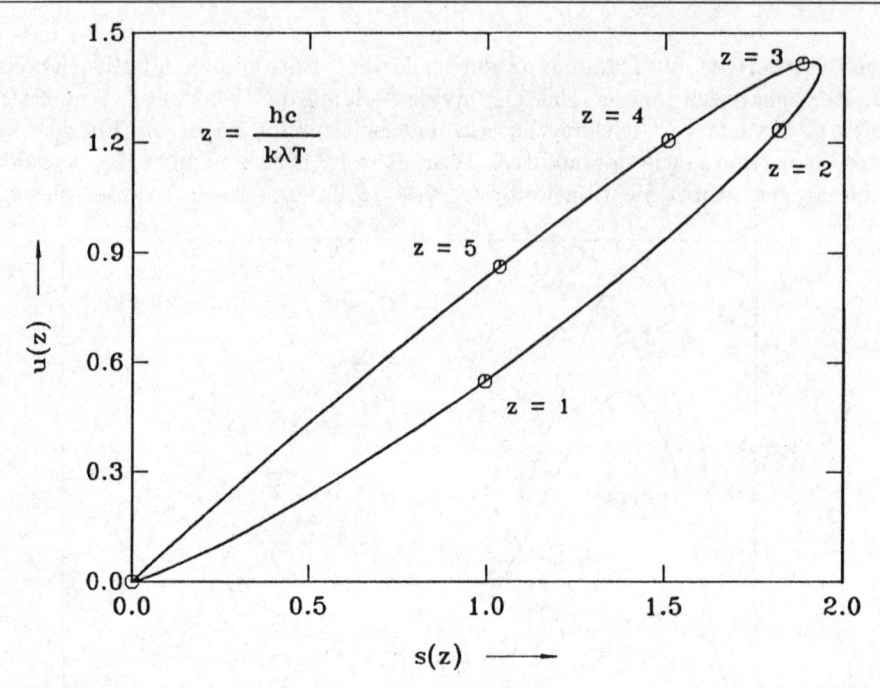

Bild 3.6 Eine Parameter–Darstellung $u_z = u(s_z)$ als spektrales Energie, Entropie–Diagramm

3.2 Die Exergie von Hohlraum–Strahlung

Nachdem die Energie und die Entropie von Hohlraum–Strahlung eingeführt sind, kann in diesem Abschnitt auch die Exergie der Hohlraum–Strahlung diskutiert werden. Im Gegensatz zu den Größen Energie und Entropie gibt es über die Exergie von Hohlraum–Strahlung in der Literatur noch keinen Konsens, die hier aufgeführten unterschiedlichen Resultate und deren Diskussion sind exemplarisch auch für die in Kap. 6 diskutierte Exergie von offenen Strahlungssystemen. Es wird in diesem Abschnitt nach der Exergie von Gleichgewichtsstrahlung gefragt, welche in einem Zylinder–Kolben System mit ideal reflektierenden Wänden bei gegebenem Volumen V_1 und gegebener Temperatur T_1 eingeschlossen ist. Das Innere des Zylinders sei zunächst der Einfachheit halber materiefrei, wobei aber durch ein winziges Stäubchen in jedem Zwischenzustand das Vorliegen von Gleichgewichtsstrahlung sichergestellt wird[5]. Der Zustand für Hohlraum–Strahlung wird neben dem Volumen durch nur eine intensive Zustandsgröße T oder p festgelegt, die Forderung nach einem Gleichgewichtsspektrum der Strahlung ersetzt die Vorgabe einer zweiten intensiven Zustandsgröße. Diese Besonderheit der Hohlraum–Strahlung hat in der Literatur zu einer besonderen Umgebungsdefinition geführt. Da Hohlraum–Strahlung der Temperatur $T_u = 300$ K zwangsweise einen Strahlungsdruck von nur $p(T_u) = a/3T^4 = 2 \cdot 10^{-11}$ bar aufweist, wurde dieser extrem niedrige Druck auch

---
[5] Siehe Diskussion auf S. 79

3.2 Die Exergie von Hohlraum-Strahlung

Tabelle 3.2 Gleichungen für Hohlraum-Strahlung im Volumen V und im Gleichgewicht mit Materie der Temperatur T in Abhängigkeit von Wellenlänge oder Frequenz

Frequenz ν	Wellenlänge λ
$C(\nu)\,\mathrm{d}\nu = 8\pi V \dfrac{\nu^2}{c^3}\mathrm{d}\nu$	$C(\lambda)\,\mathrm{d}\lambda = 8\pi V \dfrac{1}{\lambda^4}\mathrm{d}\lambda$
$N^G(\nu)\,\mathrm{d}\nu = 8\pi V \dfrac{\nu^2}{c^3}\dfrac{\mathrm{d}\nu}{\exp[h\nu/kT]-1}$	$N^G(\lambda)\,\mathrm{d}\lambda = 8\pi V \dfrac{1}{\lambda^4}\dfrac{\mathrm{d}\lambda}{\exp[hc/\lambda kT]-1}$
$x^G = \dfrac{1}{\exp[h\nu/kT]-1} = \bar{n}$	$x^G = \dfrac{1}{\exp[hc/\lambda kT]-1} = \bar{n}$
$u^G(\nu,T) = 8\pi h \dfrac{\nu^3}{c^3}\dfrac{1}{\exp[h\nu/kT]-1}$	$u^G(\lambda,T) = 8\pi h \dfrac{c}{\lambda^5}\dfrac{1}{\exp[hc/\lambda kT]-1}$
$s^G(\nu,T) = 8\pi k \dfrac{\nu^2}{c^3}$ $\cdot[(1+x)\ln(1+x)-x\ln x]$	$s^G(\lambda,T) = 8\pi \dfrac{k}{\lambda^4}$ $\cdot[(1+x)\ln(1+x)-x\ln x]$

als Umgebungsdruck angesetzt, d.h. die Umgebung als materiefrei betrachtet. Bei den drei nachfolgend aus der Literatur zitierten Beziehungen wird also von einer *materiefreien Umgebung* aus Hohlraum-Strahlung der Temperatur T_u ausgegangen (Bejan, 1988).

PETELA (1964) nahm eine reversible adiabate[6] Entspannung der im Zylinder eingeschlossenen Strahlung vom Zustand 1 (T_1, V_1) auf den durch T_u festgelegten Umgebungszustand an (vgl. Bild 3.7) und berechnete die dabei abgegebene, hier positiv angesetzte Nutzarbeit aus

$$W^N_{1-u} = \int_1^u p\,\mathrm{d}V - p_u(V_u - V_1) \qquad 3\text{-}18$$

mit der aus Gl. 3-15 resultierenden Isentropengleichung $Vp^{3/4} = $ const. (aus $S_1 = S_u$) zu

$$W^N_{1-u} = U_1\left[1 - \frac{4}{3}\frac{T_u}{T_1} + \frac{1}{3}\left(\frac{T_u}{T_1}\right)^4\right].$$

PETELA sieht W^N_{1-u} als die Exergie der Strahlungsenergie U_1 an, also jener Energie, die man maximal als Nutzarbeit aus der Gleichgewichtsstrahlung herausziehen kann. Der Exergiegehalt dieser Strahlungsenergie wäre dann durch

---
[6]Hier bei geschlossenen Systemen wird adiabat als wärme- *und* strahlungsisoliert verstanden. Bei offenen Systemen wird es i.a. nur im Sinne von $\dot{Q}=0$ benutzt, z.B. „ein adiabater Strahlungsenergiewandler".

$$\zeta_{Petela} = \frac{W^N_{1-u}}{U_1} = 1 - \frac{4}{3}\frac{T_u}{T_1} + \frac{1}{3}\left(\frac{T_u}{T_1}\right)^4. \qquad 3\text{-}19$$

gegeben. Diese Beziehung für die Exergie der Hohlraumstrahlung wurde unabhängig auch von PRESS (1976) abgeleitet. Man erhält Gl. 3-19 alternativ durch direktes Einsetzen der Beziehungen aus Gl. 3-15 in die Gleichung für die Exergie der inneren Energie (Baehr, 1992),

$$W^N_{1-u} = (U_1 - U_u) + p_u(V_1 - V_u) - T_u(S_1 - S_u). \qquad 3\text{-}20$$

Hierbei ist p_u nicht der tatsächliche Umgebungsdruck, sondern der oben genannte, zu T_u gehörige Strahlungsdruck $p(T_u)$. Ein dritter Weg zur Ableitung von Gl. 3-19 ist die Betrachtung einer isochoren Abkühlung anstelle einer isentropen Entspannung, wobei die abgeführte Wärme einer reversiblen Wärmekraftmaschine zugeführt wird (Bejan, 1988):

$$W^N_{1-u} = \int_{U=aV_1T_1^4}^{U=aV_1T_u^4} \left(1 - \frac{T_u}{T}\right)\cdot(-\mathrm{d}U)$$

mit $\mathrm{d}U = \mathrm{d}(aV_1T^4)$.

Ebenfalls im Jahr 1964 ist von SPANNER eine andere Beziehung für den Exergiegehalt der Energie von Hohlraum–Strahlung angegeben worden:

$$\zeta_{Spanner} = \frac{W^N_{1-u-0}}{U_1} = 1 - \frac{4}{3}\frac{T_u}{T_1} \qquad 3\text{-}21$$

Dieses auch von GRIBIK und OSTERLE (1984) favorisierte Ergebnis wird durch eine gegenüber PETELA abweichende Umgebungsdefinition bedingt. SPANNER, wie auch GIBRIK und OSTERLE, sehen das Gleichgewicht mit der Umgebung noch nicht durch das thermische Gleichgewicht als erreicht an, sondern erst bei „vollständiger Vernichtung" der Hohlraum–Strahlung, d.h. die betrachteten Photonen dürfen nicht mehr existieren. Hierzu wird das Volumen des Hohlraums isotherm auf null komprimiert, was der Vernichtung aller Photonen entspricht. Die hierzu notwendige Volumenänderungsarbeit, die nach der isochoren Abkühlung noch aufzubringen ist, beträgt

$$W^N_{u-0} = -\frac{1}{3}aV_1T_u^4,$$

so daß sich mit Berücksichtigung dieses zusätzlichen Terms in Gl. 3-19 die Gleichung 3-21 ergibt. Bei dieser Zustandsänderung wird an die Umgebung Wärme bei T_u abgegeben. Die hier genannten Zustandsänderungen sind in Bild 3.7 dargestellt. Hier sind einmal der tatsächliche Verlauf einer durch $T_1 = 1000$ K und $V_1 = 1$ m^3 festgelegten Isentrope von Hohlraum–Strahlung in einem p,V–Diagramm gezeigt, sowie in einem zweiten, qualitativen Diagramm die genannten Volumenänderungsarbeiten.

JETER (1981) erhält schließlich den Carnot–Faktor

3.2 Die Exergie von Hohlraum-Strahlung

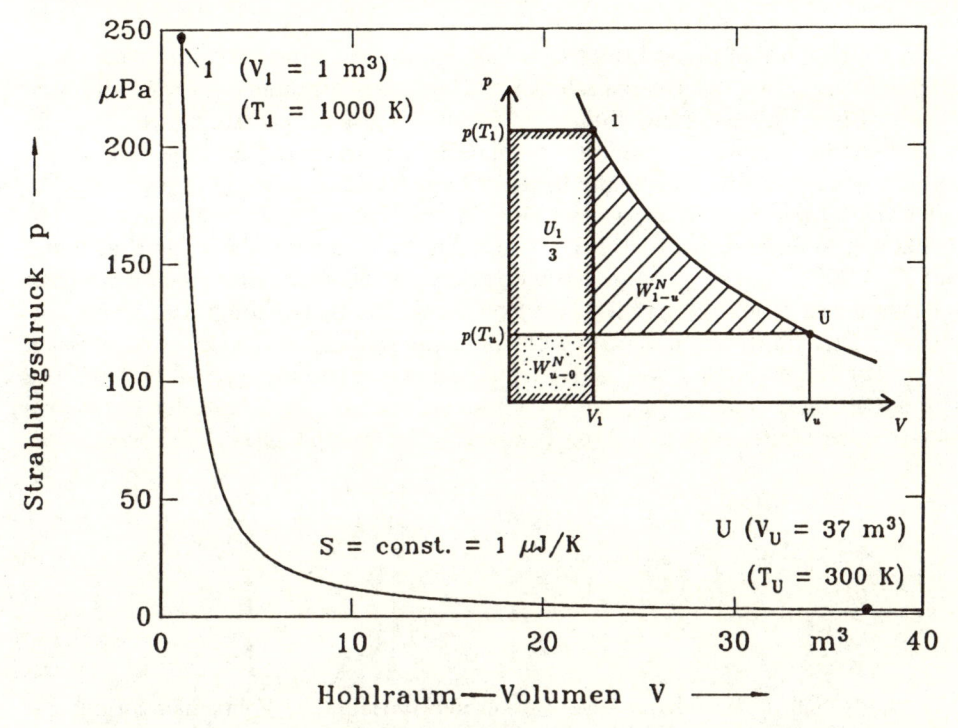

Bild 3.7 Isentrope Zustandsänderung und Volumenänderungsarbeiten für Hohlraum-Strahlung in einem p,V-Diagramm

$$\zeta_{Jeter} = \frac{W^N_{0-1-u-0}}{Q_{0-1}} = 1 - \frac{T_u}{T_1} = \eta_c \qquad 3\text{-}22$$

als einen weiteren Ausdruck für die Exergie von Hohlraum-Strahlung der Temperatur T_1. Das in Jeters Originalarbeit zugrundegelegte System ist nicht eindeutig einem offenen oder geschlossenen System zuzuordnen, so daß BEJAN (1988) das Modell als eindeutig geschlossenes System umformulierte. Dieser auch von Bejan befürwortete Prozeß führt gegenüber dem Prozeß nach Spanner noch einen dritten Schritt aus, indem er nicht nur bei $V=0$ aufhört, sondern auch dort anfängt. Dies bedeutet, daß auch das (isotherme) Füllen des Hohlraumes mit Strahlung der Temperatur T_1 in den Prozeß einbezogen wird. Hierbei wird die Volumenänderungsarbeit $W_{0-1} = p_1 V_1 = 1/3\, U_1$ geleistet, während eine Wärme $Q_{0-1} = 4/3\, U_1$ bei T_1 aufgenommen wird. $W_{0-1} + W_{1-u} + W_{u-0}$ dividiert durch Q_{0-1} als aufgenommene Wärme (also einer anderen Bezugsgröße als vorher!) ergibt den Carnotschen Wirkungsgrad, Gl. 3-22. Da dieses Gedankenmodell einen Kreisprozeß zwischen zwei Wärmereservoiren mit T_1 und T_u annimmt, ergibt sich unabhängig vom Kreisprozeß-Medium naturgemäß das bekannte Resultat η_c, vgl. Gl. 1-4. Es wird hierbei die Umwandlung der Wärme Q_{0-1} in Nutzarbeit beurteilt, nicht die Exergie der inneren Energie der Hohlraum-Strahlung.

Von diesen bisher in der Literatur bekanntgewordenen Beziehungen ist die Gl. 3-19 von PETELA als der Exergiegehalt von Hohlraum–Strahlung am weitesten verbreitet. Einer Eingliederung in die Systematik der Thermodynamik steht aber die unrealistische Umgebung entgegen, die den Strahlungsdruck als Umgebungsdruck ansetzt. Da gerade die Umgebung bei der exergetischen Analyse eine zentrale Rolle spielt, ist schwer einzusehen, warum hier die Umgebung den Erfordernissen des betrachteten Systems anpaßt wird. Es wird daher im folgenden eine reale Umgebung mit $T_u = 300$ K und $p_u = 1$ bar zugrunde gelegt und wiederum nach dem Exergiegehalt der durch T_1 und V_1 spezifizierten Hohlraum–Strahlung gefragt. Das Photonengas wird zuerst durch eine isentrope Entspannung (falls $T_1 > T_u$) bzw. Kompression ($T_1 < T_u$) in den durch $T = T_u$ festgelegten Zustand überführt (vgl. Bild 3.8)[7]. Die Nutzarbeit dieses ersten Schrittes berechnet sich mit Gl. 3-15 bzw. den daraus resultierenden Isentropengleichungen $V = V_1(T_1/T)^3$ und $p = p_1(V_1/V)^{4/3}$ zu

$$W_{1-2}^N = \int_{V_1}^{V_2} p_1 \left(\frac{V_1}{V}\right)^{4/3} dV - p_u \left[V_1 \left(\frac{T_1}{T_u}\right)^3 - V_1\right]$$

$$= aV_1 T_1^4 \left[1 - \frac{T_u}{T_1}\right] - p_u V_1 \left[\left(\frac{T_1}{T_u}\right)^3 - 1\right].$$

Der zweite Schritt besteht in einer isothermen (=isobaren) Volumenänderung des materiefreien Hohlraums auf $V_3 = 0$, da der Umgebungsdruck höher ist als der Strahlungsdruck im System[8]. Bei dieser Zustandsänderung wird Wärme und Volumenänderungsarbeit mit der Umgebung ausgetauscht. Da die Wärme bei der Umgebungstemperatur T_u an der Systemgrenze abgegeben wird, ist sie exergiefrei, und es wird wiederum nur die Nutzarbeit

$$W_{2-3}^N = \int_{V_2}^{V_3} p\, dV - p_u(V_3 - V_2) = p_2(V_3 - V_2) - p_u(V_3 - V_2)$$

berücksichtigt. Mit $V_3 = 0$ und $p_2 = a/3\, T_u^4$ ergibt sich die Nutzarbeit dieses zweiten Schrittes zu

$$W_{2-3}^N = -\frac{a}{3} V_1 T_1^3 T_u + p_u V_1 \left(\frac{T_1}{T_u}\right)^3.$$

Bild 3.8 zeigt diese Anteile im p,V–Diagramm, wobei die Ordinate zur Darstellung sowohl des Strahlungs- wie auch des Umgebungsdruckes verzerrt ist. Die Summe der Nutzarbeiten aus diesen beiden Zustandsänderungen ist die Exergie der inneren Energie von Hohlraum–Strahlung unter realistischen (irdischen) Umgebungsbedingungen

---

[7] Bei einer isentropen Zustandsänderung bleibt die Hohlraum–Strahlung auch ohne Anwesenheit eines Stäubchens erhalten (Planck, 1923).
[8] Einem Strahlungsdruck von $p = 1$ bar entspricht einer extremen Temperatur der Hohlraum–Strahlung von $T = (3p/a)^{1/4} = 141113$ K.

3.2 Die Exergie von Hohlraum–Strahlung

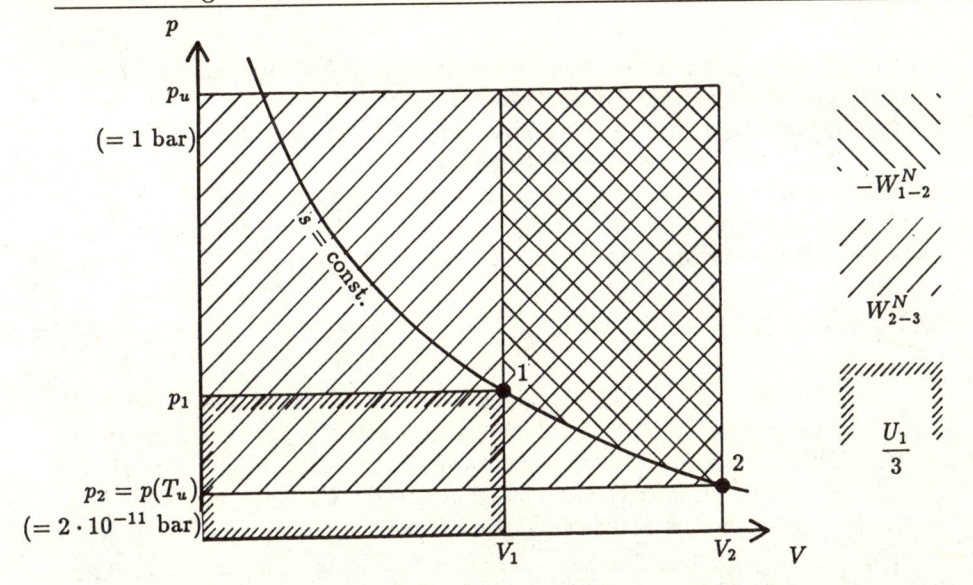

Bild 3.8 Qualitative Darstellung der Exergie von Hohlraum–Strahlung mit $T_1 > T_2 = T_u$ für eine reale Umgebung mit $T_u = 300$ K und $p_u = 1$ bar. Die Exergie als Summe von W^N_{1-2} und W^N_{2-3} ist die einfach schraffierte Fläche.

$$W^N_{1-3} = aV_1 T_1^4 \left[1 - \frac{4}{3}\frac{T_u}{T_1}\right] + p_u V_1$$

oder

$$\zeta_{neu} = \frac{W^N_{1-3}}{U_1} = 1 - \frac{4}{3}\frac{T_u}{T_1} + \frac{p_u}{aT_1^4}. \qquad 3\text{-}23$$

Das Ergebnis, Gl. 3-23, entspricht der Beziehung von SPANNER (Gl. 3-21), vermehrt um das auf die innere Energie der Strahlung bezogene Produkt aus Umgebungsdruck und Anfangsvolumen. Diese Ähnlichkeit zu dem Ergebnis von Spanner erklärt sich aus der auch hier durchgeführten isothermen Kompression auf $V_3 = 0$, die sich in diesem Fall aber zwangsweise durch den hohen Umgebungsdruck ergibt. Der letzte Term in Gl. 3-23 ist im Vergleich zu den beiden anderen Termen sehr groß, es wird also näherungsweise die Exergie eines Vakuums des Volumens V_1 berechnet. Da die innere Energie der Strahlung U_1 als Bezugsgröße bei realistischen Anfangstemperaturen nur kleine Werte annimmt, ergeben sich hierbei sehr große Exergie–Energie–Verhältnisse (vgl. Bild 3.10).

Dieses Ergebnis, Gl. 3-23, ist formal die richtige Antwort auf die Frage nach der Exergie der Hohlraum–Strahlung, gleichwohl ist es ohne praktische Relevanz. Es soll daher abschließend ein weiterer Schritt in Richtung Realität getan werden, indem ein mit Strahlung *und* materiellem Gas gefüllter Zylinder betrachtet wird. Strahlung ist dann zwangsläufig vorhanden, da jede Materie bei $T > 0$ K thermische Strahlung emittiert. Die innere Energie eines geschlossenen Systems setzt sich immer aus der inneren Energie der Materie sowie der Strahlungsenergie zusammen.

Wird ein ideales Gas der Masse m, der konstanten spezifischen isochoren Wärmekapazität c_v^o und der Gaskonstanten R vom vorgegebenem Zustand V_1, T_1 in den Umgebungszustand $T_u, V = V(p_u)$ zunächst *ohne Berücksichtigung von Strahlung* überführt, z.B. durch eine isentrope Entspannung (oder Verdichtung) auf $T = T_u$ und anschließender isothermer Verdichtung (oder Entspannung) auf $V = V(p_u) = V_u = mRT_u/p_u$, so ergibt sich die Exergie der inneren Energie des idealen Gases mit konstanter Wärmekapazität aus Gl. 3-20 zu

$$W_{id.Gas}^N = mc_v^o T_1 \left[1 - \frac{T_u}{T_1}\left(1 + \ln\frac{T_1}{T_u}\right)\right] - p_u V_u \left(1 + \ln\frac{V_1}{V_u}\right) + p_u V_1. \qquad 3\text{-}24$$

In Bild 3.9 ist der Exergiegehalt der inneren Energie des idealen Gases $\zeta^{id.Gas} = W_{id.Gas}^N/U_1$ mit $U_1 = mc_v^o T_1$ über der Anfangstemperatur T_1 für verschiedene Anfangsdichten aufgetragen. Zugrunde gelegt wurde hierbei Helium mit $R = 2077,3$ J/kg K und $c_v^o = 3/2R$. Gestrichelt eingezeichnet ist die Gl. 3-19 von PETELA für Hohlraum–Strahlung, die ein ähnliches Verhalten zeigt.

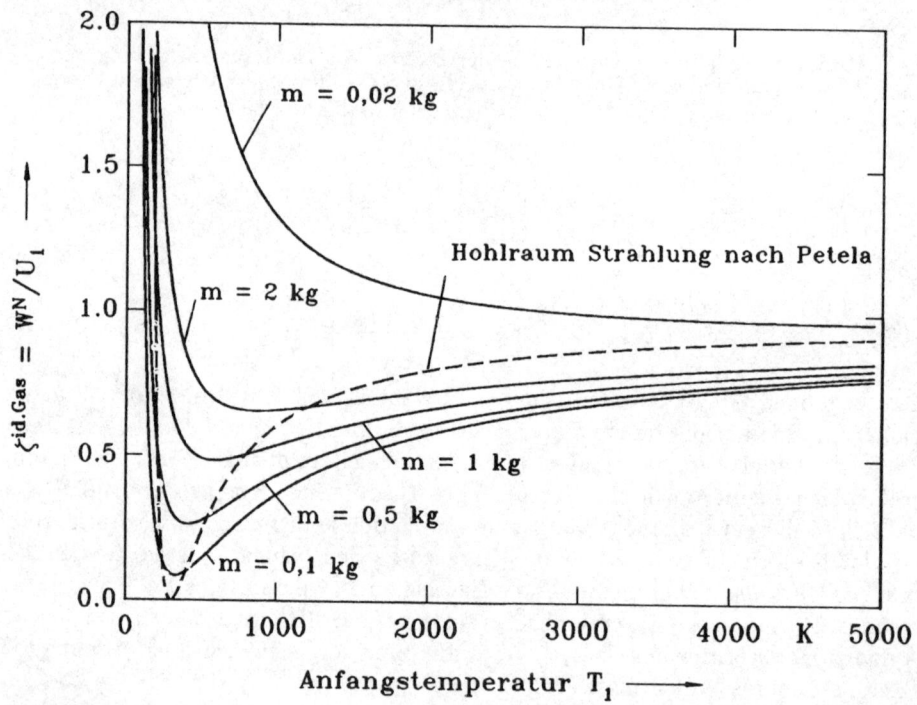

Bild 3.9 Der Exergiegehalt der inneren Energie des idealen Gases Helium, aufgetragen über der Anfangstemperatur T_1 mit $V_1 = 1$ m^3 und $p_u = 1$ bar, $T_u = 300$ K. Gestrichelt eingezeichnet ist der Exergiegehalt von Hohlraum–Strahlung in einer reinen Strahlungs-Umgebung nach PETELA, Gl. 3-19.

Bei der Berücksichtigung von Materie *und* Strahlung im Volumen V_1 verlaufen die Isentropen und Isothermen der beiden Komponenten unterschiedlich, so daß das

3.2 Die Exergie von Hohlraum–Strahlung

Integral der Volumenänderungsarbeit nicht mehr direkt durch eine Isentropengleichung berechnet werden kann. Temperatur und Hohlraum–Volumen von Photonengas und materiellem Gas sind in jedem Zustand identisch, lediglich der Druck setzt sich additiv aus Strahlungsdruck und Gasdruck zusammen. Durch die Materie im Hohlraum befindet sich die Strahlung immer im Gleichgewichtszustand. Die Volumenänderungsarbeit der adiabaten reversiblen Zustandsänderung von 1 (T_1, V_1) nach 2 $(T_2 = T_u, V_2)$ ergibt sich aus der Energiebilanzgleichung

$$U_2^* - U_1^* = -\int_{V_1}^{V_2} p^* \, dV,$$

so daß sich aus diesem ersten Teilschritt eine Nutzarbeit

$$W_{1-2}^N = U_1^* - U_2^* - p_u(V_2 - V_1)$$
$$= mc_v^o(T_1 - T_u) + a\left(V_1 T_1^4 - V_2 T_u^4\right) - p_u(V_2 - V_1) \qquad 3\text{-}25$$

ergibt. Die Zustandsgrößen des kombinierten Systems sind durch einen hochstehenden Stern gekennzeichnet. Das unbekannte Volumen im Zustand 2 berechnet sich iterativ aus der Isentropenbeziehung zusammen mit der Bedingung $T_2 = T_u$

$$S_2^* - S_1^* \stackrel{!}{=} 0 = mc_v^o \ln \frac{T_u}{T_1} + mR \ln \frac{V_2}{V_1} + \frac{4}{3}a\left(V_2 T_u^3 - V_1 T_1^3\right).$$

Für die reversible, isotherme Zustandsänderung von 2 nach 3 bei $T = T_u$ gilt

$$U_3^* - U_2^* = -\int_{V_2}^{V_3} p^* \, dV + Q_{23} \qquad \text{und} \qquad S_3^* - S_2^* = \frac{Q_{23}}{T_u}.$$

Die Nutzarbeit W_{2-3}^N wird zu

$$W_{2-3}^N = \frac{a}{3} T_u^4 (V_3 - V_2) + mRT_u \ln \frac{V_3}{V_2} - p_u(V_3 - V_2).$$

Das Volumen V_3 im Endzustand berechnet sich aus der Bedingung

$$p_3^* \stackrel{!}{=} p_u = p^{id.Gas} + p^{Str.} = \frac{mRT_u}{V_3} + \frac{a}{3}T_u^4 \qquad \text{zu} \qquad V_3 = \frac{mRT_u}{p_u - \frac{a}{3}T_u^4}.$$

Ein negatives Volumen würde bedeuten, daß sich der Druck p_u bei gegebener Temperatur T_u nicht einstellen ließe, da Strahlungsdruck und Temperatur direkt gekoppelt sind. Die Summe aus den beiden Nutzarbeiten W_{1-2}^N und W_{2-3}^N ergibt die maximal aus dem kombinierten System gewinnbare Arbeit.

Die Berücksichtigung der Strahlung im Hohlraum hat, wie zu erwarten, im allgemeinen einen vernachlässigbaren Einfluß auf die Exergie der inneren Energie des materiellen Gases. Erst wenn Gas geringer Dichte bei hoher Anfangstemperatur vorliegt, ist der Strahlungseinfluß merklich. Dieses geht aus Bild 3.10 hervor, wo der Exergiegehalt über der Anfangstemperatur T_1 aufgetragen ist. Dargestellt ist

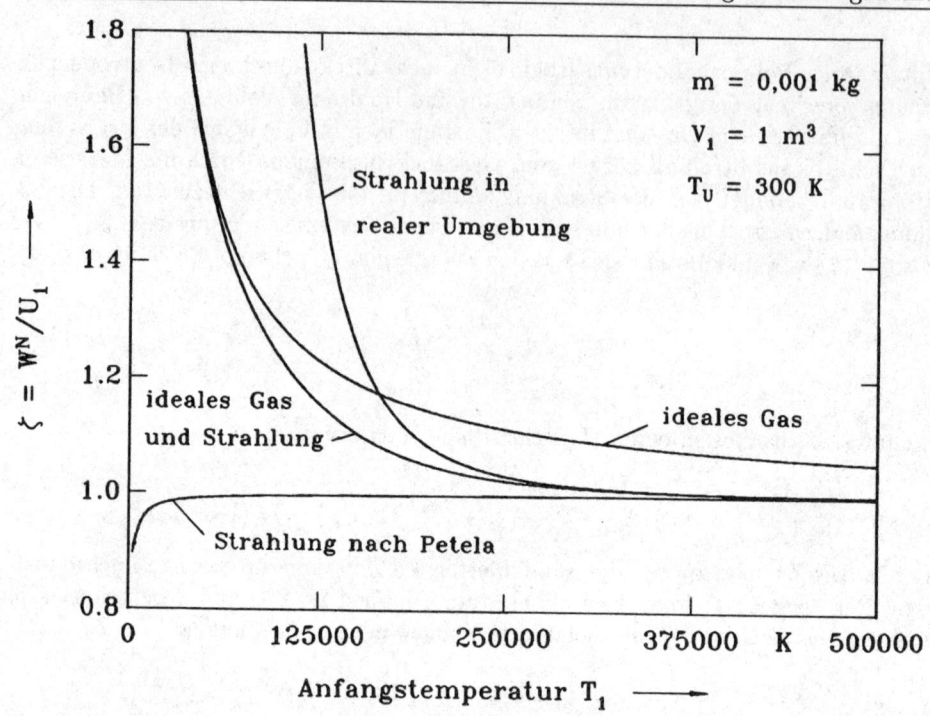

Bild 3.10 Die vier Exergie–Energie–Verhältnisse im Vergleich bei geringer Gasdichte und hohen Anfangstemperaturen (ohne Ionisation des Gases)

die Nutzarbeit von Hohlraum–Strahlung in einer reinen Strahlungs–Umgebung, bezogen auf die innere Energie der Strahlung im Anfangszustand $U_1^{Str.} = aV_1T_1^4$ (Gl. 3-19), der Exergiegehalt von Hohlraum–Strahlung in einer realen Umgebung (Gl. 3-23), der Exergiegehalt eines idealen Gases nach Gl. 3-24 mit der Bezugsgröße $U_1^{id.Gas} = mc_v^o T_1$ und schließlich das kombinierte System, also die Summe der Terme W_{12}^N und W_{23}^N, bezogen auf $U_1^* = mc_v^o T_1 + aV_1T_1^4$. Mit steigender Anfangstemperatur T_1 wird die Strahlung gegenüber dem materiellen Gas dominant, wobei die Ionisation des Gases nicht berücksichtigt wurde. Bei niedrigen Temperaturen bzw. hohen Gasdichten liegt die Kurve des kombinierten Systems auf der Kurve des idealen Gases.

Diese hier durchgeführten Betrachtungen waren möglich, da die Gleichungen für das einfache Gleichgewichtssystem „Hohlraum–Strahlung" bekannt und gesichert sind. Das weitaus größere, aber technisch interessantere Problem ist ein offenes, von Strahlungsströmen durchsetztes System. Im nachfolgenden Kapitel wird die Entropie dieser beliebigen Strahlungsströme berechnet.

4 Strahlung im Nicht–Gleichgewicht

Die praktische Anwendung der Thermodynamik der Strahlung bezüglich der Wandlung von Strahlungsenergie betrifft ausschließlich den Strahlungsfluß an offenen Systemen. Bei der Übertragung der unter Zugrundelegung einer Phase gewonnenen thermodynamischen Beziehungen (Kap. 3) auf offene Systeme sind zusätzliche Annahmen notwendig, da durch die Ströme, die ein offenes System charakterisieren, zwangsweise Nicht–Gleichgewichtszustände vorliegen. Ziel dieses Kapitels ist es, die in Kap. 3 für Gleichgewichts-Strahlung, i.e. für ein geschlossenes System abgeleiteten Beziehungen, insbesondere die spektrale Entropieberechungsgleichung

$$s_\lambda^G = 2\frac{4\pi}{\lambda^4} k \left[\left(1 + \frac{\lambda^5 u_\lambda^G}{8\pi hc}\right) \ln\left(1 + \frac{\lambda^5 u_\lambda^G}{8\pi hc}\right) - \frac{\lambda^5 u_\lambda^G}{8\pi hc} \ln \frac{\lambda^5 u_\lambda^G}{8\pi hc} \right] \quad 4\text{-}1$$

auf beliebige Strahlungsströme im Nicht–Gleichgewicht zu erweitern. Gl. 4-1 ergibt sich aus Gl. 3-11, wenn die mittlere Besetzungszahl x gemäß Gl. 3-10 durch die Energiedichte u_λ^G, dividiert durch die Zustandsdichte $C = 8\pi/\lambda^4$ und durch die Partikelenergie $\epsilon = hc/\lambda$ ersetzt wird.

Zunächst werden die Strahlungsströme eingeführt, dann zur Berechnung dieser Ströme Modelle bereitgestellt, wie z.B. das Modell des Schwarzen Körpers.

4.1 Die Umrechnung auf Strahlungsströme

Bei nahezu allen energiewandelnden Strahlungssystemen (z.B. Solarenergiesystemen) treten flächenspezifische Strahlungsströme auf. Im Gegensatz zum geschlossenen System und auch im Gegensatz zu anderen offenen Systemen in der Thermodynamik ist bei einem Strahlungsstrom die Abhängigkeit von der Richtung im Raum relevant. Zur Definition der zugrundeliegenden Begriffe (DIN 5496) wird ein willkürlich gewähltes Flächenelement dA betrachtet (Bild 4.1). Ein solches Flächenelement „sieht" einen Halbraum, aus dem es Strahlung empfangen kann und in welchen es Strahlung emittiert. Da i.a. die Strahlung aus jedem Raumwinkelelement dΩ unterschiedlich sein kann, werden sog. Strahlenbündel betrachtet. Ein Strahlenbündel ist die Menge aller Strahlenkegel mit der infinitesimal kleinen Basisfläche dΩ und einem Punkt von dA als Kegelspitze, so daß sich ein Strahlenbündel aus unendlich vielen Strahlkegeln und die Strahlung aus dem Halbraum aus unendlich vielen Strahlenbündeln zusammensetzt (Planck, 1923, S. 20). Strahlung kann nicht von einem Punkt ausgehen.

Die Energie d$\bar{E}$, welche in der Zeit dt im Frequenzbereich zwischen λ und $\lambda +$ dλ in den Raumwinkel dΩ durch ein virtuelles Flächenelement dA_p hindurchtritt,

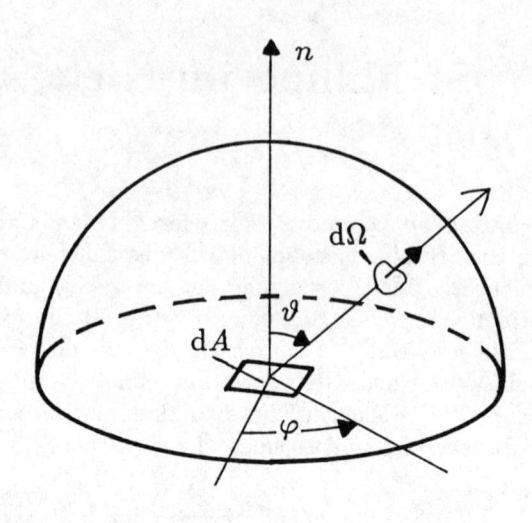

Bild 4.1 Der Halbraum des Flächenelements dA

welches die normal zur Strahlrichtung projizierte Fläche des Elementes dA ist, heißt spektrale Strahldichte L_λ

$$d\bar{E} = L_\lambda \, d\lambda \, d\Omega \, \cos\vartheta \, dt \, dA. \qquad 4\text{-}2$$

Die spektrale Strahldichte L_λ ist demnach der Energiestrom eines Strahlenbündels in einem Wellenlängenintervall. Die in Strahlrichtung projizierte Fläche dA_p ist durch d$A_p = \cos\vartheta \, dA$ mit dem zugrundeliegenden horizontalen Flächenelement dA verknüpft, wenn der Winkel ϑ von der Flächennormalen zum Strahlrichtungsvektor (der Strahlkegelachse) gezählt wird (Zenitwinkel $0 \le \vartheta \le 90°$). Völlig gleichwertig wäre die Vorgabe des betrachteten Spektralbereiches durch ν und $\nu + d\nu$, in diesem Fall wird die spektrale Strahldichte mit L_ν bezeichnet.

Eine ganz analoge Definition soll für die von dA ausgehende Strahlungsentropie $\bar{D}$ gelten

$$d\bar{D} = K_\lambda \, d\lambda \, d\Omega \, \cos\vartheta \, dt \, dA, \qquad 4\text{-}3$$

wobei K_λ (bzw. K_ν) die spektrale Strahlentropiedichte ist. Auf den konsequenten Ausdruck Strahlenergiedichte für L wird in Anlehnung an die DIN 5496, in welcher die energetischen Strahlungsgrößen definiert sind, verzichtet. Für das in den Definitionsgleichungen 4-2 und 4-3 auftretende Raumwinkelelement dΩ gilt

$$d\Omega = \sin\vartheta \, d\vartheta \, d\varphi,$$

wobei dφ den Azimutwinkel ($0 \le \varphi \le 360°$) in der Ebene von dA beschreibt (Bild 4.1).

Die Integration dieser spektralen Größen über das gesamte Spektrum ergibt die Strahldichte L bzw. die Strahlentropiedichte K

4.1 Die Umrechnung auf Strahlungsströme

$$L = \int_0^\infty L_\nu \, d\nu = \int_0^\infty L_\lambda \, d\lambda \quad ; \quad K = \int_0^\infty K_\nu \, d\nu = \int_0^\infty K_\lambda \, d\lambda.$$

Um von einem Strahlenbündel zum gesamten Strahlungsstrom zu kommen, der auf die Fläche dA einfällt oder von ihr emittiert wird, muß noch über den Raumwinkel Ω integriert werden. Bei dieser Integration ist der Term $\cos\vartheta$ zu beachten, da die Strahldichte über die in Strahlrichtung projizierte Fläche definiert wurde. Aus der zweifachen Integration der spektralen Strahldichte L_λ über Wellenlänge und Raumwinkel ergibt sich der flächenspezifische Strahlungsenergiestrom E in W/m² und aus der Strahlentropiedichte der Strahlungsentropiestrom D in W/m² K

$$E = \int E_\lambda d\lambda = \int_\Omega \int_\lambda L_\lambda \cos\vartheta \, d\lambda \, d\Omega = \int_\vartheta \int_\varphi \int_\lambda L_\lambda \cos\vartheta \sin\vartheta \, d\lambda \, d\varphi \, d\vartheta, \quad 4\text{-}4$$

$$D = \int D_\lambda d\lambda = \int_\Omega \int_\lambda K_\lambda \cos\vartheta \, d\lambda \, d\Omega = \int_\vartheta \int_\varphi \int_\lambda K_\lambda \cos\vartheta \sin\vartheta \, d\lambda \, d\varphi \, d\vartheta. \quad 4\text{-}5$$

Diese Integrationen stehen jeweils am Anfang thermodynamischer Betrachtungen an Strahlungsenergiewandlern. Die hier definierten Größen sind in Tabelle 4.1 zusammengestellt.

Tabelle 4.1 Die energetischen und entropischen Strahlungsgrößen mit den zugehörigen Einheiten

	spektral	integral
gerichtet	L_λ in W/m² μm sr K_λ in W/m² K μm sr	L in W/m² sr K in W/m² K sr
hemisphärisch	E_λ in W/m² μm D_λ in W/m² μm K	E in W/m² D in W/m² K

Falls die gerichteten Größen L_λ und K_λ unabhängig vom Raumwinkel Ω sind, kann die Integration über den Raumwinkel getrennt ausgeführt und in einer Geometriegröße B zusammengefaßt werden, z.B.

$$E = \underbrace{\int_\varphi \int_\vartheta \cos\vartheta \sin\vartheta \, d\vartheta \, d\varphi}_{B} \underbrace{\int_\lambda L_\lambda d\lambda}_{L} = BL.$$

Wenn zudem der betrachtete Raumwinkel der Oberfläche eines zur Flächennormalen konzentrischen Kugelabschnittes entspricht (Bild 4.2), konkretisiert sich die Geometriegröße B zu

$$B = \int_{\varphi=0}^{360^\circ} \int_{\vartheta=0}^{\delta} \cos\vartheta \sin\vartheta \, d\vartheta \, d\varphi = \pi \sin^2\delta. \quad 4\text{-}6$$

δ ist der halbe Öffnungswinkel des Strahlkegels. Bei der weit verbreiteten Gl. 4-6 muß deren Voraussetzung von gleichmäßiger, rotationssymmetrischer und senkrechter Einstrahlung bedacht werden. Falls ein kleiner Raumwinkel in beliebiger Orientierung betrachtet wird, kann für die Geometriegröße B die Näherung

$$B = \int_{\varphi_1}^{\varphi_2} \int_{\vartheta_1}^{\vartheta_2} \cos\vartheta \sin\vartheta \, d\vartheta \, d\varphi =$$

$$= \frac{1}{2} (\varphi_2 - \varphi_1) \left(\sin^2 \vartheta_2 - \sin^2 \vartheta_1\right) \simeq 2\delta \cos(\vartheta) \sin(2\delta)$$

benutzt werden, wenn δ wieder der halbe Öffnungswinkel des Strahlkegels im Bogenmaß ist. Die Geometriegröße B nimmt für den Halbraum den maximalen Wert $B_\cap = \pi$ an, für die Sonne, wie sie vom Erdboden aus gesehen wird, gilt (mit $\delta = 0,266^\circ = 0,00464$ rad) $B_s = 6,77 \cdot 10^{-5}$. Mit diesen hier definierten Größen lassen sich alle Strahlungsenergie- und -entropieströme beschreiben, die in der Energie- und Entropiebilanz eines Strahlungsenergiewandlers auftreten.

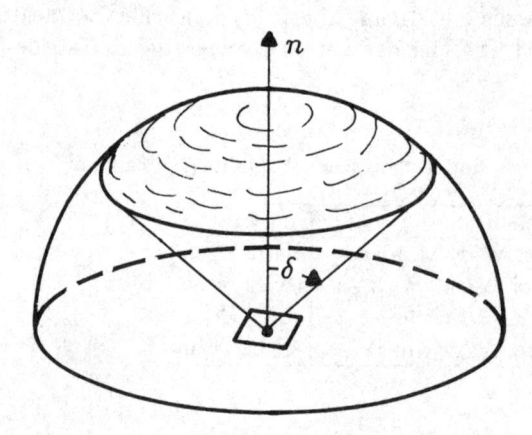

Bild 4.2 Der Kugelabschnitt zur Geometriegröße $B = \pi \sin^2 \delta$

Für die Anwendung der Gl. 4-4 und 4-5 müssen die spektralen Strahldichten L_λ und K_λ als Funktion von Wellenlänge und Raumwinkel bekannt sein. Dieser Zusammenhang wird durch das Materialgesetz gegeben, einer Funktion, welche die speziellen Strahlungseigenschaften (Absorption, Reflexion, Emission) der (oberflächennahen) Moleküle eines Körpers bereitstellt. Solche Funktionen sind nur für einige wenige Spezialfälle bekannt, so daß in der Regel vereinfachend die in Kapitel 3 diskutierte Gleichung für die Hohlraumstrahlung zugrundegelegt wird. Diese Gleichung wird durch einen materialspezifischen Emissionsgrad ϵ und Absorptionsgrad α dem jeweiligen Strahler „angepaßt".

Dazu muß zunächst eine Verbindung zwischen den bekannten *volumenspezifischen* Größen der Hohlraum–Strahlung (Kap. 3) und den hier gesuchten flächenspezifischen Strahldichten hergestellt werden. Diese wichtige Beziehung zwischen dem geschlossenen und dem offenen System wird durch den Faktor $c/4\pi$ bereitgestellt

4.1 Die Umrechnung auf Strahlungsströme

$$L = \frac{c}{4\pi} u \; ; \qquad K = \frac{c}{4\pi} s \, , \qquad \text{4-7}$$

die Herleitung ist in Anhang A1 aufgeführt. Die Lichtgeschwindigkeit c fließt über die Umwandlung einer Energie in einen Energiestrom ein, die Überführung der isotropen inneren Energie auf eine gerichtete Größe bewirkt den Faktor 4π. Diese Verknüpfung gilt ganz allgemein, also auch für spektrale Größen und für Nicht–Gleichgewichtsgrößen.

Mit der Umrechnung gemäß Gl. 4-7 können nun die einzigen exakt bekannten *Berechnungsgleichungen* (Zustandsgleichungen) für Strahlungsenergie und Strahlungsentropie, die Gl. 3-1 und Gl. 4-1 für Hohlraum–Strahlung, auf ein offenes Strahlungssystem umgerechnet werden. Dazu muß der Begriff des Gleichgewichtes auf offene Strahlungssysteme extrapoliert werden, wobei die Frage nach der Gültigkeit dieser Erweiterung auf Strahlungsströme ausführlich in den Abschnitten 4.7 und 4.8 nachgeholt wird. Der wesentliche Schritt hierbei ist die Definition des *Schwarzen Körpers*, der (per definitionem) bei einer Körpertemperatur T dasselbe Spektrum in einen Halbraum beliebiger Temperatur emittiert, wie es in einem Hohlraum bei der Temperatur T im Gleichgewichtsfall vorliegt. Da die Hohlraum–Strahlung den Zustand maximaler Entropie im System realisiert, repräsentiert auch die Schwarzkörper–Strahlung den maximalen Strahlungsentropiestrom bei gegebener Schwarzkörper–Temperatur (also bei gegebener Strahlungsenergiestromdichte). MAX PLANCK formulierte dies wie folgt (1923, S. 109): „Es gibt in der ganzen Natur keinen unregelmäßigeren Vorgang als die Schwingungen der Schwarzen Strahlung". Die Gleichungen für die Schwarzkörper–Strahlung (Index b) lauten (analog zu Gl. 3-1, 3-2, 3-11 und 3-17)

$$L_\lambda^b = \frac{2hc^2}{\lambda^5} \frac{1}{\exp[hc/k\lambda T] - 1} \; ; \qquad L^b = \frac{\sigma}{\pi} T^4$$

$$K_\lambda^b = \frac{2kc}{\lambda^4} \left[(1+x)\ln(1+x) - x\ln x\right] \; ; \qquad K^b = \frac{4}{3}\frac{\sigma}{\pi} T^3$$

4-8

mit $x = \{\exp[hc/k\lambda T] - 1\}^{-1}$ und der Stefan–Boltzmann Konstanten $\sigma = 5{,}67051 \cdot 10^{-8}$ W/m^2 K^4. Für das charakteristische Spektrum des Schwarzen Körpers gilt Bild 3.4, wenn die Ordinate zur Darstellung der Strahldichte mit dem konstanten Faktor $c/4\pi$ multipliziert wird. Ein Schwarzer Körper emittiert grundsätzlich im gesamten Spektrum $0 < \lambda < \infty$. Aus der Definition des Schwarzen Körpers ergeben sich folgende weitere Eigenschaften dieses idealen Strahlers (Bošnjaković und Knoche, 1988):

– Seine Oberfläche darf keine Strahlung reflektieren, er absorbiert alle auftreffende Strahlung vollständig. Da aber die Oberflächeneigenschaften von beiden angrenzenden Medien abhängen, wird die Erfüllung dieser Eigenschaft des Schwarzen Körpers vom angrenzenden Medium abhängen.

– Es darf keine Strahlung durch den Körper hindurchtreten, der Schwarze Körper muß also eine Mindestdicke aufweisen.

– Die Streuung der Strahlung innerhalb des Körpers muß so gering sein, daß keine gestreute Strahlung unabsorbiert durch die Oberfläche wieder nach außen dringen kann.

Schwarzkörper–Strahlung ist, wie Hohlraum–Strahlung, grundsätzlich unpolarisiert. Der Schwarze Körper stellt einen idealen Körper dar, der real nicht existiert[1]. Somit besteht ein prinzipieller Unterschied zur Hohlraum–Strahlung, die mit nahezu jedem beliebigen Material realisiert werden kann, soweit ein absolut isothermer Zustand der Umrandung möglich ist. Im Hohlraum bleibt die reflektierte Strahlung dem System erhalten, die von der Wand emittierte Strahlung ergänzt sich mit der reflektierten Strahlung genau zum Gleichgewichts–Spektrum. Diese Möglichkeit der Ergänzung ist beim „offenen" Schwarzen Körper nicht gegeben, er muß das Schwarzkörper–Spektrum vollständig aus der eigenen Emission bestreiten. In der Praxis wird Schwarzkörper–Strahlung approximiert, indem eine sehr kleine Bohrung in einen thermostatisierten Hohlraum eingebracht wird. Die hier austretende Strahlung ist (näherungsweise) Schwarzkörper–Strahlung. Da aus dem Kirchhoffschen Gesetz bei einem Absorptionsgrad von eins auch ein Emissionsgrad von eins folgt, emittiert der Schwarze Körper der Temperatur T den maximal möglichen Strahlungsenergiestrom *und* den maximal möglichen Entropiestrom. Schwarzkörper–Strahlung ist Gleichgewichtsstrahlung, auch wenn sie in eine Umgebung unterschiedlicher Temperatur abgestrahlt wird. Es ist abschließend nochmals zu betonen, daß der Schwarze Körper keine *eigene* thermodynamische Grundlage hat, sondern lediglich vermittels Definition aus der Hohlraum–Strahlung hervorgeht.

4.2 Strahlungseigenschaften realer Materie

Die einfachen Berechnungsgleichungen 4-8 sowie seine Eigenschaft, energetisch und entropisch Obergrenzen zu markieren, machen den Schwarzen Körper zu einem sehr weit verbreiteten Modell, ähnlich wie es beim idealen Gas der Fall ist. Die idealen Eigenschaften des Schwarzen Körpers dienen als Standard, gegen das sich das Verhalten von real strahlenden Körpern vergleichen läßt. Das Strahlungsverhalten eines realen Körpers hängt von vielen Faktoren ab, wie der Materialeigenschaft und der Struktur der Oberfläche, der Temperatur, der Wellenlänge der Strahlung sowie dem Raumwinkel, aus welchem Strahlung einfällt bzw. in welchen emittiert wird. Zur Beschreibung des Strahlungsverhaltens realer Materialien werden der Emissionsgrad sowie der Absorptions-, Reflexions- und Transmissionsgrad eingeführt (Siegel, Howell, Lohrengel; 1988).

Der **Emissionsgrad** ε ist ein Maß dafür, wieviel ein realer Körper im Vergleich zu einem Schwarzen Körper derselben Temperatur abstrahlt. Der gerichtete (Index ') spektrale Emissionsgrad ist definiert als das Verhältnis der beiden Strahldichten

---

[1] Dies erklärt sich durch das Paradoxon, daß Schwarzkörper–Strahlung (definitionsgemäß) ein Gleichgewichtsstrahlungsstrom ist, wiewohl ein Strom erst durch ein Ungleichgewicht zustande kommen kann.

4.2 Strahlungseigenschaften realer Materie

$$\varepsilon'_\lambda(\lambda, T, \vartheta, \varphi) = \frac{L_{\lambda,real}(\lambda, T, \vartheta, \varphi)}{L^b_\lambda(\lambda, T)}.$$

Aus einem gerichteten spektralen Emissionsgrad kann durch Integration über den Halbraum ein hemisphärischer spektraler Emissionsgrad

$$\varepsilon_\lambda(\lambda, T) = \frac{1}{\pi} \int_\Omega \varepsilon'_\lambda(\lambda, T, \vartheta, \varphi) \cos\vartheta \, d\Omega$$

oder durch Integration über die Wellenlänge ein gerichteter Gesamtemissionsgrad

$$\varepsilon'_\lambda(\vartheta, \varphi, T) = \frac{\pi}{\sigma T^4} \int_0^\infty \varepsilon'_\lambda(\lambda, T, \vartheta, \varphi) L^b_\lambda(\lambda, T) \, d\lambda$$

berechnet werden. Integriert man über Raumwinkel und Spektrum, so erhält man den hemisphärischen Gesamtemissionsgrad ε. Wird der spektrale gerichtete Emissionsgrad für alle Wellenlängen und Raumwinkel konstant gesetzt, erhält man das Modell des *grauen* Körpers.

Der **Absorptionsgrad** α beschreibt den Anteil der auf einen Körper einfallenden Strahlungsenergie, der von diesem Körper absorbiert wird. Zusätzlich zur Wellenlängen- und Richtungsabhängigkeit der einfallenden Strahlung ist der Absorptionsgrad eine Funktion der Eigenschaften und der Temperatur des absorbierenden Körpers. Der gerichtete, spektrale Absorptionsgrad ergibt sich zu

$$\alpha'_\lambda(\lambda, T, \vartheta, \varphi) = \frac{d^3 \bar{E}'_{\lambda, abs}(\lambda, T, \vartheta, \varphi)}{L_{\lambda, ges}(\lambda, \vartheta, \varphi) dA \cos\vartheta \, d\Omega \, d\lambda}.$$

Eine Integration über den Halbraum liefert einen hemisphärischen spektralen Absorptionsgrad

$$\alpha_\lambda(\lambda, T) = \frac{\int_\Omega \alpha'_\lambda(\lambda, T, \vartheta, \varphi) L_{\lambda, ges}(\lambda, \vartheta, \varphi) \cos\vartheta \, d\Omega}{\int_\Omega L_{\lambda, ges}(\lambda, \vartheta, \varphi) \cos\vartheta \, d\Omega}.$$

Integriert man über das Spektrum, erhält man einen gerichteten Gesamtabsorptionsgrad

$$\alpha'(\vartheta, \varphi, T) = \frac{\int_0^\infty \alpha'_\lambda(\lambda, T, \vartheta, \varphi) L_{\lambda, ges}(\lambda, \vartheta, \varphi) \, d\lambda}{\int_0^\infty L_{\lambda, ges}(\lambda, \vartheta, \varphi) \, d\lambda}.$$

Das Kirchhoffsche Gesetz beschreibt die Identität zwischen dem spektralen gerichteten Emissionsgrad und dem spektralen gerichteten Absorptionsgrad eines Körpers im thermischen Gleichgewichtszustand, $\alpha'_\lambda = \varepsilon'_\lambda$.

Der **Reflexionsgrad** ρ hängt nicht nur vom Raumwinkel der einfallenden Strahlungsenergie ab, sondern auch vom Ausfallwinkel der reflektierten Strahlung. Der gerichtet-gerichtet spektrale Reflexionsgrad ergibt sich aus dem Verhältnis der reflektierten Strahlungsenergie zur insgesamt einfallenden Strahlungsenergie

$$\rho''_\lambda(\lambda, T, \vartheta, \varphi, \vartheta_r, \varphi_r) = \frac{L_{\lambda, refl}(\lambda, T, \vartheta, \varphi, \vartheta_r, \varphi_r)}{L_{\lambda, ges}(\lambda, \vartheta, \varphi)}.$$

Für den gerichtet-gerichteten spektralen Reflexionsgrad gilt das Prinzip der Reziprozität, d.h. er ist symmetrisch in Bezug auf Reflexions- und Einfallswinkel.

Eine Integration über den Ausfallswinkel liefert den gerichtet hemisphärischen spektralen Reflexionsgrad

$$\rho'_\lambda(\lambda, T, \vartheta, \varphi) = \int \rho''_\lambda(\lambda, T, \vartheta, \varphi, \vartheta_r, \varphi_r) \cos\vartheta_r \, d\Omega_r \, .$$

Die entsprechende Integration über den Einfallswinkel ergibt den hemisphärisch gerichteten spektralen Reflexionsgrad

$$\rho'_\lambda(\lambda, T, \vartheta_r, \varphi_r) = \frac{\int_\Omega \rho''_\lambda(\lambda, T, \vartheta, \varphi, \vartheta_r, \varphi_r) \, L_{\lambda,ges}(\lambda, \vartheta, \varphi) \cos\vartheta \, d\Omega}{(1/\pi) \int_\Omega L_{\lambda,ges}(\lambda, \vartheta, \varphi) \cos\vartheta \, d\Omega} \, .$$

Integriert man über alle Wellenlängen, erhält man einen gerichtet-gerichteten Gesamtreflexionsgrad

$$\rho''_\lambda(T, \vartheta, \varphi, \vartheta_r, \varphi_r) = \frac{\int_0^\infty \rho''_\lambda(\lambda, T, \vartheta, \varphi, \vartheta_r, \varphi_r) \, L_{\lambda,ges}(\lambda, \vartheta, \varphi) \, d\lambda}{\int_0^\infty L_{\lambda,ges}(\lambda, \vartheta, \varphi) \, d\lambda} \, .$$

Führt man alle drei Integrationen durch, erhält man einen hemisphärischen Gesamtreflexionsgrad ρ.

Der **Transmissionsgrad** τ beschreibt schließlich das Verhältnis der durch einen Körper hindurchgehenden Strahlungsenergie zur insgesamt einfallenden Strahlung

$$\tau'_\lambda(\lambda, T, \vartheta, \varphi) = \frac{L_{\lambda,trans}(\lambda, T, \vartheta, \varphi)}{L_{\lambda,ges}(\lambda, \vartheta, \varphi)} \, .$$

Auch beim Transmissionsgrad läßt sich die Richtungs- und Wellenlängenabhängigkeit durch entsprechende Integration eliminieren,

$$\tau_\lambda(\lambda, T) = \frac{\int_\Omega \tau'_\lambda(\lambda, T, \vartheta, \varphi) \, L_{\lambda,ges}(\lambda, \vartheta, \varphi) \cos\vartheta \, d\Omega}{\int_\Omega L_{\lambda,ges}(\lambda, \vartheta, \varphi) \cos\vartheta \, d\Omega}$$

beziehungsweise

$$\tau'(\vartheta, \varphi, T) = \frac{\int_0^\infty \tau'_\lambda(\lambda, T, \vartheta, \varphi) \, L_{\lambda,ges}(\lambda, \vartheta, \varphi) \, d\lambda}{\int_0^\infty L_{\lambda,ges}(\lambda, \vartheta, \varphi) \, d\lambda} \, .$$

Der erste Hauptsatz der Thermodynamik führt als Energieerhaltungssatz zu folgender Beziehung zwischen dem Reflexions-, Absorptions- und Transmissionsgrad

$$\rho'_\lambda(\lambda, T, \vartheta, \varphi) + \alpha'_\lambda(\lambda, T, \vartheta, \varphi) + \tau'_\lambda(\lambda, T, \vartheta, \varphi) = 1 \, .$$

Mit diesen Größen läßt sich aus der Strahldichte des Schwarzen Körpers jede beliebige reale Strahlung „modellieren". Die Berechnung dieser materialspezifischen Größen wird noch einmal in Kapitel 5 aufgegriffen.

Ein vereinfachtes Modell, welches dem Modell des grauen Strahlers eng verwandt ist, ist die verdünnte Schwarzkörper-Strahlung.

4.3 Verdünnte Schwarzkörper-Strahlung

Um die Strahldichte auch von Nicht-Schwarzkörper-Strahlung einfach berechnen zu können, führen LANDSBERG und TONGE (1979) das Modell der *verdünnten* Schwarzkörper-Strahlung ein. Diese Idee ist ansatzweise schon in der Veröffentlichung von PRESS (1976) enthalten. Ausgehend von der explizit bekannten Beziehung für die mittlere Besetzungszahl von Schwarzkörper-Strahlung

$$\bar{n}_\lambda^G = x = \frac{1}{\exp\left[hc/k\lambda T\right] - 1}$$

führen LANDSBERG und TONGE einen *Verdünnungsgrad* ϵ, $0 \leq \epsilon \leq 1$ ein, so daß sich die mittlere Besetzungszahl für verdünnte Schwarzkörper-Strahlung gemäß

$$\bar{n}_\lambda^v = \frac{\epsilon}{\exp\left[hc/k\lambda T\right] - 1} = \epsilon\,\bar{n}_\lambda^G \qquad 4\text{-}9$$

als Funktion einer Temperatur, der Wellenlänge und des Verdünnungsgrads berechnen läßt. Es werden also die Besetzungszahlen, nicht die Besetzungsmöglichkeiten ausgedünnt, bei gleicher Zustandsdichte verringert sich die Zahl der energietragenden Photonen. Obwohl sich die verdünnte Schwarzkörper-Strahlung eng an die Schwarzkörper-Strahlung anlehnt und ein um den Faktor ϵ maßstäblich verkleinertes Gleichgewichtsspektrum ergibt, ist sie keine Gleichgewichtsstrahlung. Eingefangen in einen Hohlraum würde sich ihr Spektrum verändern. Ihre spektrale Strahlungstemperatur ist nach Gl. 3-8 in jedem Wellenlängenintervall eine andere.

Die in Gl. 4-9 enthaltene Temperatur T ist die Temperatur der *unverdünnten* Schwarzkörper-Strahlung. Man hat sich die Entstehung von verdünnter Schwarzkörper-Strahlung so vorzustellen, daß (unverdünnte) Schwarzkörper-Strahlung der Temperatur T elastisch gestreut wird, z.B. an Luftmolekülen. Elastisch in dem Sinn, als daß hierbei keine Umverteilung von Strahlungsenergie von einem Wellenlängenintervall in ein anderes stattfinden soll. Dieser Vorgang „zerstreut" bzw. verdünnt ein Strahlungsbündel aus einem Raumwinkel Ω_{an} in einen größeren Raumwinkel $\Omega_{ab} > \Omega_{an}$. Die spektralen Strahlungsenergieströme vor und nach der elastischen Streuung berechnen sich zu (Landsberg, 1986)

$$E_{\lambda,an} = \int_{\Omega_{an}} L_\lambda^G \cos\vartheta\,d\Omega = \frac{2hc^2}{\lambda^5}\frac{1}{\exp\left[hc/k\lambda T\right] - 1}\int_{\Omega_{an}} \cos\vartheta\,d\Omega$$

$$E_{\lambda,ab} = \int_{\Omega_{ab}} L_\lambda^v \cos\vartheta\,d\Omega = \frac{2hc^2}{\lambda^5}\frac{\epsilon}{\exp\left[hc/k\lambda T\right] - 1}\int_{\Omega_{ab}} \cos\vartheta\,d\Omega\,.$$

Hieraus ergibt sich durch Gleichsetzen dieser beiden Strahlungsenergieströme der zu diesen Raumwinkeln gehörige Verdünnungsgrad

$$\epsilon = \frac{\int_{\Omega_{an}}\cos\vartheta\,d\Omega}{\int_{\Omega_{ab}}\cos\vartheta\,d\Omega}\,. \qquad 4\text{-}10$$

Es wird vorausgesetzt, daß die Streuung dem Lambertschen Cosinus–Gesetz gehorcht. In der Literatur (Aoki, 1982 u.v.a.) wird oft der Verdünnungsgrad als Quotient der Raumwinkel selbst berechnet, wodurch dieser bis zu einem Faktor zwei zu klein bestimmt wird ($\epsilon \neq \Omega_{an}/\Omega_{ab}$).

Wird vorausgesetzt, daß ϵ *unabhängig* von der Wellenlänge λ ist, so erhält man nach Integration über alle Wellenlängen die unpolarisierten und richtungsunabhängigen Strahlungsströme zu

$$E^v = \frac{B}{\pi} \epsilon \sigma T^4 \qquad \text{4-11}$$

für die Energie und

$$D^v = \frac{4}{3} \frac{B}{\pi} \epsilon X(\epsilon) \sigma T^3 \qquad \text{4-12}$$

für den Entropiestrom verdünnter Schwarzkörper–Strahlung. Diese sehr einfachen Gleichungen ermöglichen übersichtliche Parameterstudien auch für Nicht–Gleichgewichtsstrahlung. Für die Geometriegröße B gelten Gl. 4-6 und die dort genannten Einschränkungen, die Stefan-Boltzmann-Konstante σ ist in Tabelle 3.1 aufgeführt. Während sich der Energiestrom direkt proportional zum Verdünnungsgrad ϵ verhält und somit der Fall ϵ = const. der grauen Strahlung entspricht, ist die Abhängigkeit zwischen Entropie und Verdünnungsgrad nichtlinear (was bei dem Versuch, die Entropie von Graukörper-Strahlung zu berechnen, teilweise nicht beachtet wurde, z.B. PETELA (1964), SZARGUT et al. (1988)). Hier kommt die Funktion $X(\epsilon)$ hinzu, die sich gemäß der Integration von Gl. 3-11 zusammen mit der Definition des Verdünnungsgrads in Gl. 4-9 zu

$$X(\epsilon) := \frac{45}{4\pi^4} \frac{1}{\epsilon} \int_0^\infty \frac{1}{z^4} \left[(1+\bar{n}_\lambda)\ln(1+\bar{n}_\lambda) - \bar{n}_\lambda \ln \bar{n}_\lambda\right] dz$$

$$\text{mit} \quad \bar{n}_\lambda = \frac{\epsilon}{\exp z - 1} \quad \text{und} \quad z = \frac{hc}{k\lambda T}$$

berechnet. Dieses Integral, von Landsberg und Tonge (1980) ausführlich behandelt, hat die Lösung

$$X(\epsilon) = \frac{45}{\epsilon\pi^4} \left\{ \frac{(1+3\epsilon)}{2} \zeta(4) - \right.$$

$$\left. - \left[(1-\epsilon)\Phi(1-\epsilon,4,1) - \epsilon \sum_{n=1}^{\infty} \frac{(1-\epsilon)^n}{n^3} \Phi(1-\epsilon,1,n)\right]\right\}$$

wobei $\zeta(k) = \sum_{n=1}^{\infty} n^{-k}$ die Riemannsche Zeta–Funktion und eine weitere Funktion $\Phi(z,s,v) := \sum_{n=0}^{\infty} z^n/(v+n)^s$ ist. Für kleine ϵ ($0 < \epsilon < 0,1$) gilt mit max. 0,05 % Abweichung die Näherungsfunktion

$$X(\epsilon) \simeq 0,965157 + 0,2776566 \ln \frac{1}{\epsilon} + 0,051149 \epsilon,$$

4.3 Verdünnte Schwarzkörper-Strahlung

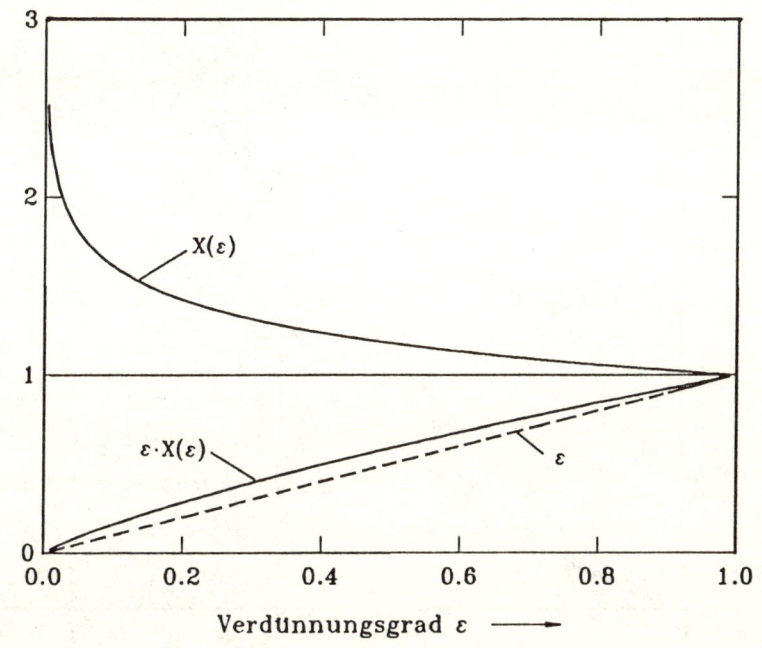

Bild 4.3 Die Funktion $X(\epsilon)$ für die Entropie verdünnter Schwarzkörper-Strahlung

für $\epsilon = 1$ gilt $X(1) = 1$. Die Funktion $X(\epsilon)$ hat den in Abbildung 4.3 dargestellten Verlauf. Ebenfalls eingezeichnet ist das Produkt $\epsilon X(\epsilon)$ aus Gl. 4-12, welches immer größer als ϵ ist. Somit nimmt die Entropie überproportional gegenüber ϵ zu.

Bezüglich der Entropie von Nicht–Schwarzkörper–Strahlung treten leicht Verwechselungen auf. Zum einen strahlt ein Schwarzer Körper gegebener Temperatur die maximal mögliche Entropie ab, leitet also zu der Aussage „Die Entropie von Nicht–Schwarzkörper–Strahlung ist niedriger als die von Schwarzkörper–Strahlung"; zum anderen wird durch den oben beschriebenen Streuvorgang die Entropie der ursprünglich schwarzen Strahlung im Vergleich zum energetischen Wert überproportional vermehrt ($\epsilon X(\epsilon) > \epsilon$), d.h. man kommt zu der Aussage „Die Entropie von verdünnter (Nicht–Schwarzkörper) Strahlung ist höher als die der Schwarzkörper–Strahlung". Beide Aussagen sind richtig, aber jeweils nicht vollständig. Werden zwei geometrisch identische Körper mit gleicher Oberflächen–Temperatur verglichen, von denen der eine die Eigenschaften eines Schwarzen Körpers hat, der andere nicht, so wird der Schwarze Körper den größeren Entropiestrom, aber auch den größeren Energiestrom emittieren. Das gilt ebenso für spektrale Größen. Soll in beiden Fällen der *gleiche* Strahlungsenergiestrom emittiert werden, muß der Nicht–Schwarze Körper eine höhere Temperatur haben. Bezüglich der zweiten Aussage ist der größere Raumwinkel nach der Streuung zu beachten. Würde der Raumwinkel nach der Streuung von energieäquivalenter Schwarzkörper–Strahlung erfüllt sein, wäre diese entropiereicher als die gestreute Strahlung.

Dieser Sachverhalt kann in einem Energie, Entropie–Diagramm (Bild 4.4) veranschaulicht werden, welches von Bošnjaković (1983) vorgeschlagen wurde. Dieses Diagramm ähnelt einem h, s–Diagramm, es ist hier für integrale Energie– und Entropieströme dargestellt, für spektrale Größen galt Bild 3.6. Für eine gegebene Geometrie, z.B. für eine gegebene Geometriegröße B, stellt die Energie–Entropie Funktion des Schwarzen Körpers

4 Strahlung im Nicht–Gleichgewicht

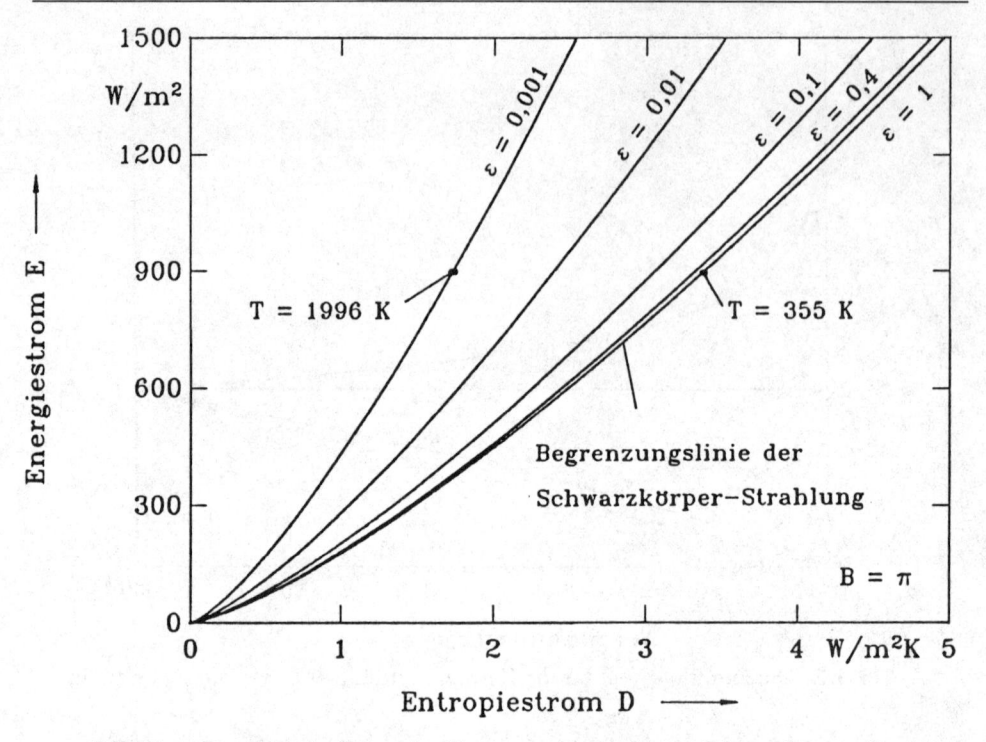

[Figure: Energie-Entropie-Diagramm. Achsen: Energiestrom E (W/m²) von 0 bis 1500 vs. Entropiestrom D (W/m²K) von 0 bis 5. Kurven für $\varepsilon = 0{,}001$, $\varepsilon = 0{,}01$, $\varepsilon = 0{,}1$, $\varepsilon = 0{,}4$, $\varepsilon = 1$. Markierungen bei T = 1996 K und T = 355 K, beide für E = 900 W/m². Begrenzungslinie der Schwarzkörper-Strahlung, $B = \pi$.]

Bild 4.4 Das Energie, Entropie–Diagramm für verdünnte Schwarzkörper–Strahlung und der Geometriegröße $B = \pi$ (Halbraum). Es sind zusätzlich zwei Temperaturen angegeben, die zu einem Energiestrom $E = 900$ W/m², aber zu unterschiedlichen Verdünnungsgraden gehören.

$$\left. \begin{array}{l} E^b = \dfrac{B}{\pi}\sigma T^4 \\ D^b = \dfrac{4}{3}\dfrac{B}{\pi}\sigma T^3 \end{array} \right\} \quad E^b = \left(\dfrac{B}{\pi}\sigma\right)^{-1/3} \cdot \left(\dfrac{3}{4}D^b\right)^{4/3} \qquad 4\text{-}13$$

die Begrenzungslinie aller möglichen Zustände dar. In Richtung höherer Entropie (im Diagramm rechts der Begrenzungslinie) sind für die gegebene Strahlungsgeometrie keine Zustände erlaubt, da der Schwarze Körper einer gegebenen Strahlungsenergie und gegebener Geometrie den maximal möglichen Entropiestrom emittiert. Es sind bei einem Vergleich der Strahlungsentropieströme also jeweils die Randbedingungen gleiche Energie und gleiche Geometrie zu berücksichtigen. In Diagramm 4.4 sind zusätzlich die Zustände verdünnter Schwarzkörper–Strahlung bei unterschiedlichen Verdünnungsgraden eingezeichnet. Beachtenswert ist, daß die Entropie von verdünnter Strahlung bei konstanter Energie nur sehr langsam abnimmt. Um einen Strahlungsstrom zu erstellen, der bei gleicher Strahlungsenergie nur den *halben* Schwarzkörper–Entropiestrom trägt, muß der Verdünnungsgrad $\epsilon = 0{,}00085$ betragen. Dieses Verhalten wird in Abschnitt 4.6 diskutiert. Es ist hierbei festzuhalten, daß ein (konstanter) Verdünnungsgrad das (energetische) Schwarzkörper–Spektrum der Temperatur T linear um den Faktor ϵ verkleinert, wie der (konstante) Emissionsgrad ε beim grauen Strahler auch.

4.3 Verdünnte Schwarzkörper-Strahlung

Schon vor der Einführung der verdünnten Schwarzkörper-Strahlung durch LANDSBERG und TONGE (1979) wurden im Zusammenhang mit Strahlungsströmen mehrere unterschiedliche Temperaturen definiert, die oft eine Quelle von Mißverständnissen darstellen (Landsberg und Tonge, 1980). Diese Temperaturvielfalt wird durch das Modell der verdünnten Schwarzkörper-Strahlung noch erhöht, was in folgender Übersicht deutlich wird.

T^G ist die „Basis"temperatur, die sich auf die *unverdünnte* Schwarzkörper-Strahlung bezieht. Diese Temperatur steht in den Berechnungsgleichungen für die verdünnte Schwarzkörper-Strahlung (Gl. 4-11, Gl. 4-12). Es ist die Temperatur, die auch ein grauer Strahler mit dem Emissionsgrad ε hat.

T_λ ist die spektrale Temperatur eines quasi-monochromatischen Strahlenbündels, die sich nach Gl. 3-8 berechnet. Bei verdünnter Schwarzkörper-Strahlung berechnet sie sich durch die Bedingung

$$\frac{1}{\exp[hc/k\lambda T_\lambda] - 1} \stackrel{!}{=} \frac{\epsilon}{\exp[hc/k\lambda T^G] - 1}$$

zu

$$T_\lambda^v(\lambda) = \frac{hc}{k\lambda}\left[\frac{hc}{k\lambda T^G} + \ln\left\{1 - (1-\epsilon)\exp\left(-\frac{hc}{k\lambda T^G}\right)\right\} - \ln\epsilon\right]^{-1}.$$

Aufgrund der zugrundegelegten Berechnungsgleichung für die Entropie erfüllt T_λ die Bedingung $1/T_\lambda = (\partial s_\lambda / \partial u_\lambda)_v$, ist also definitionsgemäß eine thermodynamische Temperatur. Sie ist i.a. für jedes Strahlenbündel verschieden.

T^o ist die „effektive Temperatur", wie sie von Landsberg und Tonge (1979) eingeführt wurde. Sie ist in Anlehnung an die thermodynamische Temperatur durch

$$T^o := \frac{\partial D^v}{\partial E^v} \Rightarrow \frac{T^G}{X(\epsilon)}$$

definiert. Sie ist aber *keine* thermodynamische Temperatur, da die (integrale) verdünnte Schwarzkörper-Strahlung weder Gleichgewichts- noch monochromatische Strahlung ist.

T_F ist die häufig anzutreffende Flußtemperatur $1/T_F := D^v/E^v$, die sehr oft zur Vereinfachung der Bilanzgleichungen eingesetzt wird und dort als nicht-thermodynamische Temperatur großen Schaden anrichtet. Auch bei Schwarzkörper-Strahlung geht die Flußtemperatur, im Gegensatz zu T^o, nicht in eine thermodynamische Temperatur über:

$$\frac{1}{T_F^G} = \frac{D^G}{E^G} = \frac{4}{3T^G}.$$

$T_{G,e}$ schließlich ist die äquivalente Schwarzkörper–Temperatur, d.h. die Temperatur eines gedachten Schwarzen Körpers, welcher dieselbe Strahldichte L emittiert wie die betrachtete Nicht–Gleichgewichtsstrahlung. Bei verdünnter Schwarzkörper–Strahlung gilt wegen $E^v = E^G$ für diese Temperatur $T_{G,e} = \epsilon^{1/4} T^G$. Ein Vergleich der Entropie dieser energieäquivalenten Strahlungen ergibt

$$\frac{D^v(\epsilon, T^G)}{D^G(1, T_{G,e})} = \frac{\epsilon X(\epsilon) T^{G^3}}{T_{G,e}^3} = \epsilon^{1/4} X(\epsilon).$$

Hieraus folgt die Ungleichung

$$0 \leq \epsilon^{1/4} X(\epsilon) \leq 1 \quad \text{oder} \quad 0 \leq \frac{T_{G,e}}{T^o} \leq 1,$$

da die Entropie der verdünnten Schwarzkörper–Strahlung bei der Umwandlung in Schwarzkörper–Strahlung gleicher Energie ($T_{G,e}$) immer zunehmen muß.

Ein quantitativer Vergleich dieser Temperaturen ist für $T^G = 1000$ K und $\epsilon = 0,1$ in Diagramm 4.5 dargestellt. Zu beachten ist der Unterschied zwischen der effektiven Temperatur T^o und der äquivalenten Schwarzkörper–Temperatur $T_{G,e}$. Diese Temperaturvielfalt ist ebenso irritierend wie gefährlich, so daß hier weitgehend auf solche Hilfsgrößen verzichtet werden soll.

Im ersten Moment erscheint es verlockend, das Konzept der verdünnten Schwarzkörper–Strahlung auf die Konzentration von Strahlung zu erweitern, wie sie bei vielen solarenergetischen Systemen zur Anwendung kommt. Es sind dies aber zwei grundsätzlich unterschiedliche Vorgänge. Die Verdünnung von Schwarzkörper–Strahlung ist ein strahlungsphysikalischer Vorgang, die Strahldichte selbst wird durch das Ausdünnen der mittleren Photonen–Besetzungszahl verändert. Die Konzentration (z.B. der direkten Solarstrahlung) ist demgegenüber ein rein geometrischer Vorgang, die Strahldichte wird hierbei nicht verändert.

4.4 Die Polarisation von Strahlung

Die Modelle zur Schwarzkörper–Strahlung bzw. zur verdünnten Schwarzkörper–Strahlung erlauben die Berechnung der spektralen Strahldichte L_λ aus den unabhängigen Variablen λ und T. Aus der Strahldichte L_λ kann gemäß der untenstehenden Gl. 4-14 eine spektrale Strahlentropiedichte berechnet werden. Diese Entropie–Berechnungsgleichung wurde aus Gl. 4-1 unter der Maßgabe übernommen, daß ein spektrales Strahlenbündel im Spektralbereich $\lambda, \lambda+d\lambda$ als separate Phase betrachtet werden kann. Nur unter dieser Voraussetzung läßt sich Gl. 4-14 auch bei *beliebige* Strahlung anwenden, wenn eine Strahldichte L_λ gemessen bzw. vorgegeben wird. Diese notwendigen Voraussetzungen werden ausführlich in den Abschnitten 4.7 und 4.8 dargelegt. Die Gl. 4-14 wird im Abschnitt 4.6 diskutiert.

Die bisher diskutierte Entropie–Berechnungsgleichung 4-1, bzw. die daraus formal auf Strahlungsströme umgerechnete Gleichung

4.4 Die Polarisation von Strahlung

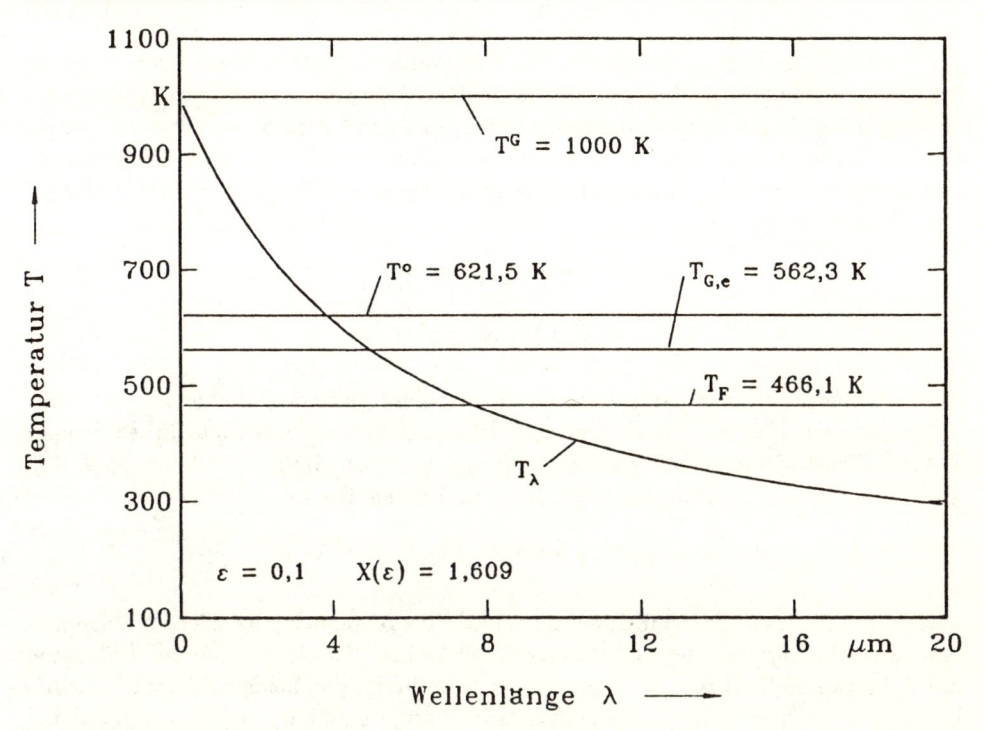

Bild 4.5 Die unterschiedlichen Temperaturdefinitionen am Beispiel verdünnter Schwarzkörper-Strahlung

$$K_\lambda^{unpol} = \frac{2kc}{\lambda^4}\left[\left(1 + \frac{\lambda^5 L_\lambda^{unpol}}{2hc^2}\right)\ln\left(1 + \frac{\lambda^5 L_\lambda^{unpol}}{2hc^2}\right) - \frac{\lambda^5 L_\lambda^{unpol}}{2hc^2}\ln\frac{\lambda^5 L_\lambda^{unpol}}{2hc^2}\right].$$
4-14

setzt unpolarisierte Strahlung voraus, da sie sich aus der Hohlraum-Strahlung ableitet. Zur Berechnung des Strahlungsentropiestroms wird die Kenntnis der unpolarisierten Strahldichte $L_\lambda^{unpol} = L(\lambda, \Omega)$ als Funktion der Wellenlänge und des Raumwinkels vorausgesetzt. Reale Strahlung ist durchweg mehr oder minder teilpolarisiert, lediglich Schwarzkörper-Strahlung ist, als Idealfall, definitionsgemäß unpolarisiert. Auch reale thermische Strahlung kann zunächst in guter Näherung als unpolarisiert angesehen werden, aber jeder Streuvorgang, jede Transmission oder Reflexion an realer Materie resultiert selbst bei ursprünglich unpolarisierter Strahlung in einer partiellen Polarisation dieser Strahlung. Da der Polarisationszustand der Strahlung deren Entropie in nicht zu vernachlässigender Weise beeinflußt, muß dieser berücksichtigt werden, was in der Literatur bisher lediglich durch MAX VON LAUE (1906, 1907, 1910) sowie in einigen Beiträgen zur Kohärenz optischer Felder (Gamo, 1964; Mandel und Wolf, 1965; Fainberg, 1965; Anisimov und Sotskii, 1976) geschehen ist.

Zur Berechnung der Entropie beliebiger, teilpolarisierter Strahlung wird das Strahlenbündel formal in zwei vollständig polarisierte Teilstrahlen aufgeteilt, die Entropie dieser Teilstrahlen mit definiertem Polarisationszustand berechnet und zur

Entropie des Gesamtstrahls addiert. Bei vollständig unpolarisierter Schwarzkörper-Strahlung sind die Strahldichten dieser beiden Teilstrahlen genau gleich groß und bezüglich der Phase vollständig unabhängig voneinander, also inkohärent[2]. Deswegen können sowohl die Strahldichten zur Gesamtstrahldichte wie auch die Strahlentropiedichten der Teilstrahlen addiert werden, dies ergibt jeweils den Faktor zwei in der Zustandsdichte (Gl. 3-4).

$$L_\lambda^b = L_\lambda^{\|} + L_\lambda^{\perp} = 2 L_\lambda^{pol}$$

$$K_\lambda^b = K_\lambda \left(L_\lambda^{\|} \right) + K_\lambda \left(L_\lambda^{\perp} \right) = 2 K_\lambda^{pol}.$$

Bei beliebiger, teilpolarisierter Strahlung sind diese Teilstrahlen aber i.a. *nicht unabhängig* voneinander, es existiert eine Phasenbeziehung zwischen diesen beiden Wellen. Diese Abhängigkeit hat, wie von Laue (1906) beschreibt, zur Folge, daß die Entropien der Teilstrahlen nicht mehr additiv sind, d.h.

$$K_\lambda = K_\lambda \left(L_\lambda^{\|} + L_\lambda^{\perp} \right) \leq K_\lambda \left(L_\lambda^{\|} \right) + K_\lambda \left(L_\lambda^{\perp} \right),$$

wenn $L_\lambda^{\perp}$ und $L_\lambda^{\|}$ die Strahldichten der senkrecht zueinander polarisierten Teilstrahlen sind. Die Entropie des Gesamtstrahls ist kleiner als die Summe der Entropien der Teilstrahlen. Nur in einer besonderen Anordnung der beiden Polarisationsebenen sind die beiden Teilstrahlen gerade vollständig unabhängig voneinander, so daß die Entropien addiert werden können. Die Größe der beiden Teilstrahldichten in dieser speziellen Konstellation wird über den Polarisationsgrad festgelegt, der zur Entropieberechnung des Gesamtstrahls gemäß oben skizzierter Vorgehensweise bekannt sein muß.

Die Polarisation ist mit dem Begriff der Kohärenz eng verknüpft. Unter Kohärenz ist das Vorliegen definierter Beziehungen zwischen den Phasen sich überlagernder Wellenzüge zu verstehen, allgemeiner die Beziehungen zwischen den Zufallsvariablen von stochastischen Prozessen. Solche *Wellenzüge* treten nur bei realen, quasi-monochromatischen Strahlen auf, bei ebenen, exakt monochromatischen Wellen gelten vereinfachte Beziehungen, vgl. S. 66 unten. Das Phänomen der Kohärenz ist in der Optik Anfang der sechziger Jahre durch das neuartige Laser-Licht intensiv diskutiert worden. Hierbei laufen klassische (Mandel und Wolf, 1965) und quantenmechanische Darstellungen (Glauber, 1963a-c) gleichwertig nebeneinander. Die Entropie eines elektromagnetischen Strahlungsfeldes als Maß für dessen Ordnungszustand hängt erwartungsgemäß vom Kohärenzgrad dieses Feldes ab. Dieser Zusammenhang wurde erstmalig von von Laue (1906, 1907) sowie in etwas allgemeinerer Form von Gamo (1964) untersucht. Allerdings kann die *eine* Größe „Entropie" nicht die vielfältigen Beziehungen ersetzen, die zur eindeutigen Beschreibung der Kohärenz eines Strahlungsfeldes notwendig sind (Mandel und Wolf, 1965, S. 255), weswegen die Entropie in der Theorie der Kohärenz (bisher) keine Rolle spielt.

---

[2] Der örtliche Kohärenzgrad von quasi-monochromatischer Schwarzkörper-Strahlung der Wellenlänge λ liegt in der Größenordnung dieser Wellenlänge, der zeitliche Kohärenzgrad ist ungefähr λ/c. Diese Größen sind also nicht gleich null, sondern nehmen hier lediglich die kleinstmöglichen Werte an (Mandel und Wolf, 1965).

4.4 Die Polarisation von Strahlung

Zur Veranschaulichung der Vorgänge wird eine entlang der z-Achse fortschreitende quasi–monochromatische Welle der mittleren Wellenlänge λ betrachtet. Die Komponenten des elektrischen Feldvektors in der x,z- und y,z-Ebene (es werden hier senkrechte kartesische Koordinaten vorausgesetzt) lauten

$$E_x^{el}(t) = a_1(t) \exp i \left[\phi_1(t) - 2\pi \frac{c}{\lambda} t\right],$$

$$E_y^{el}(t) = a_2(t) \exp i \left[\phi_2(t) - 2\pi \frac{c}{\lambda} t\right],$$

wobei a die zeitabhängige Amplitude und ϕ die Phase darstellt. Diese beiden Komponenten stellen die zwei vollständig polarisierten Teilwellen des Strahles dar, wobei die Polarisationsebenen hier zunächst willkürlich gewählt wurden[3]. Diesem Strahl wird eine Kohärenz–Matrix mit zeitgemittelten Werten in der Form

$$\mathbf{J} = \begin{pmatrix} J_{xx} & J_{xy} \\ J_{yx} & J_{yy} \end{pmatrix} = \begin{pmatrix} \langle a_1^2 \rangle & \langle a_1 a_2 \exp[i(\phi_1 - \phi_2)]\rangle \\ \langle a_1 a_2 \exp[-i(\phi_1 - \phi_2)]\rangle & \langle a_2^2 \rangle \end{pmatrix}$$

zugeordnet, und der Kreuzkorrelations–Koeffizient

$$\mu_{xy} = \frac{J_{xy}}{\sqrt{J_{xx}} \sqrt{J_{yy}}}$$

ist ein Maß für die Kohärenz zwischen den in der x,z- und in der y,z-Ebene polarisierten Teilwellen. Die Eigenwerte $\langle I^{max} \rangle$ und $\langle I^{min} \rangle$ dieser hermetischen Matrix $\mathbf{J}$, die sich gemäß

$$\langle I^{max,min} \rangle = \frac{1}{2}(J_{xx} + J_{yy}) \pm \frac{1}{2}\sqrt{(J_{xx} + J_{yy})^2 - 4|\mathbf{J}|}$$

mit $|\mathbf{J}|$ als Determinante der Matrix berechnen, definieren den Polarisationsgrad P durch

$$P = \frac{\langle I^{max} \rangle - \langle I^{min} \rangle}{\langle I^{max} \rangle + \langle I^{min} \rangle}. \qquad \text{4-15}$$

Im Gegensatz zum Kohärenzgrad μ_{xy} ist der Polarisationsgrad unabhängig von der Lage der Polarisationsebenen in Bezug auf die z-Achse, da er nur aus Rotations–Invarianten der Kohärenz–Matrix gebildet wird.

Die Bezeichnung der Eigenwerte mit den Indizes max und min deutet auf folgende Veranschaulichung dieser beiden Eigenwerte, aus der sich auch die Meßvorschrift für den Polarisationsgrad ergibt. Die in einer willkürlich festgelegten y,z-Ebene polarisierte Teilwelle werde um einen variablen Betrag ϵ phasenverzögert (z.B. vermittels eines Kompensators), und danach die Intensität I der Gesamtwelle hinter einem um den Winkel θ aus der x-Achse herausgedrehten Polarisator gemessen. Die bei Variation von ϵ und θ auftretenden Maximal- und Minimalwerte der Intensität sind die Eigenwerte der Kohärenzmatrix (Born und Wolf, 1987). Es werden sechs Intensitätsmessungen $I(\theta, \epsilon)$ benötigt, um die von Wellenlänge und Raumwinkel abhängige Kohärenzmatrix und damit den Polarisationsgrad zu messen:

---

[3] Diese Aussage bezieht sich auf die Tatsache, daß in einem rechtwinkligen Koordiantensystem die x- und die y-Achse um die z-Achse rotieren können und somit die Lage der Polarisationsebenen bislang unbestimmt ist.

$$J_{xx} = I\left(0°, 0\right)$$
$$J_{yy} = I\left(90°, 0\right)$$
$$J_{xy} = \frac{1}{2}\{I\left(45°, 0\right) - I\left(135°, 0\right)\} + \frac{1}{2}i\left\{I\left(45°, \frac{\pi}{2}\right) - I\left(135°, \frac{\pi}{2}\right)\right\}$$
$$J_{yx} = \frac{1}{2}\{I\left(45°, 0\right) - I\left(135°, 0\right)\} - \frac{1}{2}i\left\{I\left(45°, \frac{\pi}{2}\right) - I\left(135°, \frac{\pi}{2}\right)\right\}$$

Es wird ein Polarisator benötigt, um die Intensitäten J_{xx} und J_{yy} der Teilwellen zu bestimmen, zusätzlich dann ein Kompensator, z.B. ein $\lambda/4$-Plättchen, um die komplexen Größen J_{xy} und J_{yx} zu ermitteln. Falls die Stokeschen Parameter s_0, s_1, s_2 und s_3 dieser quasi–monochromatischen und gerichteten Welle bekannt sind (siehe z.B. Coulson, 1988 oder Born und Wolf, 1987), gelten folgende Beziehungen

$$J_{xx} = \frac{1}{2}(s_0 + s_1), \qquad J_{yy} = \frac{1}{2}(s_0 - s_1)$$
$$J_{xy} = \frac{1}{2}(s_2 + is_3), \qquad J_{yx} = \frac{1}{2}(s_2 - is_3).$$

Bei idealer, exakt monochromatischer Strahlung werden nur die zwei Intensitäten J_{xx} und J_{yy} benötigt, der Polarisationsgrad berechnet sich dann vereinfacht gemäß

$$P_{id.mochr.} = \frac{J_{xx} - J_{yy}}{J_{xx} + J_{yy}}.$$

Ist der Polarisationsgrad bekannt, muß die Berechnung der Entropie des beliebigen Gesamtstrahls über die Teilstrahlen durchgeführt werden, indem zunächst die Entropie der beiden Teilstrahlen berechnet wird. Es muß hierbei der Begriff der Intensität aus der Maxwellschen Theorie, wie er der Definition des Polarisationsgrades nach Gl. 4-15 zugrunde liegt, in die Strahldichte L der thermischen Strahlung nach Planck überführt werden. Hierzu ist eine gedankliche Erweiterung des Begriffes der ebenen Welle notwendig, deren durch den Poyntingschen Vektor (vgl. A2) beschriebene Intensität mit einem Raumwinkelelement $d\Omega$ bewertet werden muß, so daß aus der Strahllinie ein Strahlenbündel wird. Die Definitionsgleichung für den Polarisationsgrad lautet dann

$$P = P(\lambda, \Omega) = \frac{L_\lambda^{max} - L_\lambda^{min}}{L_\lambda^{max} + L_\lambda^{min}} = \frac{L_\lambda^{max} - L_\lambda^{min}}{L_\lambda},$$

der Polarisationsgrad ist i.a., ebenso wie die Strahldichte, eine Funktion von Wellenlänge und Raumwinkel. Der vollständige Berechnungsgang wird im nächsten Abschnitt zusammengefaßt.

Die Arbeiten von MAX VON LAUE und von GAMO sind in der Literatur nicht weiter berücksichtigt worden. Dieser Polarisationsgrad, der vollständig auf der klassischen Maxwellschen Feldtheorie fußt, stellt eine Art Unstetigkeit in der Ableitung des Planckschen Strahlungsmodells für den Nicht–Gleichgewichtsfall dar. Daher ist die Erscheinung der Polarisation bei der Behandlung thermischer Strahlung immer ein Fremdkörper geblieben, was die oben genannten Unzulänglichkeiten erklärt.

4.5 Die Entropie–Berechnungsgleichung

Nach der vorangegangenen Darstellung der zugrundeliegenden Gleichungen und deren Umfeld kann die Berechnung des Strahlungsentropiestroms beliebiger Strahlung wie folgt zusammengefaßt werden. Als Eingangsgrößen werden die Strahldichte $L(\lambda,\Omega)$ und der Polarisationsgrad $P(\lambda,\Omega)$ jeweils als Funktion von Wellenlänge und Raumwinkel benötigt. Diese Größen können entweder gemessen oder anhand spezieller Modelle berechnet werden. Für die Berechnung der Strahldichte L stehen, wie vorstehend diskutiert, das Modell der Schwarzkörper–Strahlung bzw. das darauf aufbauende Modell der verdünnten Schwarzkörper–Strahlung zur Verfügung. Ferner kann die Strahldichte, wie auch der Polarisationsgrad, mit Hilfe der Festkörperphysik durch spezielle Modelle der atomaren Struktur der Materie berechnet werden (siehe z.B. Born und Wolf, 1987, und Kap. 7). Da oft nur die Abhängigkeit von der

Strahldichte → Polarisationsgrad

$$L_\lambda = \frac{hc^2}{\lambda^5}x = L(\lambda,\Omega) \qquad \begin{cases} L_\lambda^{max} = L_\lambda \cdot \dfrac{1+P}{2} \\[2ex] L_\lambda^{min} = L_\lambda \cdot \dfrac{1-P}{2} \end{cases} \qquad P = \frac{L_\lambda^{max} - L_\lambda^{min}}{L_\lambda^{max} + L_\lambda^{min}} = P(\lambda,\Omega)$$

$$\downarrow$$

$$K_\lambda = \frac{kc}{\lambda^4}\left[\left(1+\frac{\lambda^5 L_\lambda^{\substack{min\\max}}}{hc^2}\right)\ln\left(1+\frac{\lambda^5 L_\lambda^{\substack{min\\max}}}{hc^2}\right) - \frac{\lambda^5 L_\lambda^{\substack{min\\max}}}{hc^2}\ln\left(\frac{\lambda^5 L_\lambda^{\substack{min\\max}}}{hc^2}\right)\right]$$

$$\downarrow$$

$$D = \int\limits_\lambda \int\limits_\Omega \left\{K_\lambda\left(L_\lambda^{max}\right) + K_\lambda\left(L_\lambda^{min}\right)\right\} \cos\vartheta \, \mathrm{d}\Omega \, \mathrm{d}\lambda$$

Bild 4.6 Der Berechnungsgang zur Bestimmung des Strahlungsentropiestroms D aus Strahldichte und Polarisationsgrad

Wellenlänge, z.B. in Form des spektralen Strahlungsenergiestroms E_λ, bekannt ist, muß zur Berechnung sowohl der Strahldichte wie auch des Polarisationsgrades in diesen Fällen noch ein Raumwinkel-Verteilungsmodell zugrundegelegt werden. Dieses Vorgehen wird in bezug auf Solarstrahlung ausführlich im nachfolgenden Kapitel diskutiert.

Mit Hilfe des Polarisationsgrades wird die gegebene spektrale Strahldichte in die beiden polarisierten Teilstrahlen L_λ^{max} und L_λ^{min} aufgeteilt

$$L_\lambda^{min} = L_\lambda \frac{1-P}{2} \quad ; \quad L_\lambda^{max} = L_\lambda \frac{1+P}{2}. \qquad 4\text{-}16$$

Für jede dieser Strahldichten wird dann die Strahlentropiedichte

$$K_\lambda = \frac{kc}{\lambda^4} \left[\left(1 + \frac{\lambda^5 L_\lambda}{hc^2}\right) \ln\left(1 + \frac{\lambda^5 L_\lambda}{hc^2}\right) - \frac{\lambda^5 L_\lambda}{hc^2} \ln \frac{\lambda^5 L_\lambda}{hc^2} \right]. \qquad 4\text{-}17$$

bestimmt. Aufgrund der speziellen Definition des Polarisationsgrades sind diese Entropiestrahldichten unabhängig voneinander, sie können zur Strahlentropiedichte des Gesamtstrahls addiert werden. Als letzter Schritt ist über alle Wellenlängen und Raumwinkel zu integrieren:

$$D = \int_\Omega \int_\lambda \left\{ K_\lambda \left(L^{max}\right) + K_\lambda \left(L^{min}\right) \right\} \cos \vartheta \, d\lambda \, d\Omega \qquad 4\text{-}18$$

Zur Ausführung dieser Integration ist ein Raumwinkel-Verteilungsmodell erforderlich, siehe Kap. 5.1.3. Der zu dem resultierenden Strahlungsentropiestrom zugehörige Strahlungsenergiestrom E wird durch Integration der Strahldichte L nach Gl. 4-4 ermittelt. Der hier aufgeführte Berechnungsgang ist in Abbildung 4.6 zusammengefaßt. Nach Ausführung dieser Rechnungen stehen die zur Bilanzierung eines Strahlungsenergiewandlers notwendigen Strahlungsströme zur Verfügung. In diese Betrachtungen sind Wechselwirkungen mit Materie noch nicht eingeflossen, sie werden in den Abschnitten 5.3, 5.4 und Kap. 7 diskutiert.

4.6 Die Abhängigkeit der Entropie von direkten Einflußgrößen

Die Strahlungsentropie nach Gl. 4-17 bzw. 4-18 soll im folgenden durch eine Parameterstudie veranschaulicht werden. Da die beiden Eingangsgrößen in die Entropieberechnung, Strahldichte und Polarisationsgrad, jeweils Funktionen von Wellenlänge und Raumwinkel sind, ergeben sich bei dieser Parameterstudie vier Variationsmöglichkeiten. Es kann die Strahldichte als Funktion der Wellenlänge verändert werden, die Strahldichte als Funktion des Raumwinkels und entsprechendes im Polarisationsgrad. Die anderen Größen werden dabei konstant gehalten. Eine Variation des Polarisationsgrads in Abhängigkeit von Wellenlänge oder Raumwinkel ist nur in Bereichen sinnvoll, wo die Strahldichte ungleich null ist. Dem gegenüber kann die Strahldichte unabhängig vom Polarisationsgrad variiert werden. Die in diesem Abschnitt durchgeführte Parameterstudie gilt allgemein. Sie ist nicht auf die Strahlungsvorgänge in der Atmosphäre beschränkt.

4.6 Die Abhängigkeit der Entropie von direkten Einflußgrößen

Zunächst wird die Abhängigkeit der Strahlungsentropie von einer Veränderung in der Wellenlängen–Verteilung der Strahldichte untersucht (Einfluß der Spektralverteilung), wenn Raumwinkel und Polarisationsgrad konstant bleiben. In Abbildung 4.7 sind sechs Spektren vorgegeben (durchgezogene Linien), aufgetragen als Strahldichte[4] L über der Wellenlänge λ. Die Form[5] und der Flächeninhalt dieser

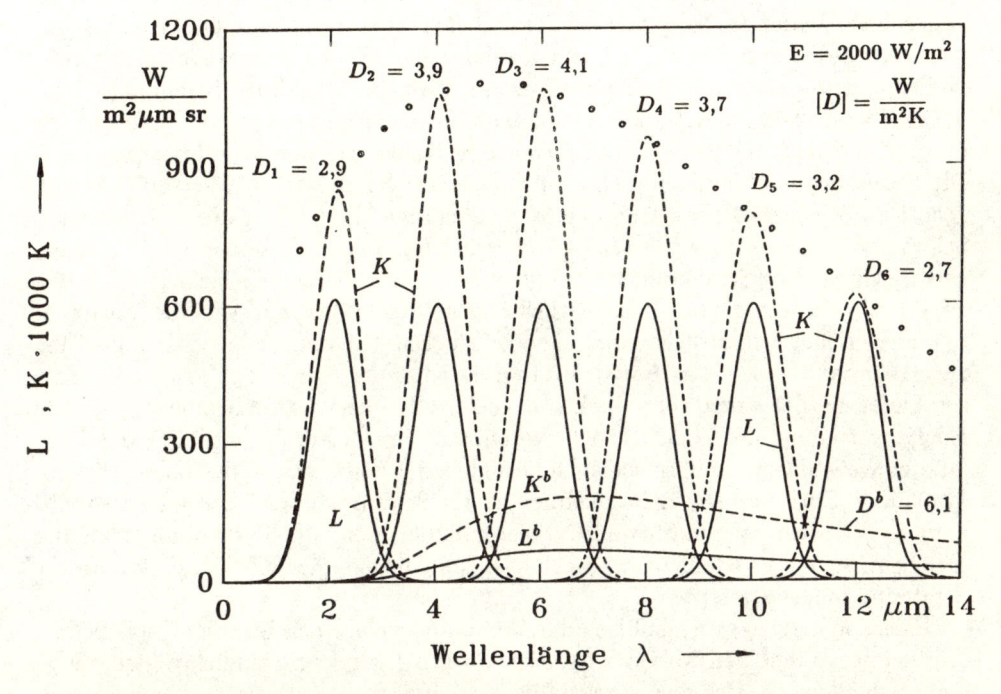

Bild 4.7 Der Einfluß der Spektralverteilung der Strahldichte auf die Strahlungsentropie

sechs Kurven sind jeweils gleich, sie unterscheiden sich lediglich durch die Lage auf der Wellenlängenachse, d.h. sie sind jeweils um 2 μm parallel verschoben. Bei der zugrunde gelegten unpolarisierten, isotropen Einstrahlung aus dem Halbraum ($B = \pi$) repräsentiert jede Kurve einen konstanten Strahlungsenergiestrom von $E = 2000$ W/m² (dieser Wert ergibt sich aus der Fläche unter der Kurve, multipliziert mit dem vorgegebenen Geometriefaktor $B = \pi$, vgl. Gl. 4-6). Die zu dem

---
[4]Die spektrale Strahldichte L_λ wird im folgenden vereinfachend als Strahldichte bezeichnet, da ausschließlich diese Größe benötigt wird.

[5]Für die hier dargestellten Glockenkurven–Spektren wurde eine Gleichung der Form

$$L = L_0 \exp\left[-\left(\frac{\lambda - \lambda_0}{\Delta}\right)^2\right] \qquad 4\text{-}19$$

zugrunde gelegt, wobei λ_0 die Zentrums–Wellenlänge und L_0 sowie Δ vorzugebende Kurvenparameter sind. Die Wellenlänge durchläuft hierbei Werte im Bereich $1 < (\lambda - \lambda_0) < 25 \mu$m.

jeweiligen Spektrum gehörige Strahlentropiedichte K wurde mit Gl. 4-17 berechnet und ist in Abbildung 4.7 als gestrichelte Linie eingezeichnet. Die zugehörigen Werte wurden mit dem Faktor 1000 K multipliziert, um eine einheitliche Ordinate zu ermöglichen, d.h. zu einem abgelesenem Wert von z.B. 900 W/m² μm sr gehört der Entropiewert 0,9 W/m² μm sr K. Die integralen Strahlungsentropieströme D schließlich sind oberhalb jeder Kurve in W/m² K angegeben. Diese Werte durchlaufen beim Wandern des „starren" Strahldichte–Spektrums auf der Wellenlängenachse ein Maximum, sowohl bei sehr kleinen wie auch bei sehr großen Zentrums-Wellenlängen λ_0 der vorgegebenen Spektren wird die zugehörige Strahlungsentropie sehr klein. Die Lage des Entropiemaximums einer gegebenen Kurvenform wird durch das Spektrum der energieäquivalenten Schwarzkörper–Strahlung gesteuert. Die Strahldichte L^b und die Strahlentropiedichte K^b dieser zu $E^b = 2000$ W/m² gehörigen Schwarzkörper–Strahlung (die zugehörige Temperatur des emittierenden Schwarzen Körpers ist $T^b = (E^b/\sigma)^{1/4} = 433$ K) sind in Abbildung 4.7 ebenfalls eingezeichnet. Der Strahlungsentropiestrom D^b dieser Strahlung beträgt $D^b = 6,1$ W/m² K und liegt somit noch deutlich oberhalb des Maximalwerts der Entropieströme der hier willkürlich vorgegebenen Glocken–Kurvenformen. Es ist deutlich zu erkennen, daß sich das Entropieverhalten eines gegebenen Spektrums aus dessen Lage zum Schwarzkörper–Spektrum erklärt. Je mehr die vorgegebene spektrale Energieverteilung der Gleichgewichtsverteilung ähnelt, sowohl bezüglich der Lage auf der Wellenlängen–Achse wie auch bezüglich der Kurvenform, desto höher ist die zugehörige Entropie. Die Entropiedifferenz zur Schwarzkörper–Entropie entspricht der irreversibel erzeugten Entropie, welche entsteht, wenn die betrachtete Strahlung in einem adiabaten Hohlraum eingefangen und in energieäquivalente Hohlraum-Strahlung umgewandelt wird.

Es ist bemerkenswert, daß sich die Maxima der einzelnen Strahlentropiedichte-Kurven gegenüber den Maxima der zugehörigen Energie–Strahldichte geringfügig verschieben, wenn sich der Spektralbereich ändert. Die Entropie–Maxima weichen gegenüber den Energie–Maxima immer in Richtung des Schwarzkörper-Maximalwertes ab, und zwar um so stärker, je weiter die Kurven vom Entropiemaximum entfernt sind (vgl. Abb. 4.7).

In Ergänzung zu Abbildung 4.7 ist in Abbildung 4.8 der Strahlungsentropiestrom D als Funktion der *Zentrums*-Wellenlänge λ_0 (vgl. Skizzen in Abbildung 4.8) für drei unterschiedliche Kurvenformen (immer bei gleichem Strahlungsenergiestrom $E = 2000$ W/m²) aufgetragen, wenn diese als starre Spektren entlang der Wellenlängen–Achse verschoben werden. Die in Abbildung 4.7 vorgegebene Kurvenform wird durch die mittlere Kurve dargestellt. Bei einer schlanken Kurvenform gleichen Flächeninhalts wird die Entropie geringer (untere Kurve), das Entropiemaximum verschiebt sich zu kleineren Wellenlängen. Bei einem sehr flachen Spektrum (obere Kurve) nähert sich die Entropie der des Schwarzkörper–Spektrums von $D^G = 6,1$ W/m²K, das Maximum dieser Kurve liegt bei einer Wellenlänge, die größer ist als die Wellenlänge der maximalen Schwarzkörper–Strahlentropiedichte $\lambda(K_{\max}^G) = 7,03\,\mu$m.

Zur weiteren Interpretation wurde für drei der in Abbildung 4.7 dargestellten

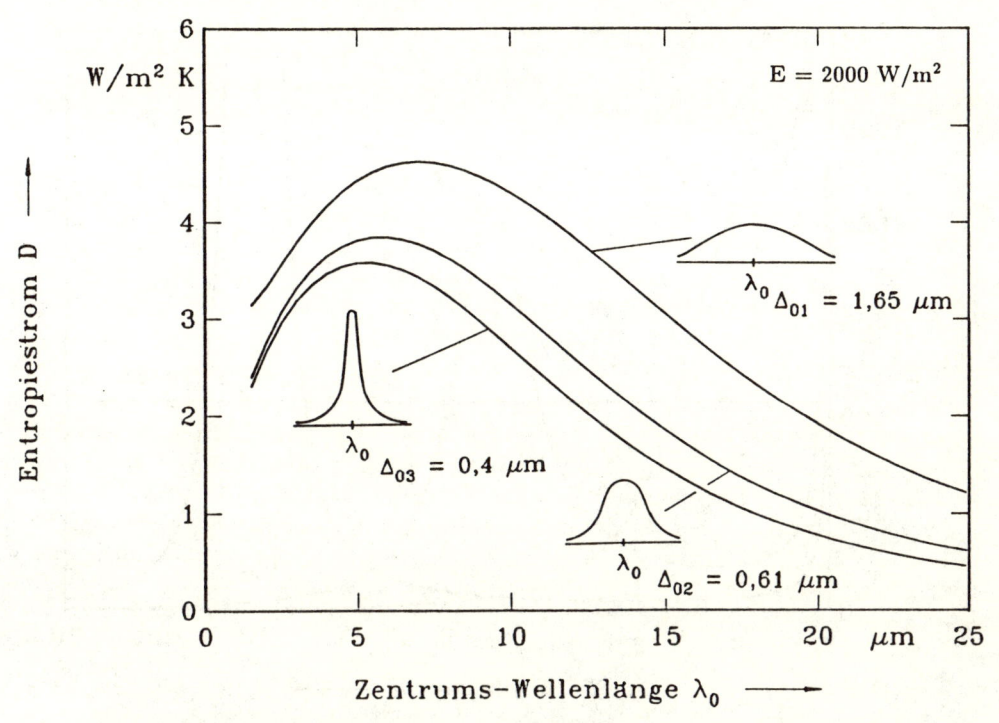

4.6 Die Abhängigkeit der Entropie von direkten Einflußgrößen 57

Bild 4.8 Der Einfluß der Lage des Spektrums auf der Wellenlängen–Achse auf die Strahlungsentropie. Es sind drei verschiedenartige Glockenkurven mit jeweils $E = 2000$ W/m² vorgegeben worden.

Strahldichte–Spektren in Abbildung 4.9 die *spektrale Temperatur* T_λ über der Wellenlänge aufgetragen, wie sie sich aus

$$T_\lambda = \frac{hc}{k\lambda \cdot \ln\left[2hc^2/\lambda^5 L_\lambda + 1\right]},\qquad 4\text{-}20$$

(vgl. Gl. 3-8) berechnet. Mit Hilfe dieser Temperatur kann man sich einen Ausgleichsprozeß in einem Hohlraum als Temperaturausgleich vorstellen, wenn ein Strahlungsenergiestrom mit dem hier vorgegebenen Spektrum in diesem Hohlraum „eingefangen" wird. Die Gleichgewichtstemperatur der nach Einstellen des Gleichgewichts resultierenden Hohlraum–Strahlung ist ebenfalls eingezeichnet. Die Gleichgewichtstemperatur für die hier vorgegebene Strahlungsenergie von $E = 2000$ W/m² ist im ganzen Wellenlängenbereich zwischen null und unendlich konstant gleich $T^G = 433$ K, während die spektrale Temperatur in weiten Bereichen nahezu null ist. Nur bei $\lambda \to 0$ geht $T_\lambda \to \infty$, da der hier willkürlich vorgegebene Term $\lambda^5 L_\lambda$ schneller gegen null strebt als bei Schwarzkörper–Strahlung. Eine Umsetzung des ursprünglichen Glockenspektrums in ein Gleichgewichts–Spektrum in einem Hohlraum ist irreversibel und nur mit Hilfe von Materie möglich.

Wird nicht die Lage auf der Wellenlängen–Achse, sondern die Form der Spektralverteilung bei konstanter Zentrums–Wellenlänge λ_0 variiert, vgl. Abb. 4.8, so

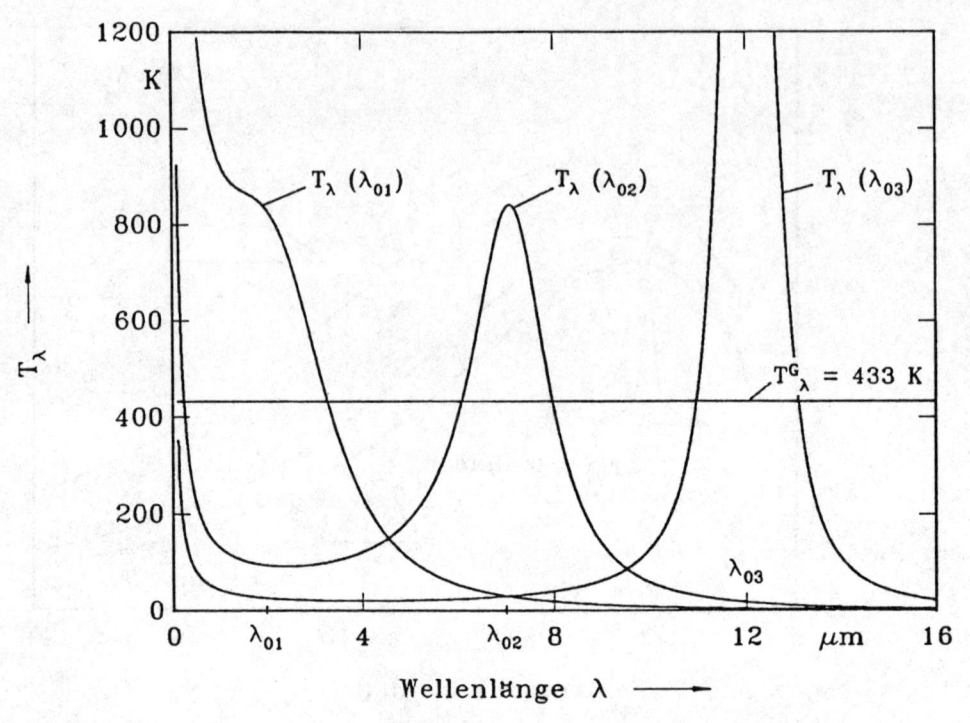

Bild 4.9 Die spektrale Temperatur T_λ nach Gl. 4-20, aufgetragen für drei Spektren aus Abbildung 4.7 mit $\lambda_{0,1} = 2\,\mu\text{m}$, $\lambda_{0,2} = 7\,\mu\text{m}$ und $\lambda_{0,3} = 12\,\mu\text{m}$

verringert sich die Strahlungsentropie bei konstanter Energie um so mehr, je schmaler der Wellenlängenbereich des Spektrums ist. Im Idealfall einer monochromatischen Dirac–Distribution ergäbe sich die Strahlungsentropie bei endlicher Strahlungsenergie zu null. Einer solchen Spektralverteilung steht die Heisenbergsche Unschärfe–Relation entgegen (Goldin, 1982), diese Spektralverteilung wird aber durch die Laser–Strahlung in sehr guter Näherung repräsentiert. Das andere Extrem ist das Schwarzkörper–Spektrum, welches den maximal möglichen Entropiewert ergibt. Wird aber ein Schwarzkörper–Spektrum aus seiner (durch die Temperatur festgelegten) Lage auf der Wellenlängen–Achse willkürlich verschoben, verringert sich der zugehörige, berechnete Entropiewert analog zu jenem Verhalten, wie es in Abbildung 4.8 dargestellt ist.

Die zweite Variation in dieser Parameter–Studie betrifft die unterschiedliche geometrische Verteilung eines gegebenen Strahlungsenergiestroms bei konstantem Spektrum und konstantem Polarisationsgrad, d.h. anstelle der bisher betrachteten isotropen Einstrahlung aus dem Halbraum wird jetzt aus verschiedenen Bereichen der Hemisphäre mit unterschiedlicher Strahldichte $L = L(\Omega)$ eingestrahlt. Abbildung 4.10 zeigt die Abhängigkeit des zu $E = 2000\,\text{W/m}^2$ gehörigen Entropiestroms von der Geometriegröße B, wie sie in Abschnitt 4.1 eingeführt wurde. Hierbei wird vorausgesetzt, daß die Einstrahlung isotrop aus einem senkrecht über der Bilanzfläche stehenden Strahlkegel erfolgt und die restliche Hemisphäre nicht

4.6 Die Abhängigkeit der Entropie von direkten Einflußgrößen

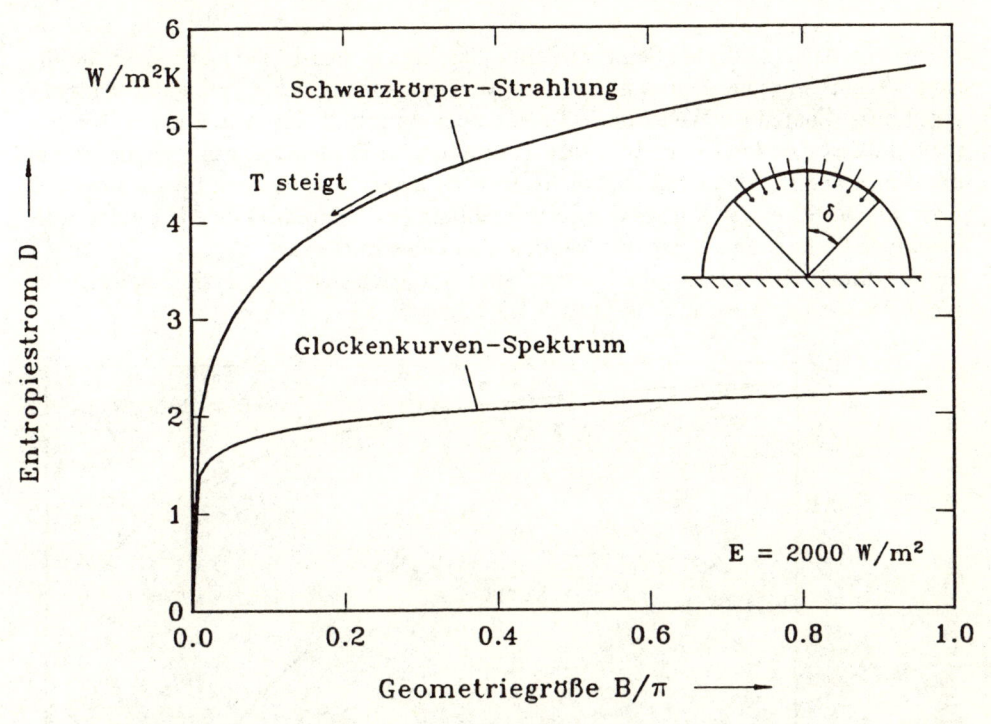

Bild 4.10 Die Abhängigkeit der Strahlungsentropie von der Raumwinkel-Verteilung der Strahlungsenergie. Vorgegeben ist ein Glockenkurven-Spektrum und ein Schwarzkörper-Spektrum mit jeweils $E = 2000$ W/m².

strahlt. Da der von der Bilanzfläche empfangene Energiestrom $E = B \int L \, d\lambda$ wegen der Vergleichbarkeit konstant bleiben soll, muß die über die Wellenlänge integrierte Strahldichte für den Fall $B \to 0$ gegen unendlich wachsen. Dennoch wird der zugehörige Entropiestrom D hier (bei $B \to 0$) zu null. Ideal gerichtete Strahlung (eine ebene Welle) hat *unabhängig vom Spektrum* die Entropie null. Es ergeben sich somit zwei voneinander unabhängige Möglichkeiten, die Strahlungsentropie bei endlicher Strahlungsenergie gegen null gehen zu lassen. Entweder kann der Spektralbereich oder der Einstrahl-Raumwinkel infinitesimal klein gewählt werden, wobei die Laser-Strahlung beides zugleich in guter Näherung repräsentiert. Das Maximum der eingestrahlten Entropie wird erreicht, wenn die Einstrahlung isotrop aus dem gesamten Halbraum ($B = \pi$) erfolgt. Dieser Studie lag wiederum ein Glockenkurven-Spektrum nach Gl. 4-18 zugrunde, wobei die Konstanz des Strahlungsenergiestroms E durch einen wellenlängen-unabhängigen Dämpfungsfaktor bewirkt wurde. Wird Schwarzkörper-Strahlung konstanter Energie aus unterschiedlichen Raumwinkeln (variierendem B) eingestrahlt, so verändert sich gemäß

$$E = \frac{B}{\pi} \sigma T^4 \stackrel{!}{=} \text{const.}$$

zwangsweise die Temperatur und somit das Spektrum. Die hierbei resultierende

Kurve (in Abb. 4.10 als „Schwarzkörper-Strahlung" bezeichnet) hat einen ähnlichen Verlauf wie jene Kurve mit festem, vorgegebenem glockenförmigen Spektrum konstanter Zentrums-Wellenlänge, steigt aber aufgrund der variierenden Temperatur mit steigender Geometriegröße B stärker an. Beiden Kurven gemeinsam ist der sehr steile Gradient bei kleinen Werten B. Daher muß bei der Berechnung der Entropie des direkten Anteils der Solarstrahlung (vgl. Kap. 5.1) die Größe der Sonnenscheibe sehr genau angegeben werden, da in diesem Bereich ($B_{Sonne} = 6,7 \cdot 10^{-5}$) die Strahlungsentropie empfindlich auf eine Variation der Geometrie reagiert. Auf diese Berechnung wird in Abschnitt 5.1.3 eingegangen.

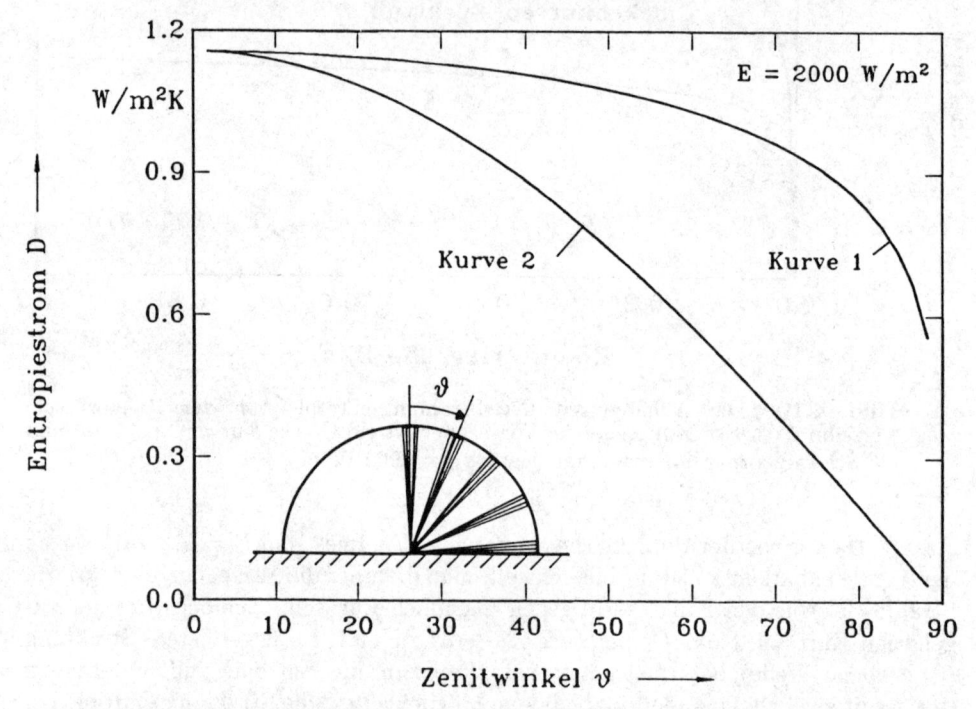

Bild 4.11 Die Abhängigkeit der Strahlungsentropie der aus einem gleichbleibenden Raumwinkel $\Omega = \pi/10$ eingestrahlten Energie vom Zenitwinkel ϑ

Wird der Raumwinkel konstant gelassen, aber an unterschiedliche Stellen der Hemisphäre positioniert, erhält man das in Abbildung 4.11 dargestellte Entropieverhalten. Hier ist der auf die Bilanzfläche einfallende Strahlungsentropiestrom über dem Zenitwinkel ϑ aufgetragen, der die Neigung der Achse des starren Strahlenkegels gegenüber der Flächennormalen beschreibt. Kurve „1" ergibt sich, wenn (wie bisher) der an der Bilanzfläche ankommende Strahlungsenergiestrom konstant $E = 2000$ W/m^2 beträgt. Dies bedingt wieder eine gegen unendlich ansteigende Strahldichte für $\vartheta \rightarrow 90°$. Die Kurve „2" stellt die Strahlungsentropie bei konstanter Strahldichte L dar, wie es bei der Sonne gegeben ist, wenn diese aus dem Zenit zum Horizont wandert. In beiden Fällen geht der Entropiestrom mit $\vartheta \rightarrow 90°$ gegen null.

4.6 Die Abhängigkeit der Entropie von direkten Einflußgrößen

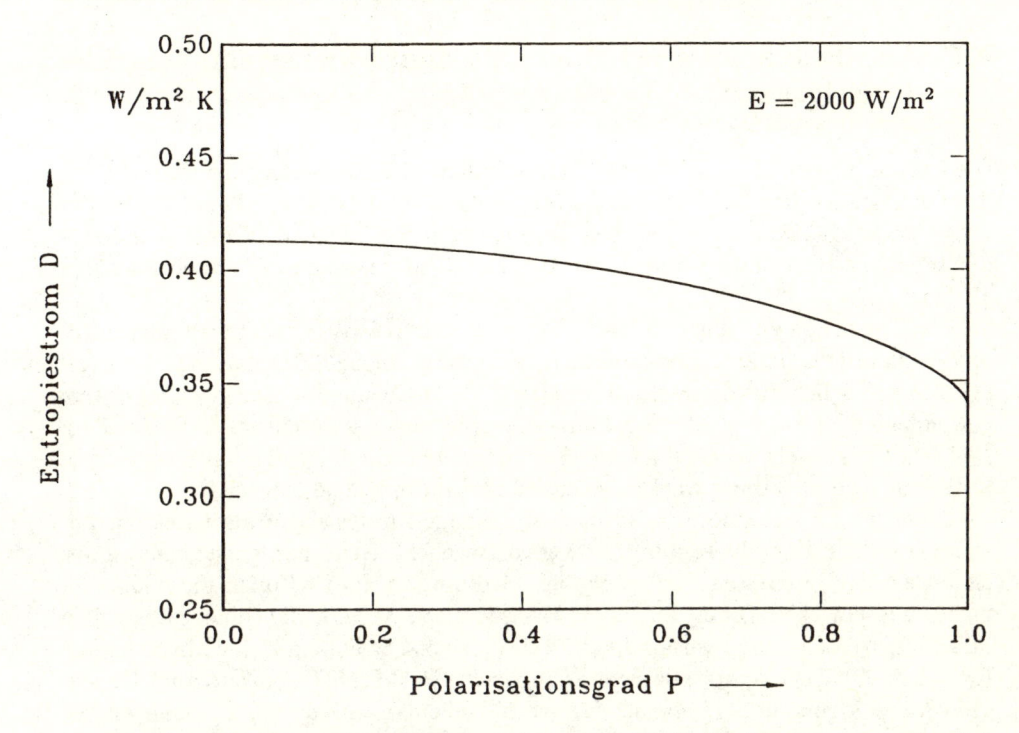

Bild 4.12 Der Einfluß des Polarisationsgrads P auf die Strahlungsentropie. Es wird isotrop aus dem Halbraum mit $E = 2000$ W/m^2 eingestrahlt.

Der Einfluß des Polarisationsgrads auf die Strahlungsentropie ist deutlich geringer als der der Spektralverteilung oder des Raumwinkels. Dies geht aus Abbildung 4.12 hervor, wo die Entropie eines Strahlungsenergiestroms von $E = 2000$ W/m^2, der mit konstantem Spektrum gleichmäßig aus dem Halbraum ($B = \pi$) einstrahlt, über dem Polarisationsgrad (vgl. Abschnitt 4.4) aufgetragen ist. Erwartungsgemäß ist die Entropie unpolarisierter Strahlung am größten, mit steigendem Polarisationsgrad fällt diese dann um rd. 20% ab. Bei niedrigen Werten ist der Einfluß des Polarisationsgrads gering, bei Werten nahe eins ist er nicht mehr vernachlässigbar. Alle möglichen Variationen des Polarisationsgrads als Funktion der Wellenlänge oder als Funktion des Raumwinkels spielen sich in der hier dargestellten Spanne ab, so daß eine weitere Untersuchung nicht erfolgt. Da die diffuse solare Einstrahlung als Streustrahlung durchweg mehr oder weniger polarisiert ist, muß der Polarisationszustand hier berücksichtigt werden.

Diese Parameterstudie zur Strahlungsentropie ist von allgemeiner Gültigkeit. Die hierbei gewonnenen Erkenntnisse sind aber speziell für die energetische Umwandlung der Solarstrahlung in mechanische bzw. elektrische Energie von Bedeutung, wie sie in Kapitel 5 und 6 diskutiert wird.

4.7 Die Entropieberechnung mit dem Wienschen Verschiebungsgesetz

Die letzten beiden Abschnitte dieses Kapitels sind eine Ergänzung zur Umrechnung der Gleichungen der Hohlraum–Strahlung auf Strahlungsströme. Es wird hier der Frage nachgegangen, unter welchen Bedingungen die zugrundeliegenden thermodynamischen Beziehungen auf Nicht–Gleichgewichtszustände extrapoliert werden dürfen.

Im Gegensatz zu allen anderen Autoren, die Beiträge zur Strahlungsentropie veröffentlicht haben (ausgenommen Landsberg, 1959, 1961), hat sich PLANCK (1923) ausführlich mit der Frage beschäftigt, ob die an einem Gleichgewichtssystem gewonnene Gleichung für die Strahlungsentropie auch auf geschlossene Systeme im Nicht–Gleichgewicht anwendbar ist. Für Strahlung gilt folgendes Gleichgewichtskriterium: Die Strahlung wird in einem Hohlraum mit ideal spiegelnden Wänden[6] eingefangen und mit einer sehr kleinen Stoffmenge katalysiert. Ändert sich der Zustand (i.e. die Spektralverteilung), so lag vorher Nicht–Gleichgewichtsstrahlung vor. Es bedarf der genannten Stoffmenge als Medium, da die Photonen untereinander nicht wechselwirken. Damit die innere Energie dieser Materie die Bilanzen bzw. den Strahlungszustand nicht verfälscht, muß sie eine verschwindend kleine Masse haben. Ein Nicht–Gleichgewichtsspektrum ergibt nach Gl. 3-8 im Gegensatz zum Gleichgewichtsspektrum nach Abb. 3.2 für jedes Wellenlängenintervall i.a. eine andere spektrale Temperatur. Da aber beim System Photonengas jegliche Wechselwirkung fehlt, gibt es auch im Nicht–Gleichgewichtsfall keine treibende Kraft, die wie bei herkömmlichen Systemen durch den von ihr bedingten Fluß das Einstellen des Gleichgewichtes bewirken könnte. So verursacht ein Temperaturgradient in Materie einen ausgleichenden Wärmestrom (vgl. die Ausführungen zur Thermodynamik der irreversiblen Prozesse in Abschnitt 5.4), aber ein Gradient in der „spektralen Strahlungstemperatur" bleibt fortwährend bestehen, wenn nicht die oben genannte Materie als Medium zu Hilfe genommen wird. Erst durch deren Absorption und Emission wird das bestehende Ungleichgewicht ausgeglichen.

Diese Materie muß im gesamten Spektrum einen von null verschiedenen Absorptionsgrad und somit auch einen Emissionsgrad größer null aufweisen, sonst könnte ein Spektralbereich, der vielleicht bei der anfänglichen, beliebigen, evt. quasi–monochromatischen Strahlung nicht belegt wäre, nie mit der zugehörigen spektralen Hohlraum–Strahlung gefüllt werden. Daher wird bezüglich dieser katalytischen Materie bei Planck (1923, S.49) und nachfolgenden Autoren von einem „Kohlestäubchen" gesprochen, um die Assoziation zu einem „schwarzen" Körper (vgl. Kap. 4.1) herzustellen, der diese Eigenschaft hat. Die Größe des Absorptionsgrades ist aber beliebig, sie beeinflußt lediglich die Zeit, die zur Einstellung des Gleichgewichts notwendig ist. Auch ein Transmissionsgrad ungleich null ist zugelassen.

Dem nachfolgend skizzierten Gedankengang von PLANCK liegt das Wiensche Verschiebungsgesetz zugrunde.

WILLI WIEN hat 1893 anhand klassischer Gesetzmäßigkeiten gezeigt, daß die spektrale Energiedichte u_λ *beliebiger* Strahlung durch eine Funktion f_1 beschrieben

---

[6]Nur mit ideal spiegelnden Wänden ist eine Systemgrenze wirklich „strahlungsdicht". Eine solche Wand darf entweder keine materielle Ausdehnung, also Dicke haben, oder sie muß eine Temperatur von null Kelvin haben.

4.7 Die Entropieberechnung mit dem Wienschen Verschiebungsgesetz

werden kann, die nur ein einziges Argument der Form V/λ^3 hat und proportional zu λ^{-5} ist:

$$u_\lambda = \frac{1}{\lambda^5} f_1\left(\frac{V}{\lambda^3}\right). \qquad 4\text{-}21$$

Die Funktion f_1 selbst war WIEN nicht bekannt, sie wurde erst mit Hilfe der Quantenmechanik von PLANCK korrekt durch Gl. 3-1 beschrieben. Zur Herleitung dieses Gesetzes wurde von WIEN ein ideal verspiegelter Zylinder mit einem ebenfalls ideal spiegelnden, langsam bewegten Kolben betrachtet. Der so gebildete adiabate Hohlraum enthält Strahlung beliebiger Spektralverteilung, die eine adiabate, reversible Zustandsänderung erfährt. Es wird die Veränderung von Wellenlänge und Strahldichte berechnet, die ein Strahl bei der Reflexion am bewegten Kolben erfährt. Es werden hierbei die klassischen Maxwellschen Gleichungen elektromagnetischer Wellen zugrundegelegt[7] (Planck, 1923, S. 83).

Die zur Erweiterung dieser Gleichung auf die Strahlungsentropie notwendige, alles entscheidende Annahme besteht darin, daß der Strahlung in jedem infinitesimal kleinen Wellenlängenintervall $\lambda, \lambda + d\lambda$ der Rang einer thermodynamischen Phase zugeordnet werden kann, die beliebige Gesamtstrahlung also als ein Nebeneinander unendlich vieler Einzelphasen zu betrachten ist. Nur dann wird die durch Gl. 3-8 berechnete Temperatur eines solchen Subsystems zu einer *thermodynamischen* Temperatur, wie sie für das weitere Vorgehen benötigt wird. Trifft diese Annahme zu (PLANCK hat dies nicht als Annahme formuliert, sondern als gegeben betrachtet), so gilt für die isentrope Zustandsänderung von Strahlung in jedem Spektralbereich $T_\lambda^3 V = $ const. (siehe Gl. 3-12), so daß formal in Gl. 4-21 das Volumen durch die Strahlungstemperatur ersetzt und nach dieser Temperatur aufgelöst werden kann

$$T_\lambda = \frac{1}{\lambda} f_2\left(\lambda^5 u_\lambda\right).$$

Mit Hilfe dieser Gleichung kann die Fundamentalgleichung in volumspezifischer Form

$$\frac{\partial s_\lambda}{\partial u_\lambda} = \frac{1}{T_\lambda}, \qquad 4\text{-}22$$

integriert werden, wodurch sich das erweiterte Wiensche Verschiebungsgesetz in der Form

$$s_\lambda = \frac{1}{\lambda^4} f_3\left(\lambda^5 u_\lambda\right) \qquad 4\text{-}23$$

ergibt. Diese Gleichung besagt, daß die volumspezifische spektrale Entropie beliebiger Strahlung durch eine Funktion f_3 beschrieben wird, die mit einem Faktor proportional λ^{-4} multipliziert wird und nur ein einziges Argument der Form $\lambda^5 u_\lambda$ hat. Die Gleichung 4-1 erfüllt diese Forderung. So kam PLANCK zu der Aussage (Planck, 1923, S. 91)

---

[7]Deswegen scheitert auch eine direkte Ableitung einer Gleichung in der Form von Gl. 3-11 für die spektrale Entropiedichte beliebiger Strahlung in einem solchen Verschiebungs–Hohlraum.

„In dieser Form (Gl. 4-23) besitzt das Wiensche Verschiebungsgesetz für jede monochromatische Strahlung einzeln, und dadurch auch für Strahlungen von beliebiger Energieverteilung, Bedeutung."

Dieser Beweis stützt sich auf den Kern der Kontinuums-Thermodynamik, auf die Fundamentalgleichung. Ohne diese Gleichung ist in der klassischen Thermodynamik keine Berechnung der Entropie möglich, so daß deren Gültigkeit (hier für ein quasi-monochromatisches Strahlenbündel) angenommen werden *muß*. Wie auch BERETTA und GYFTOPOULOS (1990) zu bedenken geben, ist die Zuordnung einer Temperatur zur quasi-monochromatischen Strahlung im Fall des Nicht-Gleichgewichts fragwürdig. Einem beliebigen Punkt im strahlungsdurchsetzten Raum wären dann i.a. unendlich viele richtungs- und wellenlängenabhängige Temperaturen zuzuordnen, die zudem mit der Temperatur evt. vorhandener, transparenter Materie nichts zu tun haben. Diese Temperaturen sind nicht meßbar, ein thermisches Gleichgewicht zwischen Materie (z.B. einem Thermoelement) und einem quasi-monochromatischen Strahl ist bei solchem Nicht-Gleichgewichtszustand nicht möglich.

Die dieser Ableitung zugrundeliegende Annahme, daß jede quasi-monochromatische Strahlung einzeln wie eine thermodynamische Phase zu behandeln ist, erscheint in einem weiteren Punkt problematisch. Bei jeder Herleitung der Planckschen Gleichung für die Energieverteilung von Hohlraumstrahlung wird das *gesamte* System „Photonengas" als eine Phase betrachtet (wobei die Materie der Hohlraum-Umrandung zur Temperaturdefinition einbezogen wird). Nur für eine Phase ergibt sich das charakteristische Gleichgewichtsspektrum, welches ja gerade beweist, daß (im Zusammenhang mit der Materie) bei Zugrundelegen einer Phase insgesamt eine ganz spezielle Abhängigkeit der spektralen Strahlbündel untereinander existiert. Wird nun diese gesicherte Grundlage, i.e. die Fundamentalgleichung für isotherme Hohlraum-Strahlung, Gl. 3-7, auf beliebig spektralverteilte Strahlung erweitert, so ist der Term $\partial T/\partial \lambda$, wie er auf S. 27 abgeleitet wurde, ungleich null, d.h. Gl. 4-23 ist unvollständig.

Diese hier vorgenommene Aufteilung eines Nicht-Gleichgewichtssystems in unendlich viele, kleine Phasen erinnert an die Thermodynamik der irreversiblen Prozesse, vgl. Kap. 5.4. Dort werden ebenfalls kontinuierliche Nicht-Gleichgewichtssysteme gedanklich soweit in (infinitesimal) kleine Volumenelemente zerlegt, bis diese in genügender Näherung als homogen betrachtet werden können und hier die Fundamentalgleichung Anwendung finden kann. Da bei herkömmlichen, materiellen Systemen Ausgleichsprozesse von selbst einsetzen, ist bei diesen herkömmlichen Systemen ein „Gleichgewicht im Kleinen" vorstellbar. Es werden dort aber auch aufgrund dieser Annahme Einschränkungen benannt, wie z.B. die Forderung, daß der irreversible Prozeß nicht zu heftig ablaufen darf (Haase, 1963).

4.8 Die Strahlungsentropie nach Landsberg

Die Möglichkeit, mit Hilfe des Zusammenhangs zwischen Entropie und Anzahl der erreichbaren Mikrozustände des Systems (Gl. 1-5) eine Berechnungsgleichung für die Entropie von Nicht-Gleichgewichtsstrahlung aufzustellen, wurde u.a. von LANDSBERG (1959, 1961, 1978) wahrgenommen. Diese Ableitung geht davon aus, daß es eine Wahrscheinlichkeit $P_i(N_1, N_2 \ldots)$ gibt, N_1 Partikel im Einzelpartikel-Quantenzustand 1, N_2 Partikel im Quantenzustand 2 usw. zu finden. Der Index i kennzeich-

4.8 Die Strahlungsentropie nach Landsberg

net das i-te von insgesamt n Verteilungsschemata des Systems. Ausgehend von Gl. 1-5 kann dann dem gesamten System eine Entropie

$$S = -k \sum_{i=1}^{n} P_i \ln P_i \qquad \text{4-24}$$

zugeordnet werden, wobei k die Boltzmann–Konstante ist.

Anstatt die Wahrscheinlichkeit P_i für ein Verteilungsschema zu benennen, kann man eine Wahrscheinlichkeit p_j dafür angeben, daß man N_j Partikel im j-ten Quantenzustand findet. Ist diese Wahrscheinlichkeit p_j *unabhängig* (Annahme!) von den Besetzungszahlen der anderen Quantenzustände, dann sind die Wahrscheinlichkeiten p_j unabhängig voneinander, und es gilt

$$P(N_1, N_2 \ldots) = p_1(N_1) p_2(N_2) \ldots ,$$

so daß sich die Entropie nach Gl. 4-24 gemäß

$$S = -k \sum_j \sum_{N_j=0} p_j(N_j) \ln p_j(N_j) \qquad \text{4-25}$$

berechnet, wobei als Normalisierungsbedingung immer

$$\sum_{N_j=0} p_j(N_j) = 1 \qquad \text{für alle j}$$

gelten muß. Die eben genannte Annahme der Unabhängigkeit der Besetzungswahrscheinlichkeiten der einzelnen Quantenzustände setzt voraus, daß das System mit einem Partikel– und einem Energiereservoir in Verbindung steht. Es wird also ein großkanonisches Ensemble dargestellt. Da Photonen der Bose–Einstein Statistik gehorchen, können beliebig viele Photonen einen Quantenzustand besetzen. Um eine mittlere Besetzungszahl berechnen zu können, bedarf es deswegen noch einer weiteren Annahme. Diese besagt, daß die Wahrscheinlichkeit dafür, daß ein zusätzliches Photon einen Quantenzustand einnimmt, *unabhängig* von der Anzahl der Photonen ist, die diesen Zustand schon innehaben. Diese Forderung läßt sich mathematisch wie folgt formulieren

$$\frac{p_j(N_j + 1)}{p_j(N_j)} := q_j = \text{konstant für alle } N_j,$$

woraus

$$p_j(N_j) \sim q_j^{N_j} \qquad 0 \leq q_j \leq 1$$

folgt. Für jeden bestimmten Quantenzustand j ist q_j eine Konstante. Es ist zu beachten, daß nur der Quotient $p_j(N_j)/p_j(N_j + 1)$ eine Konstante sein soll, die Wahrscheinlichkeit $p_j(N_j)$ selbst nicht. Diese Wahrscheinlichkeit ist bei Bosonen von der Anzahl N_j in diesem Quantenzustand abhängig, sie steigt mit N_j an. In diesem Zusammenhang wird von der „statistischen Anziehungskraft" von Bosonen gesprochen (Mayer und Mayer, 1966).

Durch die Normalisierungsbedingung $\sum p_j = 1$ ergibt sich die Proportionalitätskonstante zu $(1 - q_j)$, so daß $p_j = q_j^{N_j}(1 - q_j)$ gilt. Es wird nun eine mittlere Besetzungszahl

$$\bar{n}_j := \sum_{N_1} \sum_{N_2} \sum_{N_3} \cdots \sum_{N_k} N_j P(N_1, N_2, N_3, \ldots N_k)$$

definiert. Bezogen auf das hier betrachtete System von Bosonen lautet diese Zahl

$$\bar{n}_j = \frac{\sum_{N_j=0} p_j(N_j) N_j}{\sum p_j} = \sum_{N_j=0} N_j q_j^{N_j} (1 - q_j) = \frac{q_j}{1 - q_j} .$$

Hierbei wurde über ein Ensemble gemittelt. Mit der Größe q_j als Hilfsgröße wird die Entropie (Gl. 4-25)

$$S = -k \sum_{j=1} \sum_{N_j=0} \left\{ (1 - q_j) q_j^{N_j} \ln(1 - q_j) + (1 - q_j) q_j^{N_j} N_j \ln q_j \right\}$$

$$= -k \sum_{j=1} \left\{ \ln(1 - q_j) + \frac{q_j}{(1 - q_j)^2} (1 - q_j) \ln q_j \right\} .$$

Eingeflossen ist hier die Beziehung

$$\sum_{N_j=0} N_j q_j^{N_j} = q_j \frac{d}{dq} \left(\sum_{N_j=0} q_j^{N_j} \right) = q_j \frac{d}{dq} \left(\frac{1}{1 - q_j} \right) = \frac{q_j}{(1 - q_j)^2} .$$

Wird schließlich anstelle q_j die mittlere Besetzungszahl $\bar{n}_j$ eingeführt, so erhält man die Entropie in Abhängigkeit von der mittleren Besetzungszahl zu

$$\begin{aligned} S &= k \sum_{j=1} \left[\ln(1 + \bar{n}_j) - \bar{n}_j \ln \frac{\bar{n}_j}{1 + \bar{n}_j} \right] \\ &= k \sum_{j=1} \left[(1 + \bar{n}_j) \ln(1 + \bar{n}_j) - \bar{n}_j \ln \bar{n}_j \right] . \end{aligned} \qquad 4\text{-}26$$

Soweit die zugrundeliegenden Annahmen erfüllt sind, gilt diese Gleichung auch für Nicht–Gleichgewichtssituationen. Bemerkenswert ist, daß für diese Ableitung die Stirlingsche Fakultäten-Approximation oder die Einteilung in Gruppen von Quantenzuständen nicht benötigt wurde.

Um in Gl. 4-26 das Summenzeichen ersetzen zu können, muß eine kontinuierliche Verteilung des Photonenspektrums näherungsweise angenommen werden. Die hierzu notwendige Zustandsdichte C wurde schon in Abschnitt 3.1 eingeführt (Gl. 3-4). Es wird dann

$$S_\lambda = 8\pi V \frac{k}{\lambda^4} \left[(1 + \bar{n}_\lambda) \ln(1 + \bar{n}_\lambda) - \bar{n}_\lambda \ln \bar{n}_\lambda \right] \qquad 4\text{-}27$$

4.8 Die Strahlungsentropie nach Landsberg

in Übereinstimmung mit Gl. 3-11 bzw. Gl. 4-14 und auch des erweiterten Wienschen Verschiebungsgesetzes, wenn man diese hier benötigte mittlere Besetzungszahl als dieselbige wie die in der Energie auftretende Photonenzahl deutet, also als Energie dividiert durch Zustandsdichte und Photonenenergie.

Diese Ableitung über die statistische Entropie bringt keine zusätzliche Klarheit über den Gültigkeitsbereich der Entropie–Gleichung 4-14, da die Gültigkeit der zugrundeliegenden Annahmen über die Unabhängigkeit der Photonenzahl–Verteilung sowohl bei verschiedenen Quantenzuständen wie auch bezüglich eines Quantenzustandes nicht verifiziert werden kann. Es muß hier, wie auch in anderen Bereichen der Thermodynamik, die Gültigkeit der im Gleichgewicht abgeleiteten Beziehungen auch im Nicht–Gleichgewicht *angenommen* werden (Callen, 1985, S.310). Gäbe es eine Abhängigkeit der Spektralbereiche untereinander, so wäre die Strahlungsentropie niedriger als die unter Zugrundelegung einer Phase für jeden Spektralbereich berechnete Entropie. Eine *spektrale* Entropie-Berechnungsgleichung nach Gl. 4-14, wie sie im folgenden zugrunde gelegt wird, gäbe es dann nicht. Nur mit der oben genannten Annahme ist eine Berechnung der Entropie beliebiger Strahlungsströme möglich.

5 Die Entropie der Strahlung – Anwendung

Mit den Ausführungen des vorherigen Kapitels, Abschnitt 4.5, wurde ein Verfahren zur Berechnung der Entropie beliebiger Strahlung bereitgestellt. Diese Gleichungen gilt es mit Leben zu erfüllen und insbesondere der solarenergetischen Anwendung näher zu bringen. Die auf den Erdboden einfallende Strahlung solaren Ursprungs ist der wichtigste Repräsentant von Nicht–Gleichgewichtsstrahlung. In einem ersten Abschnitt werden die Vorgänge in der Atmosphäre erläutert und die für diesen wichtigen Spezialfall notwendigen Berechnungsgleichungen vorgestellt. Der zweite Abschnitt stellt diesbezügliche, am Realfall orientierte Ergebnisse vor.

5.1 Die Strahlungsvorgänge in der Atmosphäre

Zur Berechnung der Entropie terrestrischer Solarstrahlung als wichtigstem Anwendungsfall können die drei Haupteinflußgrößen Spektralverteilung, Raumwinkelverteilung und Polarisationsgrad nicht wie bisher willkürlich vorgegeben werden, sondern sie müssen anhand des jeweiligen Atmosphärenzustands berechnet werden. Prinzipiell sind sie auch meßbar, ein zusammenhängender Datensatz $L = L(\lambda, \Omega)$ und $P = P(\lambda, \Omega)$ wird aber nur in Ausnahmefällen zur Verfügung stehen. Die Strahlungsenergieströme und deren Spektralverteilung werden durch das Atmosphärenmodell berechnet (vgl. Abb. 5.1), die Raumwinkelverteilung durch ein separat anzugebendes Raumwinkel–Verteilungsmodell und der Polarisationsgrad durch ein Polarisationsmodell. Diese Modelle werden in den folgenden Abschnitten diskutiert. Eingangsgrößen sind jeweils der Sonnenstand in Form von Uhrzeit und Datum sowie der Atmosphärenzustand in Form von Bewölkungszustand, Ozongehalt, Wasserdampfgehalt, Aerosolgehalt usw. Es werden also anstelle der drei Haupteinflußgrößen eine Vielzahl von indirekten Größen vorgegeben. Im Prinzip würde ein realistisches (d.h. die physikalischen Vorgänge nachempfindendes) Atmosphärenmodell die beiden anderen Modelle überflüssig machen, da eine (prinzipiell mögliche) *Berechnung* der Streuvorgänge in der Atmosphäre anhand der Mieschen Theorie den Polarisationsgrad und die Raumwinkelverteilung ebenfalls bereitstellen würde. Ein solches Modell ist aber, ähnlich wie die Molekülmodelle zur Stoffdaten–Berechnung in der statistischen Thermodynamik, vom Aufwand her unrealistisch.

5.1 Die Strahlungsvorgänge in der Atmosphäre

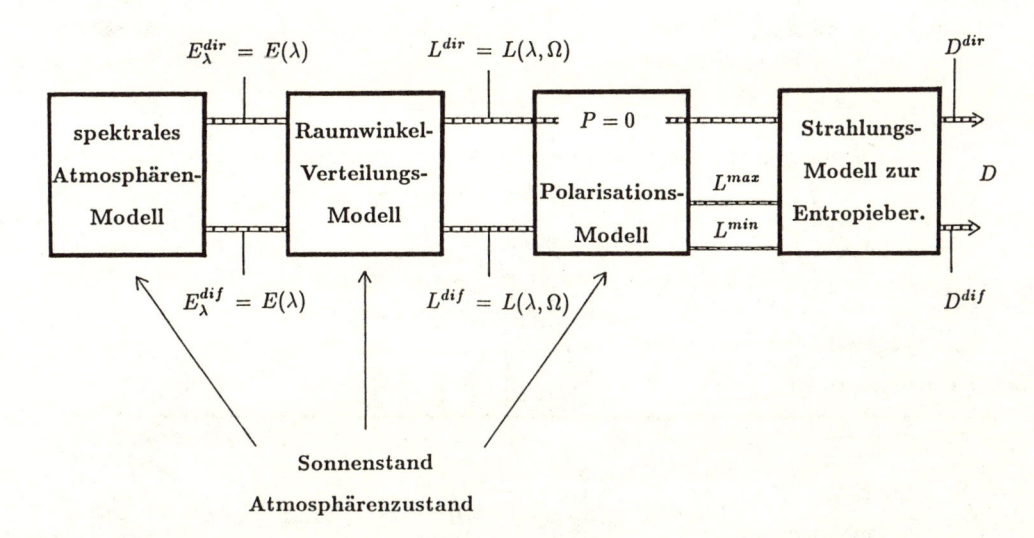

Bild 5.1 Der Ablauf zur Berechnung der Entropie terrestrischer Solarstrahlung

5.1.1 Das Atmosphärenmodell

Die Direktstrahlung

Beim Durchgang durch die Atmosphäre wird die extraterrestrische, gerichtete Solarstrahlung durch Absorption und Streuung an den atmosphärischen Bestandteilen geschwächt. Der Anteil der Solarstrahlung, welcher die Atmosphäre ohne Absorptions- oder Streuprozesse durchdringt und den Raumwinkel der extraterrestrischen Strahlung beibehält, stellt die Direktstrahlung dar. Diese Strahlung ist unpolarisiert und nahezu ideal gerichtet[1]. Bei sehr klarem Himmel kann der direkte Strahlungsenergiestrom Werte bis zu 1000 W/m² annehmen, d.h. er macht dann etwa 3/4 der extraterrestrischen Einstrahlung von $E_{SK} \simeq 1360$ W/m² aus. Bei bewölktem Himmel, wenn der Sonnenstand vom Erdboden nicht mehr zu erkennen ist, ist die Direktstrahlung null. Gemessen wird die Direktstrahlung mit Pyrheliometern, die aus einem auf die Sonne ausgerichteten Tubus und einem Empfangsteil am Tubusende bestehen, oder indirekt als Differenz zwischen der gut meßbaren Global- und Diffusstrahlung. Die Berechnung der Direktstrahlung wie auch der Diffusstrahlung wird hier mit einem einfachen Atmosphärenmodell von BIRD und RIORDAN (1986) durchgeführt, da es hier lediglich um exemplarische Werte geht. In diesem spektral auflösenden Modell wird die Atmosphäre als homogenes, einschichtiges Gasgemisch aus trockener Luft, Ozon und Wasserdampf betrachtet (vgl. Abb. 5.2), welches mit Aerosolen (Schwebeteilchen) durchsetzt ist[2].

---
[1]Dadurch, daß diese Strahlung von einer sehr weit entfernten Quelle ausgeht, divergiert sie kaum, ihre Strahlbündel verlaufen fast parallel.
[2]Ein aufwendigeres Modell, welches die Atmosphäre in unterschiedliche, konzentrische Schichten

Ausgangspunkt aller Berechnungen ist der in die Atmosphäre eintretende spektrale solare Strahlungsenergiestrom

$$E_{0,\lambda} = r_{korr} \cos\vartheta_s\, E_{SK,\lambda}\,.$$

Für das Bezugsspektrum der senkrechten solaren extraterrestrischen Einstrah-

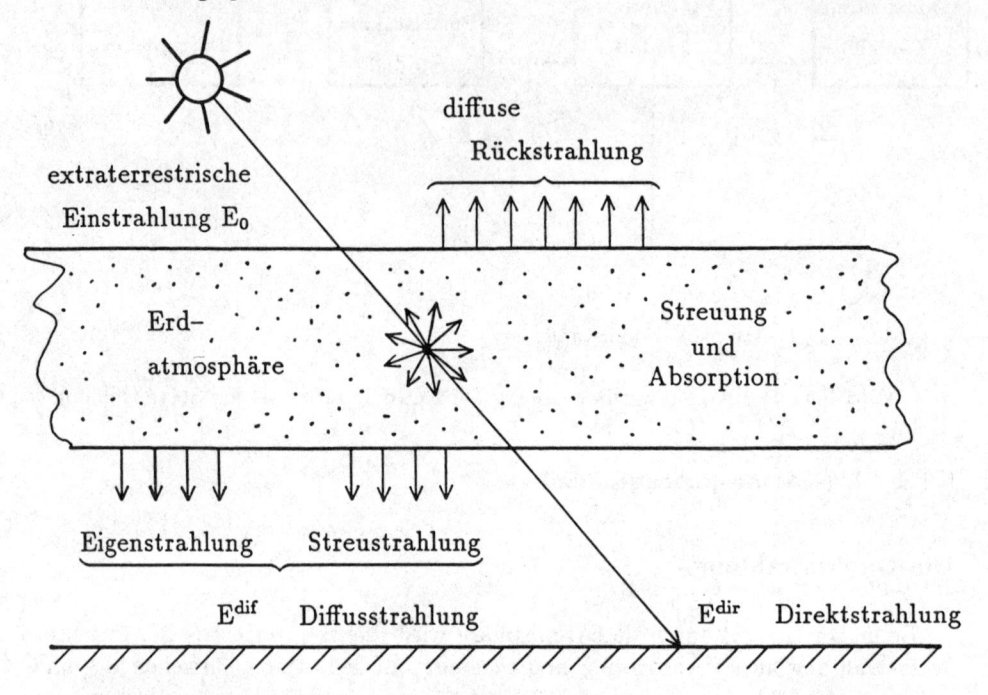

Bild 5.2 Vereinfachte Darstellung der Aufteilung der extraterrestrischen Solarstrahlung in der Atmosphäre

lung E_{SK} wird das 1981 von der WMO (World Meteorological Organisation) vorgeschlagene Standard–Spektrum (Iqbal, 1983) benutzt. r_{korr} ist eine Korrektur, die den aktuellen Abstand zwischen Sonne und Erde gegenüber dem mittleren Abstand (1 AE = 1,496·10⁸ km) berücksichtigt (siehe Gl. 5-14), ϑ_s ist der Sonnenzenit-Winkel. Die extraterrestrische Einstrahlung läßt sich in guter Näherung durch Schwarzkörper–Strahlung approximieren, wenn der Sonne eine äquivalente Schwarzkörper-Temperatur von $T_s^G = 5670$ K zugeordnet wird. Daß diese Temperatur eine fiktive Größe ist, wird durch die Tatsache deutlich, daß die reale extraterrestrische Strahldichte an einigen Stellen größer ist als die des Schwarzen Körpers mit T_s^G. Eine bessere, ebenfalls analytische Näherung für das extraterrestrische Spektrum ist bei GREEN und CHAI (1988) zu finden.

Auf dem Erdboden trifft als Direktstrahlung der abgeschwächte Strahlungsenergiestrom E_λ^{dir} ein, der sich vereinfachend durch das allgemeine Transmissionsgesetz (Bouguersche Exponentialgesetz aus dem Jahr 1729)

---

aufteilt, ist z.B. das LOWTRAN–Programmpaket (Kneizys et al., 1980).

5.1 Die Strahlungsvorgänge in der Atmosphäre

$$E_\lambda^{dir} = \tau_\lambda E_{0,\lambda} = E_{0,\lambda} \exp[-k_\lambda m] \qquad 5\text{-}1$$

mit der optischen Masse m und dem spektralen Extinktionskoeffizient k_λ berechnet[3]. Der spektrale Transmissionskoeffizient τ_λ als Verhältnis von austretendem zu eintretendem Strahlungsenergiestrom ergibt sich aus der Überlagerung sämtlicher Abschwächungsvorgänge zu

$$\tau_\lambda = \tau_{\lambda,R}\, \tau_{\lambda,A}\, \tau_{\lambda,w}\, \tau_{\lambda,o}\, \tau_{\lambda,g}\,,$$

wenn idealisierend angenommen wird, daß sich die verschiedenen Vorgänge gegenseitig nicht beeinflussen. Diese Vorgänge sind die Rayleigh-Streuung ($\tau_{\lambda,R}$), die Absorption und Streuung an Aerosolen ($\tau_{\lambda,A}$) sowie die Absorption durch Wasserdampf ($\tau_{\lambda,w}$), Ozon ($\tau_{\lambda,o}$) und durch die restlichen Gasmoleküle ($\tau_{\lambda,g}$). Die Berechnung der einzelnen Transmissionskoeffizienten erfolgt nach Gl. 5-1 über die tabellierten Extinktionskoeffizienten $k_{\lambda,i}$ und der jeweiligen optischen Masse

$$m_i = \int_0^z \varrho_i(r)\, dr\,, \qquad 5\text{-}2$$

wobei r die geometrische Weglänge und ϱ_i die Partialdichte als Funktion des Ortes ist (Iqbal, 1983). Aufgrund der Beugung der Solarstrahlung (durch die zunehmende Dichte der unteren Atmosphäre wird der Strahl zum Erdboden hin gekrümmt) ist die Weglänge r wellenlängenabhängig, daher gilt Gl. 5-2 genau genommen nur spektral. Für die optische Masse werden empirische Korrelationsgleichungen benutzt (Bird und Riordan, 1986; Iqbal, 1983).

Die Diffusstrahlung

Der Teil der Solarstrahlung, der auf dem Weg zur Erdoberfläche in der Atmosphäre ein- oder mehrfach gestreut wurde, stellt die Diffusstrahlung dar. Diffusstrahlung fällt aus der ganzen Hemisphäre ein, sie ist teilpolarisiert. Dieser gestreuten, kurzwelligen (0,2 - 3 μm) Strahlung solaren Ursprungs ist die Strahlung der Atmosphäre selber überlagert, die als langwellige (3 - 20 μm) Atmosphärenstrahlung bezeichnet wird. Die Energie dieser langwelligen Strahlung, die in grober Näherung durch Schwarzkörper-Strahlung der Temperatur $T^G = 273$ K repräsentiert wird (vgl. Abb. 5.3), liegt in derselben Größenordnung ($E^{atm} \simeq 160$ W/m^2) wie die der kurzwelligen Diffusstrahlung, sie wird dennoch in vielen Fällen entweder vernachlässigt oder der solaren Diffusstrahlung zugeschlagen (der oft benutzte Ausdruck „Himmelsstrahlung" unterstützt diese Verwirrung). In Bezug auf die Entropieberechnung muß hier differenziert werden. Die Atmosphärenstrahlung ist auf die Eigentemperatur der atmosphärischen Bestandteile zurückzuführen, die sie im wesentlichen aufgrund der Absorption der Solarstrahlung annimmt. Es gibt aber im komplizierten Atmosphärengeschehen eine ganze Reihe von weiteren Einflußgrößen auf diese Temperatur, wie z.B. Konvektion der am Erdboden erwärmten Luft oder

---

[3] Eine ausführliche Darstellung zur Transmission wird in Kap. 5.3 nachgeholt.

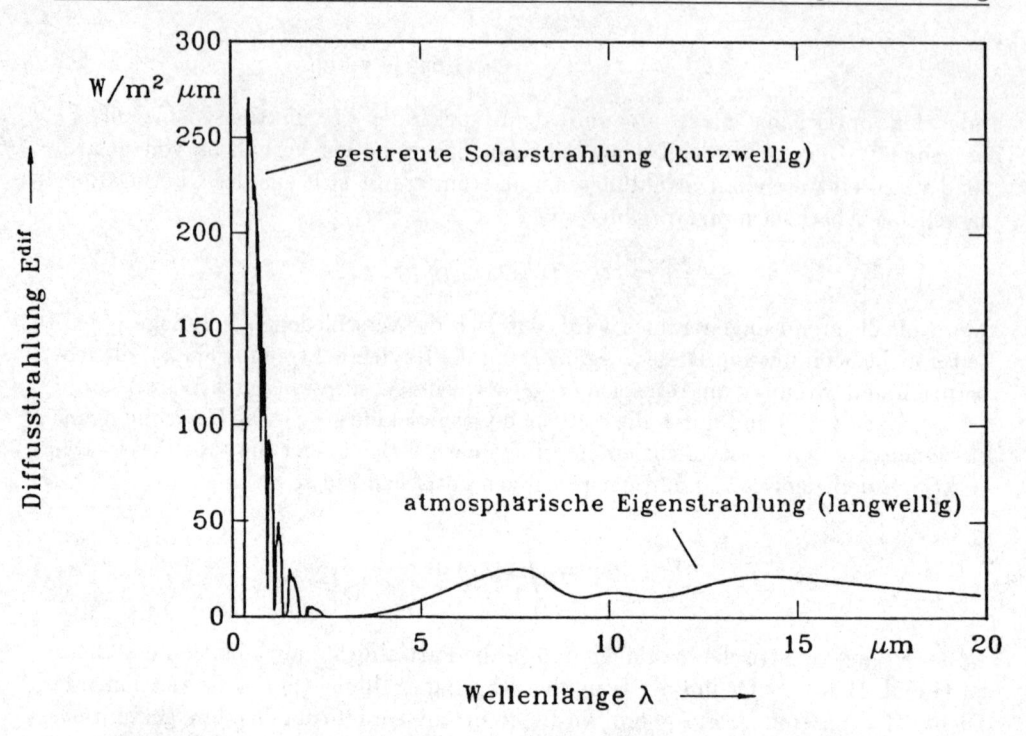

Bild 5.3 Darstellung der kurzwelligen, gestreuten Solarstrahlung und der langwelligen Atmosphärenstrahlung, die zusammen die Diffusstrahlung ergeben

die Verdampfungsenthalpieströme in den Wolken. Diese Zusammenhänge werden in den sog. globalen Strahlungsbilanzen der Erde erfaßt, von denen eine grobe, spektral nicht aufgelöste Version in Bild 5.4 dargestellt ist.

Das Spektrum der langwelligen Atmosphärenstrahlung hängt deutlich vom Zenitwinkel ϑ ab, da mit steigendem Zenitwinkel die optische Masse der Atmosphäre größer wird. Um die Entropie dieser langwelligen Strahlung präziser als mit der bisher üblichen Schwarzkörper-Approximation berechnen zu können, wurde aus den Meßdaten von MARTIN und BERDAHL, BELL et al. (1960) und SLOAN et al. (1955) mit Hilfe der Wagnerschen Strukturoptimierung (Wagner, 1974) eine Berechnungsgleichung für die Strahldichte der Atmosphärenstrahlung erstellt

$$L(\lambda, \vartheta, T_A) = L^b - C \exp\left[\frac{T_A - 270\text{K}}{60\text{K}}\right] \cdot$$

$$\left[\left\{1 + 2\left(\frac{\pi}{2} - \vartheta\right)^{0,8} \exp\left[-6\left(\frac{\pi}{2} - \vartheta\right)\right]\right\} \cos^{1/2}\vartheta \cdot 5,0 \cdot \exp\left[-\left(\frac{\lambda - 9\mu\text{m}}{0,9\mu\text{m}}\right)^2\right] + \right.$$

$$\left.\left\{1 + 30\left(\frac{\pi}{2} - \vartheta\right)^{0,1} \exp\left[-4,8\left(\frac{\pi}{2} - \vartheta\right)\right]\right\} \cos^2\vartheta \cdot 7,4 \cdot \exp\left[-\left(-\frac{\lambda - 11\mu\text{m}}{2,0\mu\text{m}}\right)^2\right]\right]$$

mit

5.1 Die Strahlungsvorgänge in der Atmosphäre

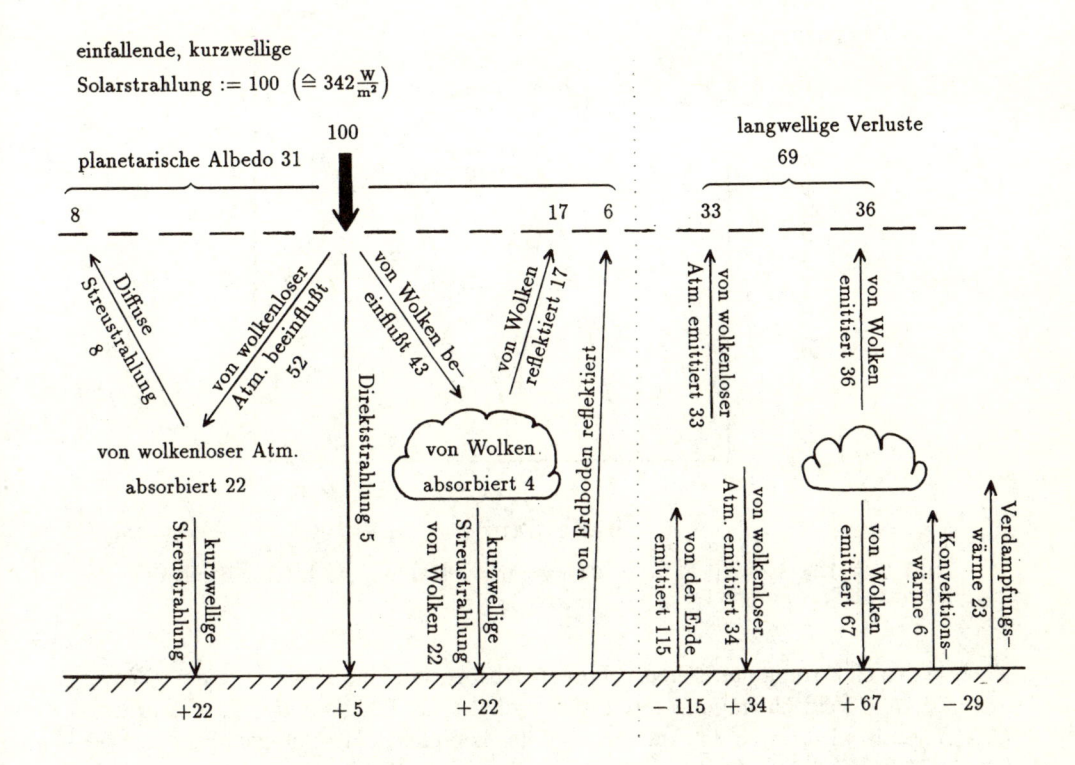

einfallende, kurzwellige
Solarstrahlung := 100 ($\hat{=}$ 342 $\frac{W}{m^2}$)

planetarische Albedo 31 — 100 — langwellige Verluste 69

8 — 17 — 6 — 33 — 36

Diffuse Streustrahlung 8
von wolkenloser Atm. beeinflußt 52
von Wolken beeinflußt 43
von Wolken reflektiert 17
von wolkenloser Atm. emittiert 33
von Wolken emittiert 36

von wolkenloser Atm. absorbiert 22
Direktstrahlung
von Wolken absorbiert 4
von Erdboden reflektiert

kurzwellige Streustrahlung
Streustrahlung von Wolken 22
kurzwellige Streustrahlung
von der Erde emittiert 115
von wolkenloser Atm. emittiert 34
von Wolken emittiert 67
Konvektionswärme 6
Verdampfungswärme 23

+22   +5   +22   −115   +34   +67   −29

Bild 5.4 Die globale Strahlungsbilanz der Erde (Liou, 1988). Es sind die gemittelten Werte einer 24-h Periode dargestellt.

$$L^b = \frac{2hc^2}{\lambda^5} \cdot \frac{1}{\exp(hc/kT_A\lambda) - 1}, \qquad \text{5-3}$$

wobei sich die Einheit der Konstanten $C = 1$ wie die der Strahldichte L^b in W/m²μm sr ergibt. Diese Gleichung ist in Abb. 5.5 für eine Atmosphärentemperatur $T_A = 273$ K über der Wellenlänge aufgetragen, als Parameter tritt der Zenitwinkel ϑ auf. Integration über Raumwinkel und Wellenlänge ergibt einen Strahlungsenergiestrom von $E_A = 160,2$ W/m² und einen Strahlungsentropiestrom der Atmosphärenstrahlung von $D_A = 0,757$ W/m²K. Würde die Atmosphäre als Schwarzer Körper der Temperatur $T^G = 273$ K approximiert, ergäben sich die Werte $E_A^G = 315$ W/m² und $D_A^G = 1,54$ W/m² K.

Absorption in der Atmosphäre

Die Absorption ist ein atomarer Prozeß, der besser quantenphysikalisch als mit klassischen Methoden beschrieben wird (McCartney, 1983). In der Maxwellschen

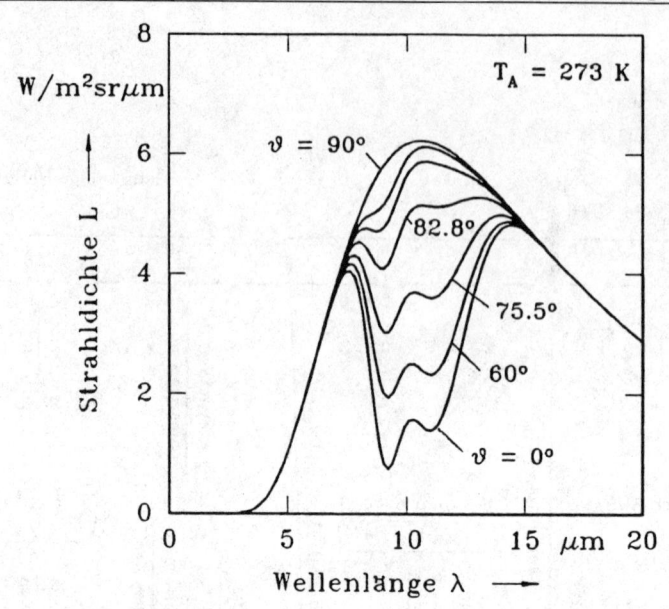

Bild 5.5 Die Strahldichte der Atmosphären-Strahlung nach Gl. 5-3 mit dem Zenitwinkel ϑ als Parameter

Theorie des elektromagnetischen Feldes ist Absorption eine Dämpfung der elektromagnetischen Feldschwingung durch die endliche Leitfähigkeit des durchstrahlten Materials, sie wird durch den Imaginärteil des komplexen Brechungsindex beschrieben (vgl. Anhang A2). In der quantenphysikalischen Beschreibung ist die Absorption eine Wechselwirkung eines Photons mit einem Molekül (im hier betrachteten Wellenlängenbereich zumeist mit den Elektronen eines Atoms), infolgedessen das Molekül einen energetisch angeregten Zustand einnimmt. Da ein Molekül nur definierte, gequantelte Energiezustände einnehmen kann, findet ein solcher Absorptionsprozeß nur bei bestimmten, materiespezifischen Wellenlängen statt. Durch die Vielzahl möglicher Quantenzustände verwischen diese Spektrallinien aber i.a. zu Absorptionsbändern, vergl. Abb. 5.6. In diesem Diagramm wird die Direktstrahlung, wie sie sich bei einer reinen Molekül-Atmosphäre ohne Aerosole ergeben würde, dem extraterrestrischen Spektrum gegenübergestellt. Dadurch können die Absorptionsvorgänge und die Streuvorgänge an Molekülen (Rayleigh-Streuung) identifiziert werden.

Die wichtigsten molekularen Absorber im Spektralbereich der Solarstrahlung sind Wasserdampf, Ozon, Kohlendioxid und Sauerstoff. In geringerem Umfang tragen NO_2, CO, CH_4 und N_2 zur Absorption bei, andere Gase nur in vernachlässigbarer Weise. Die Aerosole werden gesondert betrachtet. Da nun gerade die Hauptabsorber H_2O und O_3 in ihrer Menge stark variieren, wird deren Gehalt in der Atmosphäre als Eingabeparameter des Atmosphärenmodells separat vorgegeben, die restliche Atmosphärenzusammensetzung wird konstant gehalten. Die Angabe des Wasserdampfgehalts erfolgt über die Länge einer Flüssigkeitssäule. Unter der Annahme, der gesamte Wasserdampf, welcher in einer gedachten senkrecht die At-

5.1 Die Strahlungsvorgänge in der Atmosphäre

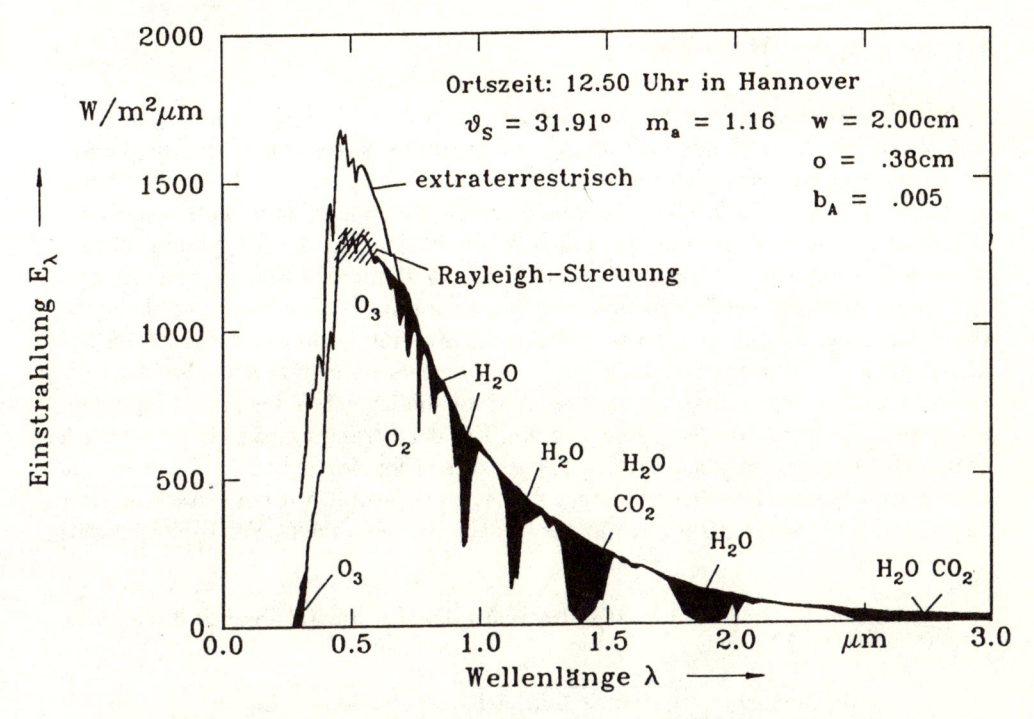

Bild 5.6 Das Spektrum der Direktstrahlung bei einer Atmosphäre ohne Aerosole. Schwarz gekennzeichnet sind die verschiedenen Absorptionsbänder.

mosphäre durchstechenden Säule enthalten ist, sei zu Wasser im Normzustand kondensiert, ist der Wasserdampfgehalt w die Höhe dieser Säule in cm (perciptable water). Die Werte liegen zwischen 0,1 cm in extrem trockenen Gebieten und ca. 5 cm in tropischen Gebieten. Die Lage der Absorptionsbänder des Wasserdampfes sind der Abbildung 5.6 zu entnehmen. Nur zwischen $w = 0,1 - 2$ cm ist der Einfluß des Wasserdampfgehalts auf das terrestrische Solarspektrum groß, danach ist er aufgrund der Sättigungserscheinung gering, d.h. das Spektrum verändert sich bei Erhöhung von w kaum noch.

Die Absorption von Ozon findet in den höheren Atmosphärenschichten zwischen 20 und 40 km statt, sie beschränkt sich auf den kurzwelligen Bereich $< 1\mu m$ (vgl. Abbildung 5.6). Der Atmosphärengehalt o an Ozon wird, ähnlich wie der des Wasserdampfes, in cm einer gasförmigen Ozonsäule angegeben, die sich bei Sammlung jeglichen Ozons in einer vertikalen Luftsäule bei Standardtemperatur und Druck ergeben würde. Sie schwankt zwischen 0,2 und 0,5 cm. Das Ozon schirmt die ultraviolette Strahlung unterhalb 0,29 μm vollständig ab, ein weiteres Absorptionsband (nur auf diesen Bereich hat eine Variation des Ozongehalts Einfluß) liegt zwischen 0,45 und 0,77 μm. Die restlichen molekularen Absorptionsvorgänge werden durch ein Gasgemisch der trockenen Luft berücksichtigt, dessen Zusammensetzung in der Atmosphäre als konstant angesehen wird.

Streuung in der Atmosphäre

In den mittleren geographischen Breiten werden rd. 50 % der jährlich auf eine horizontale Fläche treffenden Strahlungsenergie diffus eingestrahlt. Streuphänomene werden (im Gegensatz zur Absorption und Emission) vorteilhaft mit der Maxwellschen Theorie beschrieben. Hiernach treten sie immer dann auf, wenn eine elektromagnetische Welle auf ein Teilchen mit einem von der Umgebung abweichenden Brechungsindex trifft, dieses der Welle kontinuierlich Energie entzieht und diese in unterschiedliche Raumwinkel wieder abstrahlt. Bei der Streuung bleibt die Wellenlänge der Strahlung erhalten (elastische Streuung), nur bei den seltenen Erscheinungen der Raman–Streuung (wo neben dem Streulicht gleicher Wellenlänge auch Streustrahlung geringfügig anderer, materieabhängiger Wellenlänge abgegeben wird) und der Compton–Streuung (wo ein Teil der Strahlungsenergie an schwach gebundene Elektronen abgegeben wird) ist dies nicht der Fall. Die Teilchen, die für die atmosphärischen Streuvorgänge verantwortlich sind, variieren stark in ihrer Größe und ihrer Konzentration, wie aus Tabelle 5.1 hervorgeht. Von Teilchengröße

Tabelle 5.1 Größe und mittlere Konzentration der atmosphärischen Bestandteile (McCartney, 1976)

Teilchenart	Radius (μm)	Konzentration (Zahl/cm^3)
Moleküle	10^{-4}	10^{19}
Dunstpartikel	$\sim 10^{-2}$	$10^2 - 10^4$
Große Aerosole	~ 1	$10 - 10^3$
Nebeltröpfchen	$1 - 10$	$10 - 10^2$

und Wellenlänge abhängig ist die Art des Streuprozesses. Bei Teilchen, deren Durchmesser weniger als 1/10 der Wellenlänge beträgt, wird die auftreffende Strahlung gleichmäßig in Vorwärts- und Rückwärtsrichtung gestreut. Dies sind in der Atmosphäre vornehmlich Luftmoleküle. Diese Art der Streuung wird nach dem Physiker LORD RAYLEIGH benannt, der sie 1871 qualitativ und 1894 quantitativ als erster beschrieben hat. Mit wachsendem Verhältnis von Radius R des Streupartikels zu Wellenlänge, $\alpha = 2\pi R/\lambda$, wird ein größer werdender Anteil der Strahlung in Vorwärtsrichtung gestreut. Diese Mie- oder Partikelstreuung wurde durch die allgemeinere Theorie von MIE (1908) beschrieben, welche die Rayleigh–Streuung als Sonderfall enthält. Wenn der Durchmesser die Wellenlänge übersteigt, ist die Streuung in Vorwärtsrichtung stark konzentriert, und es treten kleinere Intensitätsmaxima und -minima bei anderen Abstrahlungswinkeln auf. In Abb. 5.7 sind die verschiedenen Streumuster zusammengestellt. Die ungleichmäßige Verteilung der Diffusstrahlung, die Polarisation, das Blau der klaren Atmosphäre und die rötliche Färbung des Abendhimmels sind durch die unterschiedlichen Streuprozesse zu erklären. Auch auf die Berechnung der Entropie terrestrischer Solarstrahlung haben diese Vorgänge einen maßgeblichen Einfluß, so daß im folgenden ein physikalisches

5.1 Die Strahlungsvorgänge in der Atmosphäre

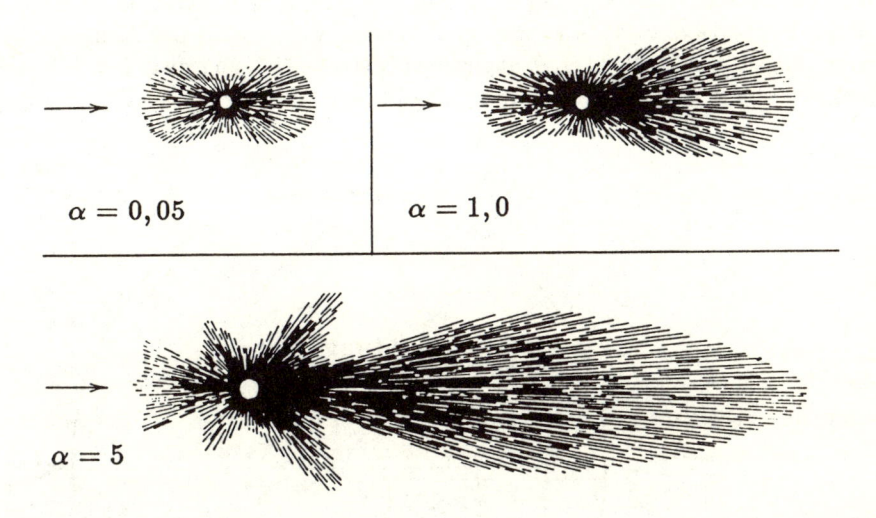

Bild 5.7 Streumuster bei unterschiedlichen Verhältnissen von Partikelgröße (Radius R) zu Wellenlänge, $\alpha = 2\pi R/\lambda$

Modell zur Rayleigh- und Miestreuung erläutert wird. Dadurch wird eine quantitative Beschreibung der Streustrahlung in Abhängigkeit von Wellenlänge und Raumwinkel möglich.

Der Mechanismus der Rayleighstreuung kann nach MCCARTNEY (1976) gut an einem Modell veranschaulicht werden, in dem das streuende Molekül als mechanischer Oszillator aufgefaßt wird. Eine gedämpft bewegliche, positiv geladene Masse im Zentrum ist dabei von einer konzentrisch verteilten negativen Ladung q_{el} (Elektron) umschlossen. Wenn eine elektromagnetische Welle auf dieses Molekül trifft, werden die Ladungen gegeneinander verschoben und schwingen in Richtung des elektrischen Feldvektors $\vec{E}_{0,el}$ der ankommenden, polarisierten Welle (Die Resonanzfrequenz von Luftmolekülen, bei denen vereinfachend nur ein Elektron als aktiv angenommen wird, liegt im Bereich der ultravioletten Strahlung). Der nun aufgrund der einfallenden Primärwelle oszillierende Dipol erzeugt nach der Hertzschen Theorie seinerseits eine Sekundärwelle mit der Wellenlänge und Schwingungsrichtung (Polarisationsebene) der Primärwelle. Die winkelabhängige spektrale Intensität[4] der Sekundärwelle ist dabei (van de Hulst, 1981)

$$I_\lambda(\psi) = \frac{\pi^2 c \sin^2 \psi}{2\epsilon_0 \lambda^4} \left(\frac{q_{el}^2}{M(\omega_o^2 - \omega^2)} \right)^2 \vec{E}_{0,el}^2 \qquad 5\text{-}4$$

---

[4] Da hier die klassische Maxwellsche Theorie zugrunde liegt, wird hier der Begriff der Intensität benutzt, welcher sich durch die Erweiterung auf quasi-monochromatische, divergierende Strahlenbündel in die Strahldichte L überführen läßt, vgl. Kapitel 4.4.

mit der Dielektrizitätskonstante ϵ_0 und der Elektronenmasse M. Entscheidend ist die Proportionalität $I_\lambda \sim \sin^2 \psi / \lambda^4$. Durch $\sin^2 \psi$ wird die Abhängigkeit der Streuintensität vom Winkel ψ angegeben, der die Neigung zwischen der Schwingungsachse und der Abstrahlrichtung angibt, vgl. Abb. 5.8. Das Abstrahlungsprofil

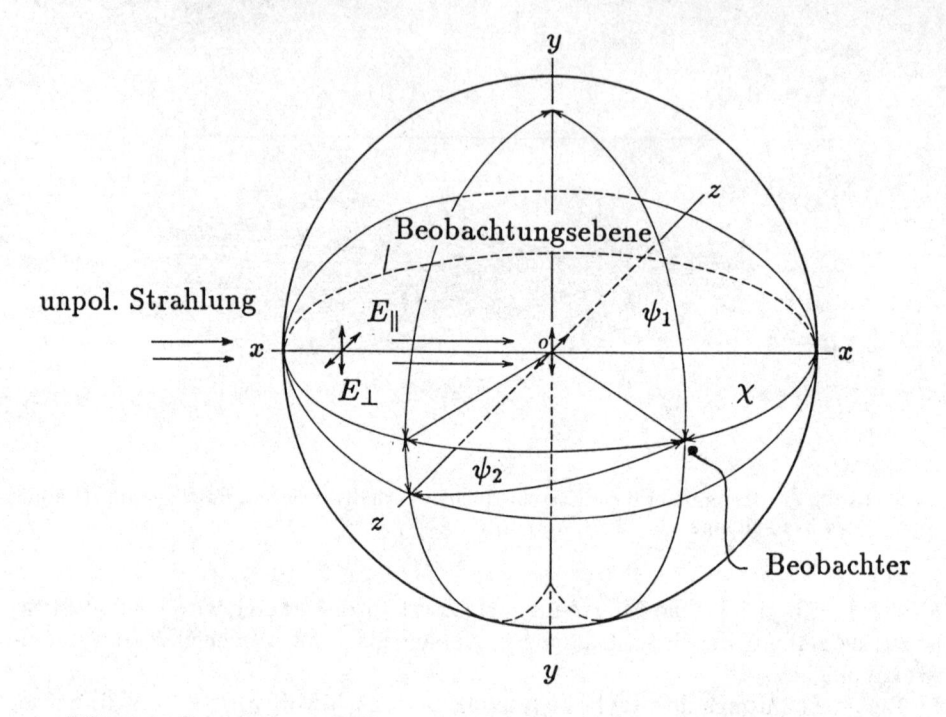

Bild 5.8 Geometrie zur Erläuterung der Polarisationsebenen bei der Streuung von unpolarisierter Strahlung

ist um die Schwingungsachse rotationssymmetrisch. Die Proportionalität der gestreuten Intensität zu $1/\lambda^4$ gibt an, daß Strahlung um so stärker gestreut wird, je kürzer ihre Wellenlänge ist. Durch die Lorenz–Lorentz Beziehung zwischen den Dipolfaktoren q_{el}, M, ω und dem Brechungsindex eines Gases m

$$\frac{q_{el}^2}{M(\omega_0^2 - \omega^2)} = \left(\frac{m^2 - 1}{m^2 + 1}\right) \frac{3\epsilon_0}{\varrho}$$

kann Gl. 5-4 umgeschrieben werden zu

$$I_\lambda(\psi) = \varrho \frac{\pi^2 (m^2 - 1)^2}{N^2 \lambda^4} \sin^2 \psi \, E_\lambda = \beta_\lambda(\psi) \, E_\lambda. \qquad 5\text{-}5$$

Diese Gleichung gilt für ein Volumen mit N Teilchen, die unabhängig voneinander (nicht kohärent) streuen. $\beta_\lambda(\psi)$ ist der spektrale Winkelstreukoeffizient mit der Einheit 1/m sr. Der über den Raumwinkel Ω integrierte *Streukoeffizient* β_λ gibt den Anteil der einfallenden Strahlung an, der auf der Weglänge dr durch ein Gasvolumen mit der Dichte ϱ in *alle* Richtungen gestreut wird

5.1 Die Strahlungsvorgänge in der Atmosphäre

$$\frac{dE_\lambda}{dr} = \beta_\lambda\, E_\lambda \qquad \text{mit} \qquad \beta_\lambda = \int_0^{4\pi} \beta_\lambda(\psi)\, d\Omega = \frac{8\pi^3\,(m^2-1)^2}{3\,\lambda^4\,\varrho}. \qquad \text{5-6}$$

Die Integration der Gl. 5-6 über die Weglänge r wiederum ergibt eine Formulierung der Rayleigh–Streuung analog zum allgemeinen Transmissionsgesetz (Gl. 5-1). Für saubere, trockene Luft im Normzustand (reine Molekül–Atmosphäre) liegen die von der Wellenlänge und dem Brechungsindex abhängigen Werte des Streukoeffizienten wie in Tabelle 5.2 angegeben (Penndorff, 1957). Die λ^{-4} Abhängigkeit des Streuko-

Tabelle 5.2 Streukoeffizienten für eine reine, trockene Molekül-Atmosphäre

$\lambda(\mu m)$	$\beta_{Rayleigh}$ (1/km)	$(m^2\text{-}1)^2$
0,3	0,145	$3{,}4012 \cdot 10^{-7}$
0,5	0,0172	$3{,}1137 \cdot 10^{-7}$
0,7	0,00437	$3{,}0432 \cdot 10^{-7}$

effizienten, die hier wieder deutlich wird, führt dazu, daß die Atmosphäre für kurzwellige ($< 0{,}25\mu m$) Direktstrahlung undurchdringlich ist. In dem Atmosphärenmodell wird der Streukoeffizient mit der äquivalenten Atmosphärenhöhe[5] multipliziert, um den spektralen Extinktionskoeffizient $k_\lambda = \beta_\lambda\, z_0$ zu erhalten. Praktisch wird der spektrale Extinktionskoeffizient $k_{\lambda,R}$ für alleinige Rayleigh–Streuung durch eine empirische Gleichung von LECKNER (Iqbal, 1983)

$$k_{\lambda,R} = 0{,}008735 \cdot \lambda^{-4{,}08} \qquad \text{5-7}$$

berechnet. Daß der Exponent der Wellenlänge für die Rayleigh–Streuung in der Praxis 4,08 anstelle des theoretisch abgeleiteten Wertes 4 lautet, liegt in den vereinfachenden Annahmen der Modelltheorie begründet. Dort wird ein ideales, kugelförmiges Molekül zugrunde gelegt. Zudem wurde die zusätzliche Streuung an der vom Erdboden reflektierten Strahlung ebensowenig berücksichtigt wie die Mehrfachstreuung, also der wiederholten Streuung von bereits gestreuter Strahlung.

In der bisherigen Darstellung des Rayleigh–Streuvorgangs wurde davon ausgegangen, daß die einfallende Strahlung vollständig polarisiert ist, ebenso wie die resultierende Streustrahlung. Auch unpolarisierte Strahlung wie die extraterrestrische Solarstrahlung wird durch die Streuprozesse im Gas teilweise polarisiert. Unpolarisierte Strahlung läßt sich, wie in Kapitel 4.4 erläutert, als Summe von zwei orthogonalen, vollständig polarisierten Wellen darstellen. Da bei unpolarisierter Einstrahlung die Polarisationsrichtung um den Ausbreitungsvektor beliebig ist, wird die Richtung eines Feldvektors parallel und die des anderen senkrecht zu der Beobachtungsebene gewählt, die durch den einfallenden Strahl und die Verbindungslinie von Streuort zum Beobachter aufgespannt wird (vgl. Abb. 5.8).

---
[5]Wird alle gasförmige Materie der Atmosphäre im Normzustand $T_N = 288$ K, $p_N = 1{,}01325$ bar gleichmäßig verteilt, ergäbe sich eine Schichtdicke (effektive Atmosphärenhöhe) von $z_0 = 8{,}4$ km.

Mit der zweimaligen Anwendung der Gl. 5-5 ergibt sich für die gestreute Intensität

$$I_\lambda\left(\psi_1,\psi_2\right) = \beta_\lambda\left(\psi_1,\psi_2\right) E_\lambda = \frac{1}{2}E_\lambda \frac{\pi^2\left(m^2-1\right)^2}{\varrho\,\lambda^4}\left(\sin^2\psi_1+\sin^2\psi_2\right).$$

Bei Verwendung der sphärisch geometrischen Beziehung zwischen den beiden Winkeln ψ_1 und ψ_2 zu den orthogonalen Schwingungsachsen und dem Beobachtungswinkel χ

$$\sin^2\psi_1 + \sin^2\psi_2 = 1 + \cos^2\chi$$

folgt

$$I_\lambda\left(\psi_1,\psi_2\right) = \frac{1}{2}E_\lambda \frac{\pi^2\left(m^2-1\right)^2}{\varrho\,\lambda^4}\left(1+\cos^2\chi\right). \qquad 5\text{-}8$$

Die gestreute Intensität besteht ebenfalls aus zwei polarisierten Komponenten $I_\perp$ senkrecht und $I_\|$ parallel zur Beobachtungsebene. Bei der in Abb. 5.8 dargestellten Winkelfestlegung ist $I_\perp$ unabhängig vom Beobachtungswinkel χ und $I_\|$ ist proportional zu $\cos^2\chi$. Diese Resultate sind im nachfolgenden Abschnitt der Ansatzpunkt für das Polarisationsmodell.

Im Gegensatz zum einfachen Dipol, welcher der Rayleighschen Streutheorie als Modell zugrundeliegt, muß zur Beschreibung der Mie–Streuung das aus vielen Molekülen bestehende Partikel als Multipol angesehen werden. Die von der auftreffenden Primärwelle angeregten Oszillatoren senden eine Vielzahl von Partialwellen aus. Da der Teilchendurchmesser hier im Bereich der Wellenlänge liegt, ändert sich, im Gegensatz zur Molekülstreuung, die Phasenlage der Primärwelle auf dem Weg durch das Partikel merklich, so daß die Partialwellen Phasenunterschiede aufweisen. Die dadurch bedingten Interferenzen der Partialwellen untereinander sind die Ursache des mit steigender Partikelgröße zunehmend komplizierteren Streumusters (vgl. Abb. 5.7).

Die einzelnen Partialwellen werden gemäß der Mieschen Theorie (Mie, 1908) als Glieder einer unendlichen Reihe beschrieben, die sich als Lösung der für dieses Streuproblem formulierten Maxwellschen Gleichungen ergibt. Für unpolarisierte Einstrahlung wird die Intensität der Mie–Streuung durch

$$I_\lambda(\chi) = E_\lambda \frac{\lambda^2}{4\pi^2}\left(\frac{i_\perp + i_\|}{2}\right)$$

$$i_\perp(\alpha,m,\chi) = \left[\sum_{n=1}^{\infty}\frac{2n+1}{n(n+1)}\left(a_n\pi_n + b_n\tau_n\right)\right]^2 \qquad 5\text{-}9$$

$$i_\|(\alpha,m,\chi) = \left[\sum_{n=1}^{\infty}\frac{2n+1}{n(n+1)}\left(a_n\tau_n + b_n\pi_n\right)\right]^2$$

5.1 Die Strahlungsvorgänge in der Atmosphäre

in Abhängigkeit vom Verhältnis $\alpha = 2\pi R/\lambda$, dem Brechungsindex m und dem Beobachtungswinkel χ beschrieben. Die Funktionen a_n und b_n sind mit den Ricatti–Bessel Funktionen verwandt und z.B. bei van de Hulst (1981) erläutert. Diese Funktionen sind unabhängig vom Winkel χ, während die Funktionen π_n und τ_n nur von dieser Größe abhängen. Sie beinhalten die erste und zweite Ableitung der Legrende–Polynome der Ordnung n. Qualitativ ist Gl. 5-9 für vier verschiedene Werte α in Abb. 5.9 dargestellt (Mie, 1908). Für $\alpha \ll 1$ kann die Reihenentwicklung nach dem ersten Glied abgebrochen werden, man erhält die Rayleigh–Streuung als Grenzfall der Mieschen Theorie. Für $\alpha \to \infty$ ergeben sich die Gesetze der geometrischen Optik (Born und Wolf, 1987).

In der Praxis der Atmosphärenmodellierung nimmt die Streuung an Aerosolen eine zentrale Rolle ein. Dies geht aus Abbildung 5.10 hervor, wo die Diffusstrahlung bei unterschiedlicher Aerosolbeladung[6] b_A und sonst gleichen Bedingungen aufgetragen ist. Diese Schwebeteilchen können fest oder flüssig sein und aus unterschiedlichsten Materialien mit ebensolchen Eigenschaften bestehen. Es wird neben der Größe eine Aufteilung in nicht–hygroskopische Partikel wie Staub oder Quarz und in hygroskopische Partikel wie z.B. Salze unterschieden. Die Größe der letztgenannten hängt von der relativen Feuchtigkeit und von der Koagulationsrate ab. Allerdings können bei entsprechenden Verfügbarkeit von Wasserdampf auch die nicht–hygroskopischen Teilchen von einem Flüssigkeitsfilm überzogen sein (Keimbildung), welcher die optischen Eigenschaften erheblich beeinflußt.

Die Staubpartikel in der Atmosphäre sind zum einen interplanetarischen Ursprungs (die von der Erde „eingefangene" Menge interplanetarischen Staubes wird von Petterson (1960) auf 10^7 t im Jahr geschätzt) sowie vulkanischen Ursprungs. Ein großer Vulkanausbruch beeinflußt die Atmosphäre global über einen Zeitraum von ca. 7 Jahren (nach dem Ausbruch des Vulkans Agung auf Bali hat sich die mittlere Einstrahlung am Südpol für mehrere Jahre um rd. 5% verringert, McCartney, 1976). Schließlich tragen Oberflächenwinde und Industrieanlagen zur nicht–hygroskopischen Aerosolbeladung bei.

Hygroskopische Partikel sind im wesentlichen organische Verbindungen und Salze. Organische Aromate (Terpene), die aus biologischen Fäulungsprozessen entstehen, sowie Verbindungen, die durch fossile Verbrennung in Industrie oder auch Wald– und Steppenbränden entstehen, sind die Quellen organischer Aerosole. Diese reagieren zum Teil mit Ozon und Sonnenlicht zu komplexen Teer– und Harzverbindungen. Schließlich sind die Salzpartikel maritimen Ursprungs zu erwähnen (Cadle, 1966), die kristallin oder in wässriger Lösung vorliegen und somit wiederum eine enorme Bandbreite optischer Eigenschaften aufweisen.

Den genannten Partikelquellen stehen natürlich auch Partikelsenken gegenüber. Diese sind Koagulation (besonders von kleinen Partikeln), Sedimentation und schließlich das Auswaschen durch Regen und Schnee. Es gibt allerdings Hinweise auf eine generelle Zunahme des Aerosolgehalts in der Atmosphäre in den letzten Jahrzehnten. So wurde vom Observatorium in Davos (auf einer Höhe von 1600 m) ein Anstieg der mittleren Aerosolkonzentration um 88 % zwischen 1920 und 1960 gemessen.

Die vorstehende, kurze Darlegung der Streu–Theorie ermöglicht die Berechnung der bei der Streuung der Strahlung entstehenden Entropie, was das Atmosphärenmodell allein nicht zu leisten vermag. Dazu wird ein einfaches Modell betrachtet. Auf ein homogenes (kugelförmiges) Volumen, welches mit Luft im Normzustand gefüllt ist, fällt gerichtete Schwarzkörper–Strahlung, charakterisiert durch die Temperatur T_s und der Geometriegröße B_s. Für die (einfach zu integrierende) Kugel

---

[6]Die Aerosolbeladung wird durch den Ångströmschen Trübungsfaktor $0,01 < b_A < 0,5$ beschrieben (Iqbal, 1983).

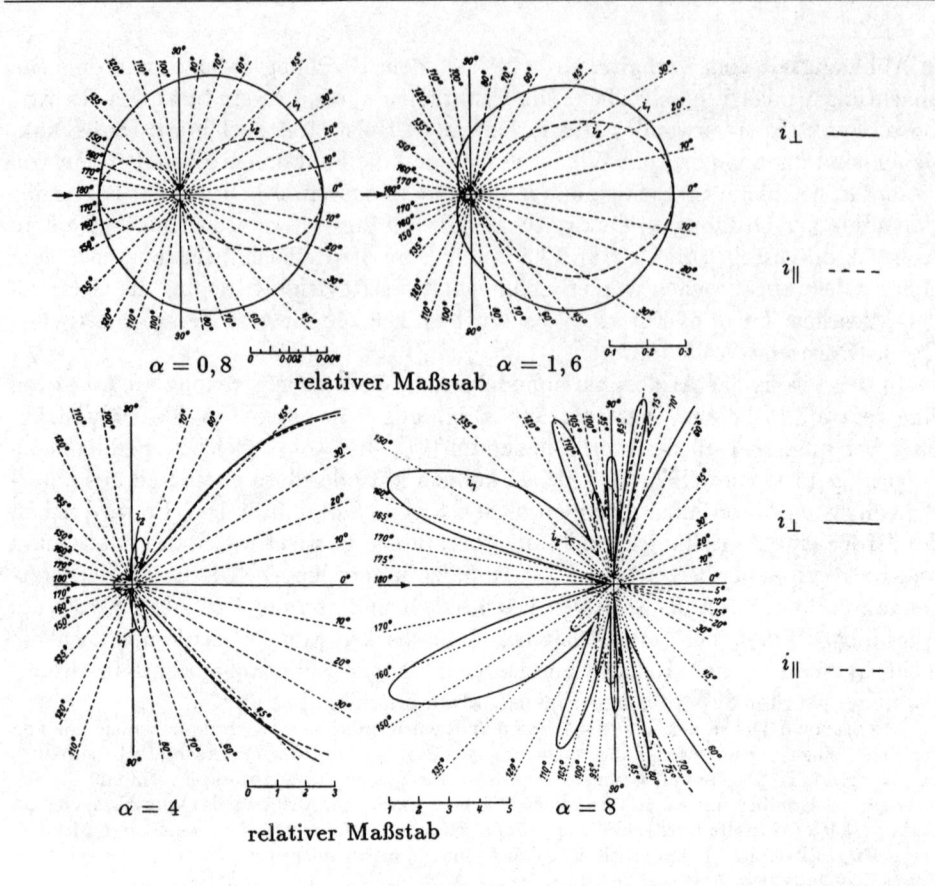

Bild 5.9 Darstellung der Intensitäten $i_\perp$ und $i_\parallel$ nach Gl. 5-9 bei der Mie–Streuung für unterschiedliche Werte $\alpha = 2\pi R/\lambda$

werden die ein- und austretenden Strahlungsenergie- und entropieströme bilanziert. Eine Bilanz der Energieströme $\Phi = E \cdot A$ ergibt

$$\Phi_{ein} = \Phi_{aus} + \Phi_{streu},$$

wobei für den einfallenden Energiestrom vereinfachend

$$\Phi_{ein} = A \frac{B_s}{\pi} \sigma T_s^4 \quad \text{und} \quad \Phi_{streu} = \int_\Omega \int_\lambda I_\lambda(\chi, \lambda) \, d\lambda \, d\Omega$$

für die gestreute Strahlung angesetzt wird. Die winkelabhängige Streuintensität $I_\lambda(\chi, \lambda)$ berechnet sich nach Gl. 5-5 und Gl. 5-8 zu

$$I_\lambda(\chi, \lambda) = \beta(\chi, \lambda) \, V_{Kugel} \, E_{\lambda,ein}$$

mit

5.1 Die Strahlungsvorgänge in der Atmosphäre

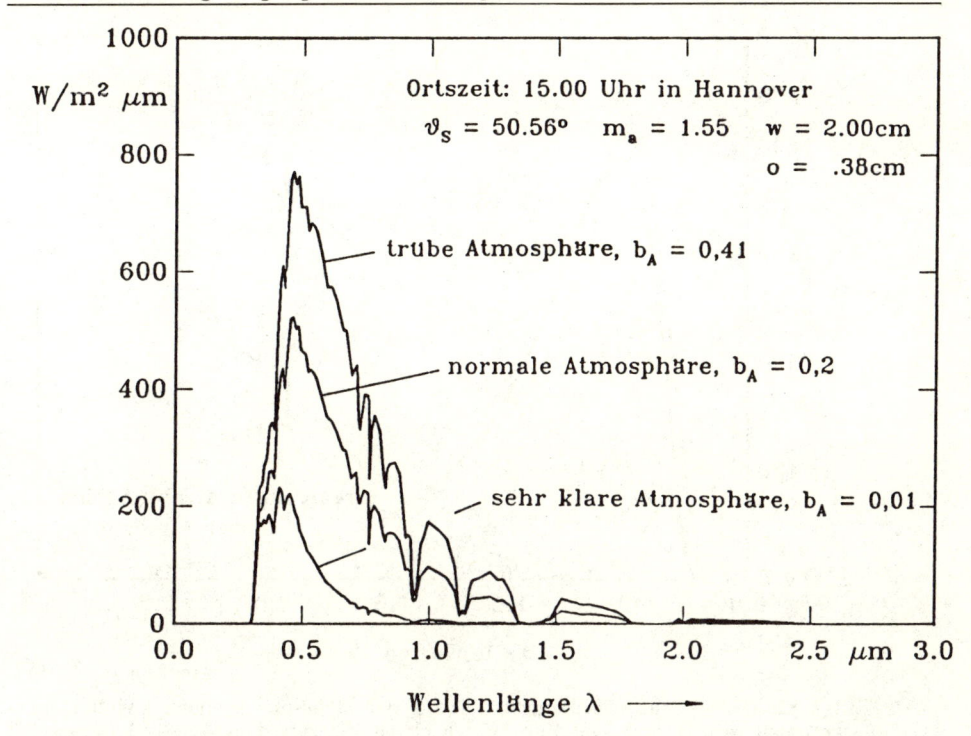

Bild 5.10 Drei Spektren der kurzwelligen Diffusstrahlung bei unterschiedlichen Werten der Aerosolbeladung, angegeben durch den Ångströmschen Trübungsfaktor b_A

$$\beta(\chi) = \frac{\pi^2 \left(m^2 - 1\right)^2}{2N\lambda^4} \left(1 + \cos^2 \chi\right).$$

Die Ergebnisse sind für einen Kugelradius von 5 km in Abbildung 5.11 dargestellt. In diesem Diagramm ist zusätzlich die mit dem Atmosphärenmodell berechnete Diffusstrahlung einer aerosolfreien Atmosphäre, multipliziert mit dem Faktor zwei, aufgetragen. Der Faktor zwei korrigiert die in dieser groben Abschätzung enthaltene Diffusstrahlung, die in den Weltraum zurückgestrahlt wird. Trotz des mächtigen Kugeldurchmessers von 10 km wird nur ein Bruchteil der einfallenden Strahlung gestreut, der überwiegende Teil des Schwarzkörper-Spektrums kann diese Modellatmosphäre ungehindert durchdringen. Die reale kurzwellige Diffusstrahlung (Abb. 5.11) wird durch die Ozon-Absorption bei $\lambda < 0,3 \mu m$ unterbunden.

Die zugehörige Entropiebilanz lautet mit dem Strahlungsentropiestrom $\Psi = D \cdot A$

$$\Psi_{aus} + \Psi_{streu} = \Psi_{ein} + A \cdot \dot{S}_{irr}.$$

Die spektralen Strahlungsentropieströme werden durch Gl. 4-17 berechnet, der Polarisationsgrad der gestreuten Strahlung gemäß Gl. 5-10 (S. 107). Die Ergebnisse sind in Abbildung 5.12 aufgetragen. Zu beachten ist auch hier die Verschiebung des Maximums der Streukurve zu niedrigeren Wellenlängen hin, was auch bei der Diffusstrahlung (Abbildung 5.11) zu erkennen ist und durch die bevorzugte Streuung

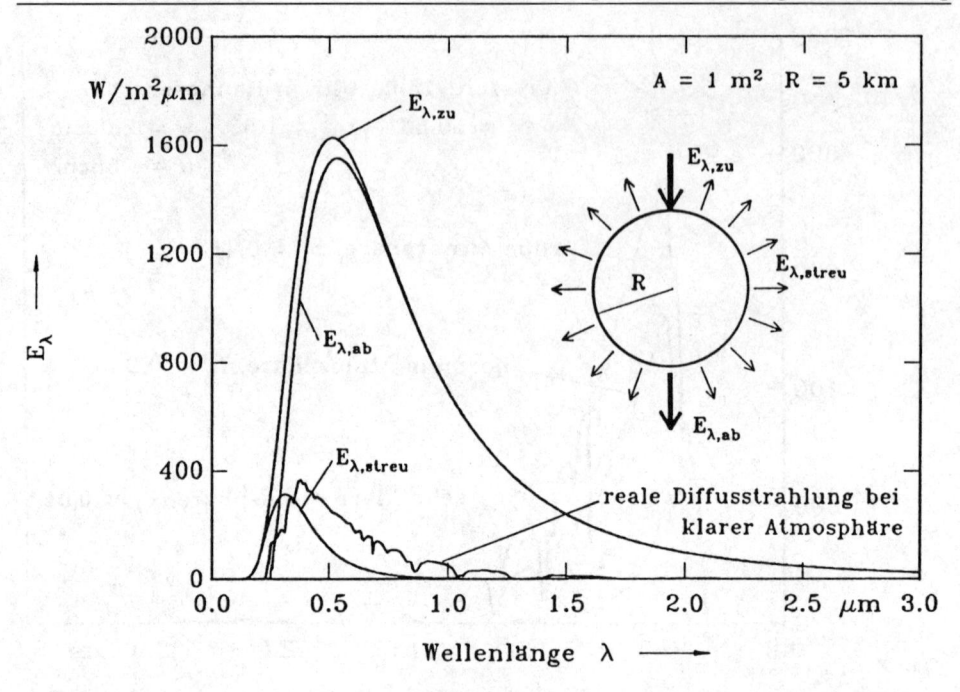

Bild 5.11 Die Strahlungsenergieströme bei der Streuung in einem kugelförmigen Gasvolumen mit $R = 5$ km. Zum Vergleich ist die mit dem Atmosphärenmodell berechnete Diffusstrahlung eingezeichnet.

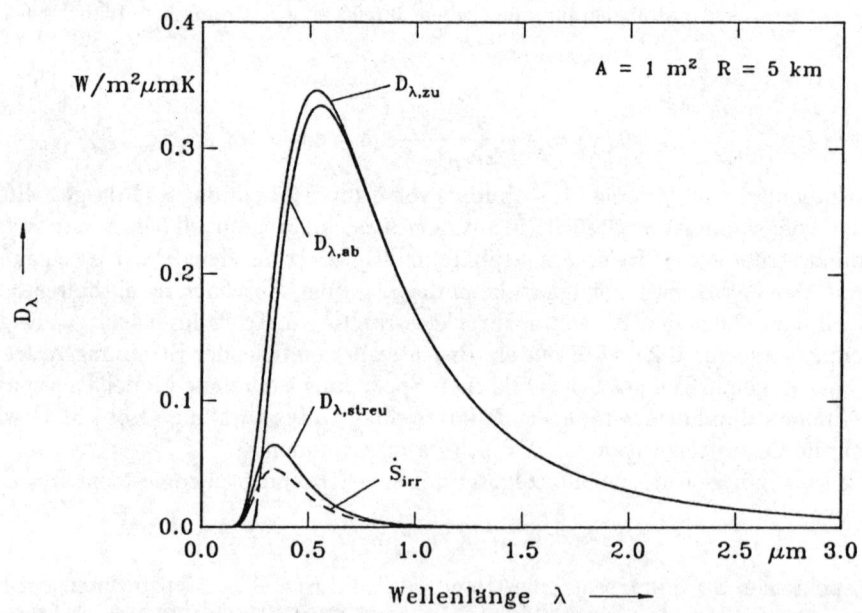

Bild 5.12 Die Strahlungsentropieströme bei der Streuung in einem kugelförmigen Gasvolumen mit $R = 5$ km. Gestrichelt eingetragen ist die Entropieerzeugungsrate $\dot{S}_{irr}$.

5.1 Die Strahlungsvorgänge in der Atmosphäre

der kurzwelligen Strahlung erklärt wird. Die beim elastischen Streuprozeß durch die Verteilung der Strahlungsenergie in einen größeren Raumwinkel erzeugte Entropie $\dot{S}_{irr}$ liegt in derselben Größenordnung wie die Entropie der gestreuten Strahlung selbst.

5.1.2 Das Polarisationsmodell

Neben der Schwächung der Solarstrahlung hat die Streuung in der Atmosphäre einen zusätzlichen Einfluß auf die Entropie der Solarstrahlung durch die Polarisierung der gestreuten Strahlung. Die Direktstrahlung ist grundsätzlich unpolarisiert. Zur Quantifizierung dieses Phänomens durch den Polarisationsgrad

$$P = \frac{i_\perp(\chi) - i_\parallel(\chi)}{i_\perp(\chi) + i_\parallel(\chi)} = P(\chi)$$

müssen die beiden Intensitätsfunktionen $i_\perp$ und $i_\parallel$ aus Gl. 5-9 getrennt betrachtet werden. Das Verhalten der Intensitätsfunktionen als Funktion des Streuwinkels χ wurde in Abbildung 5.9 beispielhaft aufgezeigt. Für die Rayleigh–Streuung an kleinen Partikeln bei senkrechter, unpolarisierter Einstrahlung ist der Polarisationsgrad in Abhängigkeit des Zenitwinkels ϑ einfach anzugeben

$$P_{Rayleigh} = \frac{\sin^2(\vartheta - \vartheta_s)}{1 + \cos^2(\vartheta - \vartheta_s)}. \qquad 5\text{-}10$$

Danach ist bei idealer Rayleighstreuung die Streustrahlung bei $(\vartheta - \vartheta_s) = 0°$ und bei $(\vartheta - \vartheta_s) = 180°$ gar nicht ($P = 0$) und bei $(\vartheta - \vartheta_s) = 90°$ vollständig polarisiert ($P = 1$). Der Polarisationsgrad einer nur aus Molekülen bestehenden Atmosphäre ist in Abbildung 5.13 in den Polarkoordinaten des Beobachters auf dem Erdboden aufgetragen (Coulson, 1988). Die Sonne steht bei einem Zenitwinkel $\vartheta_s = 60°$. Entsprechend Gl. 5-10 tritt im rechten Winkel der Sonne–Beobachter Achse konzentrisch der maximale Polarisationsgrad von $P > 0,9$ auf. Das dieser nicht zu eins wird, liegt an der Bodenreflexion und an der Mehrfachstreuung. Die in Diagramm 5.13 dargestellte Verteilung des Polarisationsgrads gilt für eine optische Dicke $t = 0,15$, mit zunehmender optischer Dicke verringert sich der Polarisationsgrad aufgrund der zunehmenden Mehrfachstreuung. Die optische Dicke t ist eine mit dem Streukoeffizient β bewertete optische Masse

$$t := \int \beta \rho \, dr \, .$$

Da die Polarisation bei reiner Molekülatmosphäre die Grundlage für eine reale getrübte Atmosphäre darstellt, wird zunächst eine Gleichung für den Polarisationsgrad als Funktion der Wellenlänge, der Raumwinkel–Koordinaten ϑ und φ, der Sonnen–Koordinaten ϑ_s und φ_s, der optischen Dicke t und des Bodenalbedos (Reflexionsgrad der Erdoberfläche) für Rayleighstreuung gesucht. Ausgangspunkt ist Gl. 5-10, die für vertikale Einstrahlung bei geringer optischer Dicke ohne Polarisationsdefekte wie Bodenreflexion und Mehrfachstreuung gilt. Die Annahme der reinen

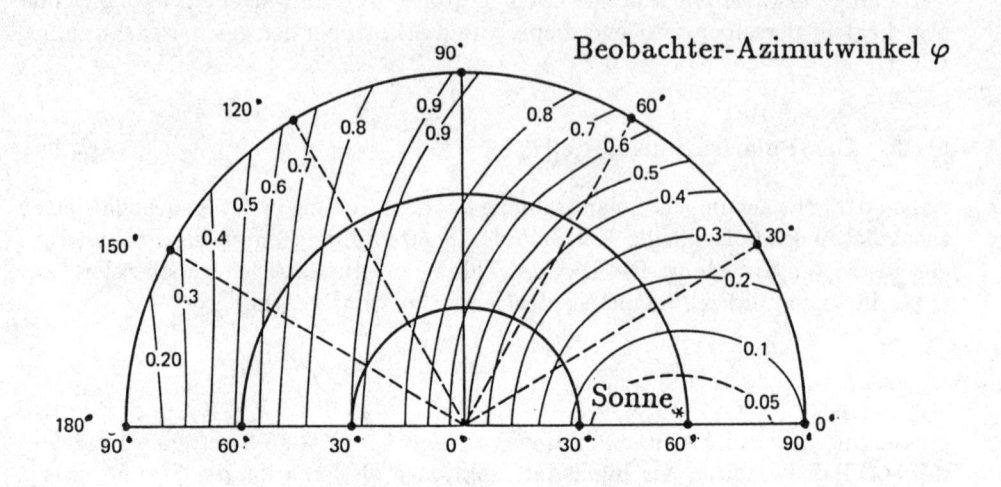

Bild 5.13 Der Polarisationsgrad einer reinen Rayleigh–Atmosphäre mit der optischen Dicke $t = 0,15$ und dem Sonnenzenit $\vartheta_s = 60°$

Rayleigh–Streuung gilt näherungsweise bei sehr klarer Luft in Höhen oberhalb 5 km. Für eine „reale" Rayleigh–Atmosphäre sind ausführliche Tabellen veröffentlicht worden (Penndorf, 1957; Coulson et al., 1960), die den Polarisationsgrad in Abhängigkeit der optischen Dicke t, des Bodenalbedos und der Geometrie angeben. Anhand dieser Daten wurde mit Hilfe der Strukturoptimierung nach Wagner (1974) die Korrelationsgleichung

$$P(t,\chi) = 1,284 \exp\left(-\frac{t}{2}\right) \left\{1 - \frac{2}{3}t \exp\left[-\left(\frac{\chi - \pi/2}{0,005\pi}\right)^2\right]\right\}$$

$$\cdot \left[0,5175 \sin^{5/2}\chi - 0,1946 \sin^6\frac{\chi}{2} + \vartheta_s^{5/2}\right.$$

$$\left. \cdot \left(-0,3631 \sin^{5/2}\chi + 0,3398 \sin^{7/2}\chi + 0,1121 \sin^{1/2}\frac{\chi}{2}\right)\right]$$

5-11

aufgestellt. Der Beobachtungswinkel χ berechnet sich hier durch

$$\cos\chi = \sin\vartheta_s \sin\vartheta \cos\varphi + \cos\vartheta_s \cos\vartheta,$$

der Sonnenazimut ist $\varphi_s = 0°$. Für das Bodenalbedo wurde hierbei ein mittlerer Wert von 0,25 angenommen. Die Wellenlängenabhängigkeit des Polarisationsgrads ist über der optischen Dicke t gegeben, da insbesondere der Streukoeffizient β deutlich von der Wellenlänge abhängt. Bei senkrechter Einstrahlung ($\vartheta_s = 0^o$) durch die Atmosphäre ergibt sich am Erdboden die in Tabelle 5.3 dargestellte Abhängigkeit $t = t(\lambda)$. Bei nicht–senkrechter Einstrahlung vergrößert sich die optische Dicke

Tabelle 5.3 Die Abhängigkeit der optischen Dicke von der Wellenlänge

$\lambda\,/\mu$m	0,31	0,37	0,44	0,49	0,55	0,64	0,81
t	1,0	0,5	0,25	0,15	0,1	0,05	0,02

proportional zu $1/\cos\vartheta_s$.

Im Realfall sind zum einen die Aerosole, zum anderen die Wolken zusätzliche, schwer zu quantifizierende Einflußgrößen. Die Komplikationen bei der Abschätzung des Polarisationsgrads bei der Streuung an Aerosolen geht aus den Abbildungen 5.7 und 5.9 hervor. Mit wachsender Partikelgröße wird die Verteilung der Intensitätsfunktionen $i_\perp$ und $i_\parallel$ und damit auch des Polarisationsgrads immer ungleichmäßiger. Ursprünglich unpolarisierte Strahlung ist auch hier grundsätzlich polarisiert, der mittlere Polarisationsgrad wird aber mit zunehmender Kenngröße α immer kleiner. Damit verringert sich auch, wie in Abbildung 4.12 deutlich wurde, der Einfluß auf die Strahlungsentropie.

5.1.3 Das Raumwinkel–Verteilungsmodell

Das Raumwinkel–Verteilungsmodell berechnet anhand der vom Atmosphärenmodell bereitgestellten spektralen Strahlungsenergieströme für Direkt- und Diffusstrahlung die spektralen Strahldichten als Funktion des Raumwinkels Ω. Wenn das Atmosphärenmodell vollständig auf die physikalischen Vorgänge aufgebaut wäre, würde sich das Verteilungsmodell wie auch das Polarisationsmodell erübrigen. Wie in vielen anderen Bereichen wird auch hier das theoretisch denkbare, aber nicht realisierbare physikalische Modell durch die auf Messwerten basierende Korrelationsgleichung ersetzt, die nach Möglichkeit durch physikalische Modelle gestützt wird.

Das Verteilungsmodell für die Direktstrahlung ist recht einfach. Es wird anhand von Uhrzeit und Datum der momentane Sonnenstand ermittelt und bei Annahme einer gleichmäßigen Verteilung der Strahldichte innerhalb der Sonnenscheibe das Integral

$$B_s = \int_\Omega \cos\vartheta\,\mathrm{d}\Omega \simeq \cos\vartheta_s\,\Omega_s \qquad 5\text{-}12$$

bestimmt. Der Raumwinkel, den die Sonnenscheibe von der Erde aus gesehen einnimmt, berechnet sich aus dem Radius der Sonne, $R_s \simeq 0,696 \cdot 10^6$ km und dem mittleren Abstand zwischen Sonne und Erde, $r_o = 1,496 \cdot 10^8$ km zu

$$\Omega_s \simeq \frac{\pi R_s^2}{r_o^2} = 6,81 \cdot 10^{-5}\,\text{sr}\,. \qquad 5\text{-}13$$

Die Strahldichte der Direktstrahlung ergibt sich mit diesem einfachen Ansatz zu

$$L^{dir} = L(\lambda,\Omega_s) \simeq \frac{E_\lambda^{dir}}{\cos\vartheta_s\,\Omega_s}$$

als erste Näherung. Die Diskussion der Abhängigkeit der Strahlungsentropie von der Geometriegröße B in Abschnitt 4.5 hat gezeigt, daß die Entropie bei vorgegebener Energie in dem für die Direktstrahlung relevanten Bereich sehr empfindlich auf die Größe des Integrals, Gl. 5-12 reagiert. Daher sollte in Gl. 5-13 der aktuelle Abstand r zwischen Sonne und Erde (Iqbal, 1983)

$$\begin{aligned}r_{korr} = \left(\frac{r_o}{r}\right)^2 &= 1,00010,034210\cos\Gamma + 0,001280\sin\Gamma \\ &+ 0,000719\cos 2\Gamma + 0,000077\sin 2\Gamma\end{aligned} \qquad 5\text{-}14$$

mit $\Gamma = 2\pi(d_n - 1)/365$ und $d_n=$ Tageszahl (gezählt ab 1. Jan., Febr. = 28 Tage) eingesetzt werden. Da der Sonnenabstand um ± 2% um den mittleren Wert r_o schwankt, wird der Strahlungsentropiestrom der Direktstrahlung bei Verwendung der Näherungsgleichung Gl. 5-13 um bis zu 9 % falsch berechnet. Bei höheren Genauigkeitsansprüchen kann auf die genauen Strahldichte–Verteilungen innerhalb der Sonnenscheibe zurückgegriffen werden, die in Abhängigkeit vom Sonnenstand und vom Atmosphärenzustand z.B. von VITTITOE und BIGGS (1981) vermessen wurden. Die sich hierdurch ergebende Veränderung in der Strahlungsentropie liegt unterhalb einem Prozent.

Eine weitere Schwierigkeit bei der Berechnung der Entropie der Direktstrahlung betrifft die Unsicherheit der Daten in Bezug auf die enthaltene zirkumsolare Strahlung. Da insbesondere Aerosole ausgeprägt in Vorwärtsrichtung streuen, wird die Direktstrahlung von einem Anteil gestreuter Diffusstrahlung überlagert. Auch der Bereich in unmittelbarer Umgebung der Sonne ist durch intensive Diffusstrahlung, der zirkumsolaren Strahlung, gekennzeichnet. Die zur Messung der Direktstrahlung eingesetzten Pyrheliometer haben aus praktischen Gründen einen Öffnungshalbwinkel von $\delta \simeq 2,6°$, sie erfassen also einen Raumwinkel, der deutlich größer ist als der der Sonnenscheibe mit $\delta_s = 0,265°$. Dadurch wird ein Wert für die Direktstrahlung gemessen, der je nach Aerosolgehalt mehrere Prozente oberhalb des realen Wertes liegt. Es gibt zwar Ansätze zur Berechnung des zirkumsolaren Anteils (Thomalla et al., 1983, Fröhlich und Quenzel 1974), aber nur in selten Fällen wird bei veröffentlichten Daten angegeben, ob und wie die gemessene Direktstrahlung korrigiert wurde. Aus praktischen Gründen werden die Daten sehr selten korrigiert. Die Richtlinien zur Messung von Direktstrahlung (C.I.E. 1989) beschränkt lediglich den Öffnungshalbwinkel des Pyrheliometers auf $\delta \leq 2,85°$, die „Streustrahlung ist zu minimieren". Oftmals wird die Direktstrahlung indirekt als Differenz zwischen Global- und Diffusstrahlung bestimmt. Zur Messung der Diffusstrahlung wird (wie auch zur Globalstrahlung) ein Pyranometer eingesetzt, wobei ein Schattenband entlang des Sonnenpfades die Direktstrahlung abschirmt. Die durch dieses Schattenband entstehenden Streu- und Beugungseffekte sowie die zu große Abschattung

5.1 Die Strahlungsvorgänge in der Atmosphäre

werden durch eine empirische Korrekturformel berücksichtigt (C.I.E. 1989). Auch hier verbleiben noch Unsicherheiten hinsichtlich der korrekten Aufteilung in Direkt- und Diffusanteil. Ebenso ist unklar, ob den durchweg an Meßdaten abgeglichenen Atmosphärenmodellen korrigierte oder unkorrigierte Daten zugrundegeliegen; es ist davon auszugehen, daß die Werte der Direktstrahlung unkorrigiert, also zu groß berechnet werden.

Liegen unkorrigierte Werte der Direktstrahlung vor, können diese durch die von THOMALLA et al. (1983) angegebene Formel

$$E^{dir} = \frac{E^{dir}_{mess}}{100}\left[0,6 + 10\left(b_A - 0,05\right) + \{0,8 + 14\left(b_A - 0,05\right)\}\frac{\vartheta_s - 30^o}{40^o}\right] \quad 5\text{-}15$$

korrigiert werden. E^{dir}_{mess} ist der unkorrigierte Messwert, b_A der Ångströmsche Trübungsfaktor und ϑ_s der Sonnenzenitwinkel. Diese Korrektur liegt zwischen 2% bei klarem Himmel und senkrechter Einstrahlung und 20% bei trübem Himmel bei großen Zenitwinkeln der Sonne. THOMALLA et al. (1983) weisen noch auf den Einfluß von dünnen Cirrus–Wolken hin. Diese seien oft vorhanden, schwer erkennbar, und sie haben einen ähnlichen Einfluß auf den Meßwert wie eine trübe, aerosolbeladene Atmosphäre.

Modelle, die den anisotropen Charakter der Diffusstrahlung in einen funktionalen Zusammenhang bringen, sind im Gegensatz zum Polarisationsmodell in der Literatur bekannt, da sie für die Berechnung der energetischen Einstrahlung an geneigten Flächen benötigt werden (Perez, 1987; Harrison und Coombes, 1988; Rosen et al., 1989). Das hier benutzte Modell von ROSEN, HOOPER und BRUNGER berücksichtigt die Horizontaufhellung sowie die zirkumsolare Strahlung, die der ansonsten isotropen Diffusstrahlung überlagert werden. Die Horizontaufhellung wird durch die zum Horizont hin scheinbar ansteigende Atmosphärenmasse bewirkt. Durch die größere Zahl von Streuzentren ergibt sich eine stärke Streustrahlung im Bereich größerer Zenitwinkel. Das Modell basiert auf einer Korrelation vieler Meßdaten aus Toronto, Canada (Rosen und Hooper, 1983), die überregionale Gültigkeit wird angenommen. Eine spektrale Abhängigkeit der Verteilung wird auch hier nicht berücksichtigt, wiewohl sie sicher vorhanden[7] ist. Das von den Autoren „TCCD"-(Three Component Continuous Distribution) Modell genannte Verteilungsmodell

$$L(\vartheta,\varphi) = E^{dif} K \left\{ \underbrace{A_0}_{isotrop} + \underbrace{A_1\left(\frac{\vartheta}{90^o}\right)^2}_{Horizont} + \underbrace{A_2 \exp\left[-0,0145\exp\left(0,0232\vartheta_s\right)\chi\right]}_{zirkumsolar} \right\} \quad 5\text{-}16$$

berechnet die Strahldichte der aus dem Atmosphärenmodell resultierenden Diffusstrahlung E^{dif} aus dem durch (ϑ,φ) gegebenem Raumwinkelelement der Hemisphäre. Die Sonnenposition muß durch (ϑ_s, φ_s) gegeben sein, der Beobachtungswinkel χ wird hier durch

---

[7] Die zirkumsolare Strahlung wird durch die Mie–Streuung, die restliche Diffusstrahlung mehr durch die Rayleighsche Streuung beschrieben.

$$\cos\chi = \cos\varphi_s \sin\vartheta_s \cos\varphi \sin\vartheta + \sin\varphi_s \sin\vartheta_s \sin\varphi \sin\vartheta + \cos\vartheta_s \cos\vartheta$$

berechnet. Die Koeffizienten A_0, A_1 und A_2 sind für verschiedene Sonnenzenit-Winkel und Atmosphärenzustände durch Korrelation bestimmt worden und in Tabelle 5.4 zusammengestellt. K ist ein nach jeder Integration über den Raum-

Tabelle 5.4 Die Koeffizienten A_i der Gl. 5-16 für verschiedene Sonnenzenitwinkel ϑ_s und unterschiedliche Atmosphärenzustände

Zenit	wolkenloser Himmel			leicht bewölkt			ganz bewölkt		
ϑ_s	A_0	A_1	A_2	A_0	A_1	A_2	A_0	A_1	A_2
20-40	-7	77	238	-5	74	338	98	-65	0
40-60	-16	68	285	5	58	258	60	-38	0
60-80	-6	48	180	-21	78	398	35	-27	0
80-90	-4	18	114	-8	24	180	5	-3	0

winkel Ω zu bestimmender Korrekturfaktor, da sich bei der Integration der Gl. 5-16 über die Hemisphäre nicht der geforderte Wert des diffusen Strahlungsenergiestroms E^{dif} ergibt. Es müssen also immer zwei Durchläufe durchgeführt werden, wobei nach dem ersten Durchlauf der Faktor $K = \int ..d\Omega/E^{dif}$ berechnet wird, der dann im zweiten Durchlauf zu berücksichtigen ist.

In Abbildung 5.14 sind die mit Gl. 5-16 berechneten Strahldichten einer klaren Atmosphäre über dem Beobachter-Zenit ϑ aufgetragen. Dazu sind für einen Sonnenstand $\vartheta_s = 20°$ drei Schnitte durch die Atmosphäre wiedergegeben, einmal für den Azimutwinkel $\varphi = 0°$, dann für $45°$ und für $90°$, wobei $0°$ auch der Sonnenazimut ist. Eine Aufsicht auf die Hemisphäre veranschaulicht die jeweilige Darstellung. In allen drei Schnitten ist deutlich die Horizontaufhellung, d.h. der Anstieg der Strahldichte zu $\vartheta = \pm 90°$ hin, zu erkennen. Auch der Einfluß der zirkumsolaren Strahlung wird deutlich, trotz der hier zugrunde gelegten klaren Atmosphäre und entsprechend niedrigen Vorwärtsstreuung durch Aerosole.

Die Berechnung der terrestrischen Solarstrahlung bei bewölktem Himmel ist deutlich schwieriger als der bisher zugrunde gelegte Fall des klaren Himmels. Sie gelingt bislang nur für den vollständig bedeckten Himmel zufriedenstellend, wo die Direktstrahlung nicht mehr vorhanden ist und es sich um eine modifizierte Diffuseinstrahlung handelt. Hier kann das sehr einfache Wolkenmodell von BIRD et al. (1987) sowie das Wolkenmodell von OLSETH benutzt werden. Diese Modelle bedürfen nur weniger zusätzlicher Parameter zur Beschreibung des Bewölkungszustandes, und es konnten gemessene Spektren des vollständig bewölkten Himmels, die freundlicherweise vom Institut Royal Meteorologique de Belgique (1981) und vom Zentrum für Sonnenenergie- und Wasserstoff-Forschung Stuttgart-Ulm ZWS (Nann, 1989) zur Verfügung gestellt wurden, in guter Näherung mit $\pm 10\%$ nachgerechnet werden.

Ein sehr viel aufwendigeres Wolkenmodell von POWELL (1986) für teilbedeckten Himmel hat derart viele, im Normalfall unbekannte Eingabeparameter

5.1 Die Strahlungsvorgänge in der Atmosphäre

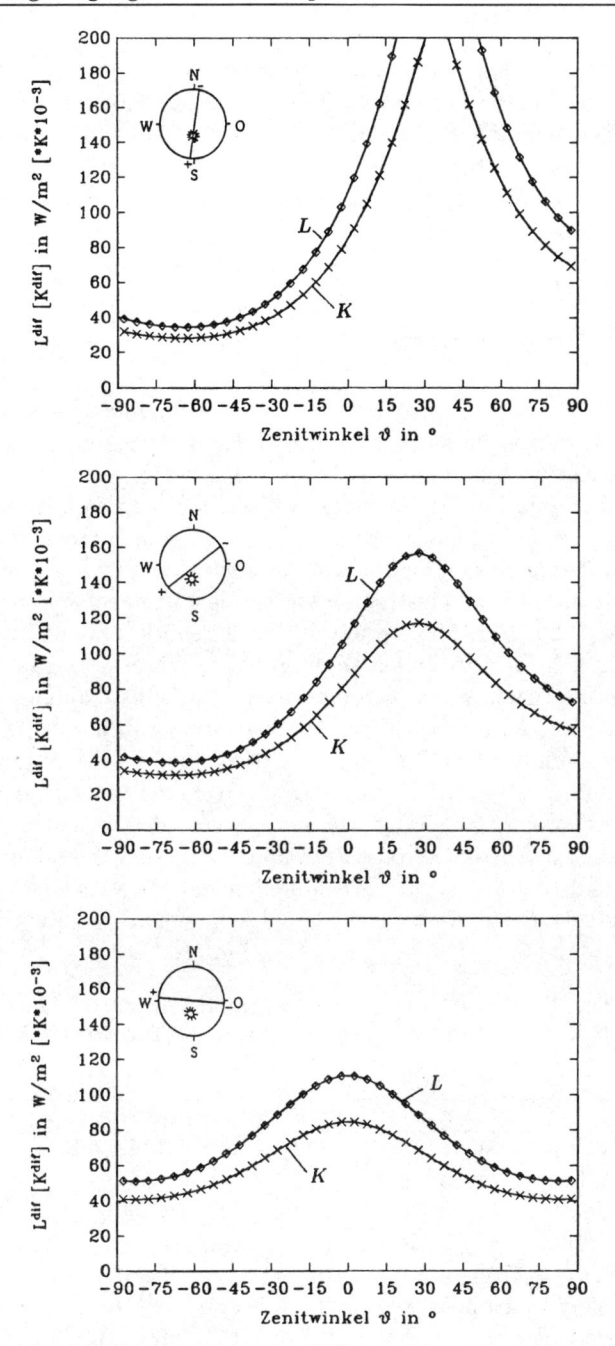

Bild 5.14 Strahldichteverteilung der Diffusstrahlung einer klaren Atmosphäre für verschiedene Beobachter–Azimutwinkel. Der Sonnen–Zenitwinkel beträgt $\vartheta_s = 29°$, der Sonnen–Azimutwinkel $\varphi_s = 0°$.

wie z.B. Mächtigkeit der Wolke, Höhe der Wolkenunterschicht, Tropfengrößen–Verteilung in der Wolke usw., daß nahezu jedes Spektrum erzeugt werden konnte. Durch die Reflexionen der Direktstrahlung an den Wolkenseiten ergeben sich sehr komplizierte, ständig wechselnde Raumwinkel–Verteilungen, die nur als Mittelwerte erfaßt werden könnten. Die hierzu notwendigen Parameterstudien und Verifizierungen sind noch nicht durchgeführt worden.

5.2 Ergebnisse

Als beispielhafte Ergebnisse werden die nach dem Ablaufplan gemäß Abb. 5.1 durchgeführten Berechnungen anhand drei verschiedener Atmosphären–Zustände vorgestellt. Das Spektrum I gilt für einen klaren, trockenen Sommertag in Hannover zur Mittagszeit, das Spektrum II für einen trüben, feuchten Sommerabend, und das dritte Spektrum gehört zu einem gleichmäßig bewölkten Himmel, ebenfalls in Hannover an einem Sommertag. Die Spektren der extraterrestrischen, der direkten und der diffusen Strahlungsenergieströme, wie sie das Atmosphärenmodell von BIRD und RIORDAN (1986) berechnet, sind mit den zugehörigen Eingabe–Parametern in den Abbildungen 5.15, 5.16 und 5.17 dargestellt. Wäre die Strahldichte über der Wellenlänge aufzutragen, so müßten die Werte der Diffusstrahlung näherungsweise durch π geteilt werden, die Werte der Direktstrahlung durch $0{,}00002 \cdot \pi$. Das Einstrahlungsmaximum der Diffusstrahlung liegt bei niedrigeren Wellenlängen als das der Direktstrahlung. Das Spektrum der Diffusstrahlung ist nicht in dem Maße von den Absorptionsbändern zerklüftet wie die Spektren der Direktstrahlung.

Die berechneten Entropieströme D^{dir} und D^{dif} sind in Tabellen 5.5 und 5.6 zusammengestellt, da eine spektrale Darstellung wenig aufschlußreich ist. Tabelle 5.5 enthält unkorrigierte Werte, Tabelle 5.6 die nach Gl. 5-15 korrigierten Werte,

Tabelle 5.5 Ergebnisse der berechneten Strahlungsenergie- und entropieströme bei drei unterschiedlichen Atmosphärenzuständen. Die Werte der Direktstrahlung sind unkorrigiert.

		Spektrum I	Spektrum II	Spektrum III
Energie, direkt	W/m²	741,5	114,5	0
Energie, diffus	W/m²	156,1	139,7	286,7
Entropie, direkt	W/m² K	0,184	0,035	0
Entropie, diffus	W/m² K			
unpolarisiert; isotrop		0,121	0,119	0,22
teilpolarisiert; isotrop		0,119	0,116	–
unpolarisiert; verteilt		0,118	0,115	0,218
teilpolarisiert; verteilt		0,115	0,112	–

d.h. die aus dem Atmosphärenmodell resultierende Direktstrahlung ist um den mit

5.2 Ergebnisse

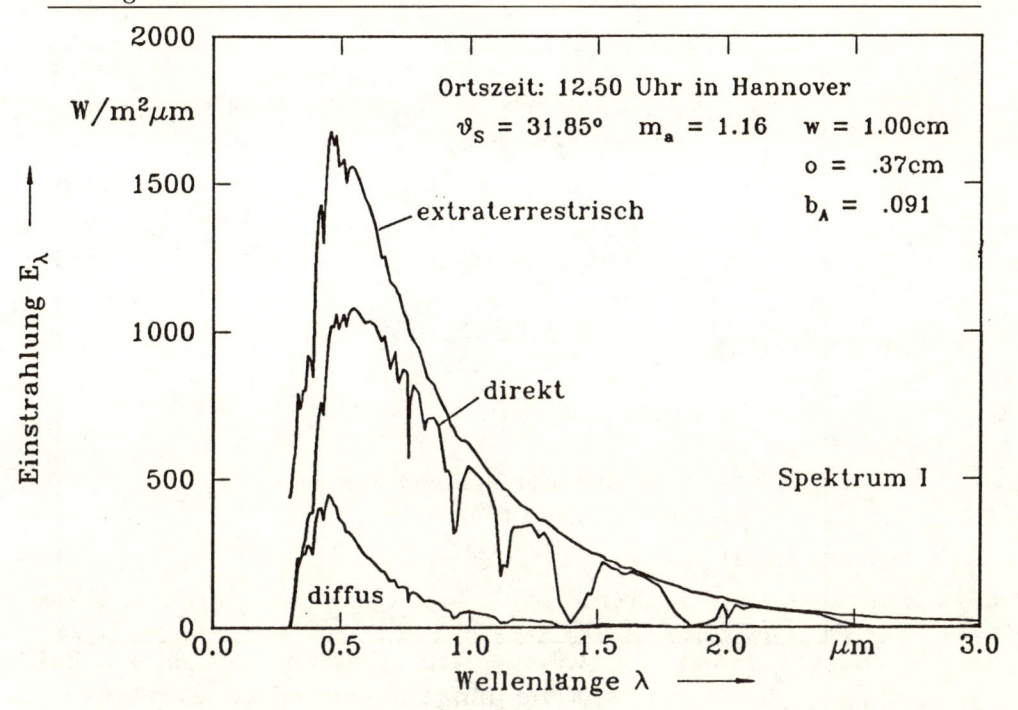

Bild 5.15 Das Spektren für einen klaren Sommertag in Hannover zur Mittagszeit. Aufgetragen ist das extraterrestrische Spektrum, das Spektrum der Direkt- sowie der Diffusstrahlung.

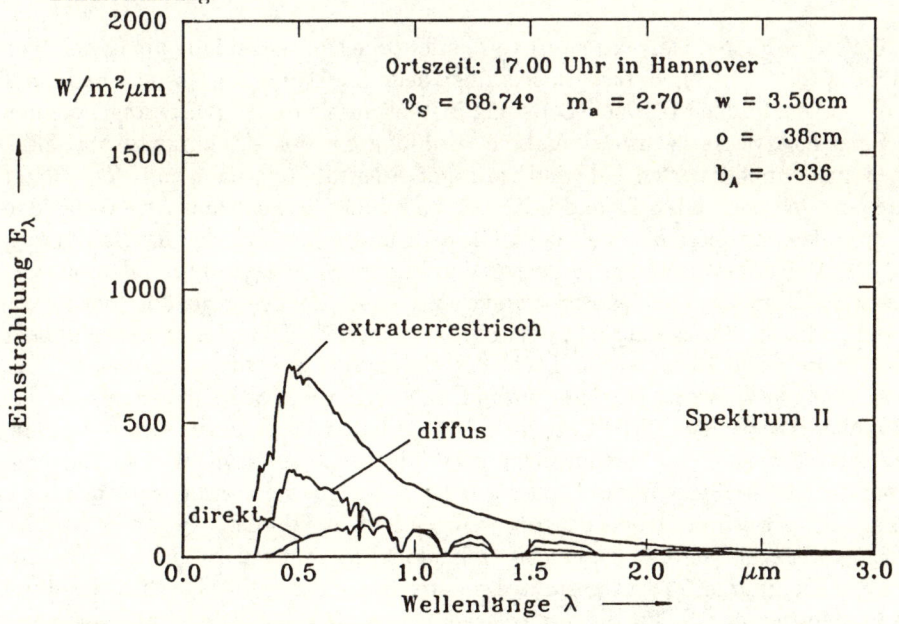

Bild 5.16 Das Spektrum II für einen trüben Sommerabend in Hannover

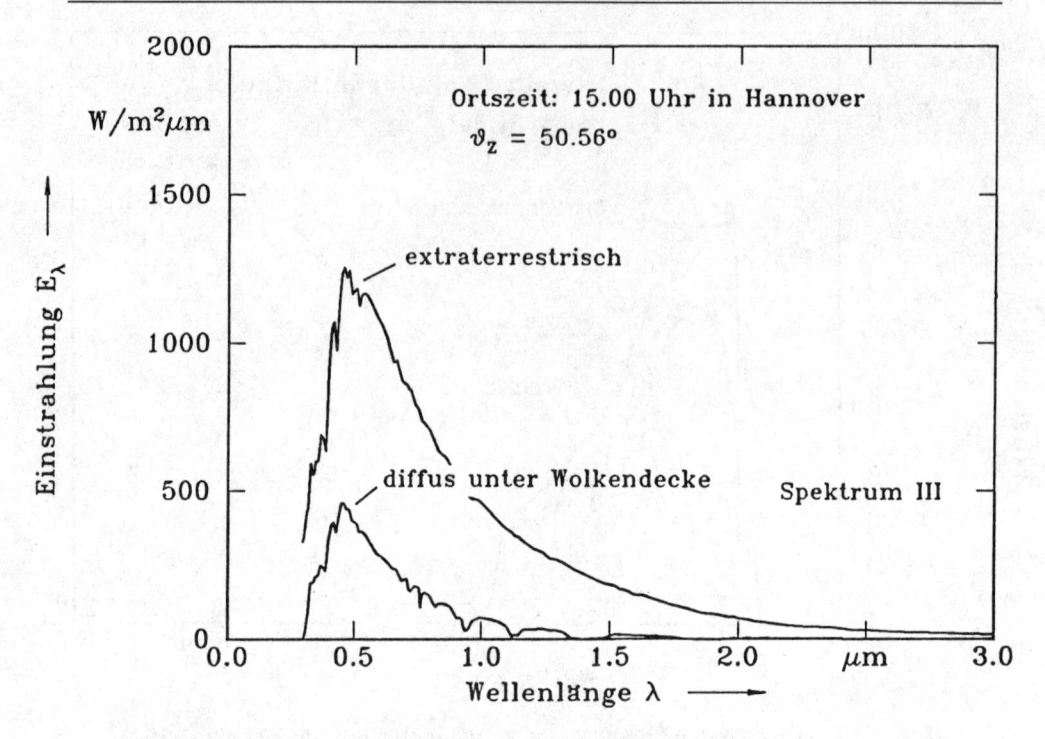

[Figure: Einstrahlung E_λ in W/m²μm vs. Wellenlänge λ in μm. Ortszeit: 15.00 Uhr in Hannover, $\vartheta_z = 50.56°$. Kurven: extraterrestrisch, diffus unter Wolkendecke. Spektrum III]

Bild 5.17 Das Spektrum III für den gleichmäßig bewölkten Himmel in Hannover

Gl. 5-15 berechneten Korrekturwert vermindert, die Diffusstrahlung um diesen Wert erhöht worden. Die rein diffuse Einstrahlung beim Spektrum III (bewölkter Himmel) wurde aufgrund der Mehrfach–Streuung in Wolken als unpolarisiert angenommen. Zu Vergleichszwecken wurde einmal die Strahlungsentropie des kurzwelligen Diffusanteils im unpolarisierten Fall und isotroper Einstrahlung, dann mit dem Polarisationsmodell nach Gl. 5-11 und isotroper Verteilung, ferner unpolarisiert mit dem Raumwinkel–Verteilungsmodell nach Gl. 5-16 und schließlich der Realfall berechnet. Das Polarisationsmodell verringert den Entropiestrom gegenüber dem unpolarisierten Fall um ca. 4%, das Raumwinkel–Verteilungsmodell gegenüber der isotrop verteilten Einstrahlung um rd. 2%. Insgesamt beträgt die Differenz zwischen unpolarisierter, isotroper Rechnung und realer Rechnung bei der Diffusstrahlung 6%. Die Abweichungen zwischen korrigierten und unkorrigierten Entropiewerten erreichen bei trüber Atmosphäre 20%. Bezüglich der Werte der langwelligen Diffusstrahlung (vgl. Abb. 5.3) sind die Ausführungen gemäß Kap. 4.6 zu beachten. Der Entropiestrom der langwelligen Diffusstrahlung beträgt bei gleichem Energiestrom rd. das fünffache des Entropiestroms der kurzwelligen Diffusstrahlung.

Eine Vielzahl weiterer Ergebnisse von Modellrechnungen ist in dem Energie–Entropie Diagramm 5.18 dargestellt. Die zwei Begrenzungslinien stellen das durch die Geometriegröße B_s für die Sonnenscheibe bzw. $B = \pi$ für den Halbraum sowie den zugehörigen Temperaturen $T_S = 5670$ K und $T_A = 273$ K charakterisierte Schwarzkörper–Spektrum dar, so daß die obere Kurve die Begrenzungslinie für

5.2 Ergebnisse

Tabelle 5.6 Ergebnisse der berechneten Strahlungsenergie- und entropieströme bei zwei unterschiedlichen Atmosphärenzuständen. Die Werte der Direktstrahlung sind nach Gl. 5-15 korrigiert.

		Spektrum I	Spektrum II
Energie, direkt	W/m²	731,4	91,8
Energie, diffus	W/m²	166,2	162,4
Entropie, direkt	W/m² K	0,182	0,029
Entropie, diffus	W/m² K		
unpolarisiert; isotrop		0,129	0,139
teilpolarisiert; isotrop		0,127	0,136
unpolarisiert; verteilt		0,128	0,133
teilpolarisiert; verteilt		0,122	0,130

die Direktstrahlung, die untere die Begrenzung für die Diffusstrahlung repräsentiert. In Richtung größerer Entropiewerte (im Diagramm rechts von den Begrenzungslinien) dürfen keine Zustände liegen, vgl. auch Abb. 4.4. Die Zustandspunkte real berechneter Direktstrahlung liegen auf dem schmalen schraffierten Band, die Strahlungsenergie-Werte schwanken hier zwischen 0 bei Bewölkung und rd. 900 W/m² bei klarem Himmel. Diese Werte liegen nahezu ideal auf einer Linie, so daß der funktionale Zusammenhang $D^{dir} = D(E^{dir})$ durch die Beziehung

$$D^{dir} = \frac{4}{3} \left(\frac{B_s}{\pi} \sigma\right)^{1/4} C_{dir} E_{dir}^{0,9} = C_{dir}^* E_{dir}^{0,9} \qquad 5\text{-}17$$

approximiert werden kann (vgl. die gestrichelte Linie in Diagramm 5.18). Die Konstanten nehmen hierbei die Werte $C_{dir} = 0,33$ bzw. $C_{dir}^* = 0,000462$ an. Wird das Modell der verdünnten Schwarzkörper–Strahlung nach Kapitel 4.3 zugrundegelegt, ergeben sich mit der zugehörigen (Sonnen-) Temperatur $T = 5670$ K Entropiewerte, die um rd. 10 % größer als die nach Gl. 5-17 berechneten Werte sind. Dies ist zu erwarten, da diesem Modell ein unzerklüftetes, verkleinertes Schwarzkörper–Spektrum zugrunde liegt.

Bei der Diffusstrahlung ist zwischen kurz- und langwelligem Anteil zu unterscheiden (vgl. Abschnitt 5.1). Die Zustände der kurzwelligen Diffusstrahlung verhalten sich ähnlich wie die der Direktstrahlung, sie konzentrieren sich auf das gepunktet markierte Gebiet in Diagramm 5.18. Diese Zustände sind aufgrund des hohen Verdünnungsgrads sehr viel weiter vom energieäquivalenten Schwarzkörper–Spektrum entfernt als im Fall der Direktstrahlung. Der Entropiestrom D^{dif}, der einen gegebenen Energiestrom E^{dif} der Diffusstrahlung begleitet, kann analog zu Gl. 5-17 durch eine Beziehung der Form

$$D^{dif} = \underbrace{\frac{4}{3} \sigma^{1/4} C_{dif}}_{C_{dif}^*} E_{dif}^{0,9} = C_{dif}^* E_{dif}^{0,9} \qquad 5\text{-}18$$

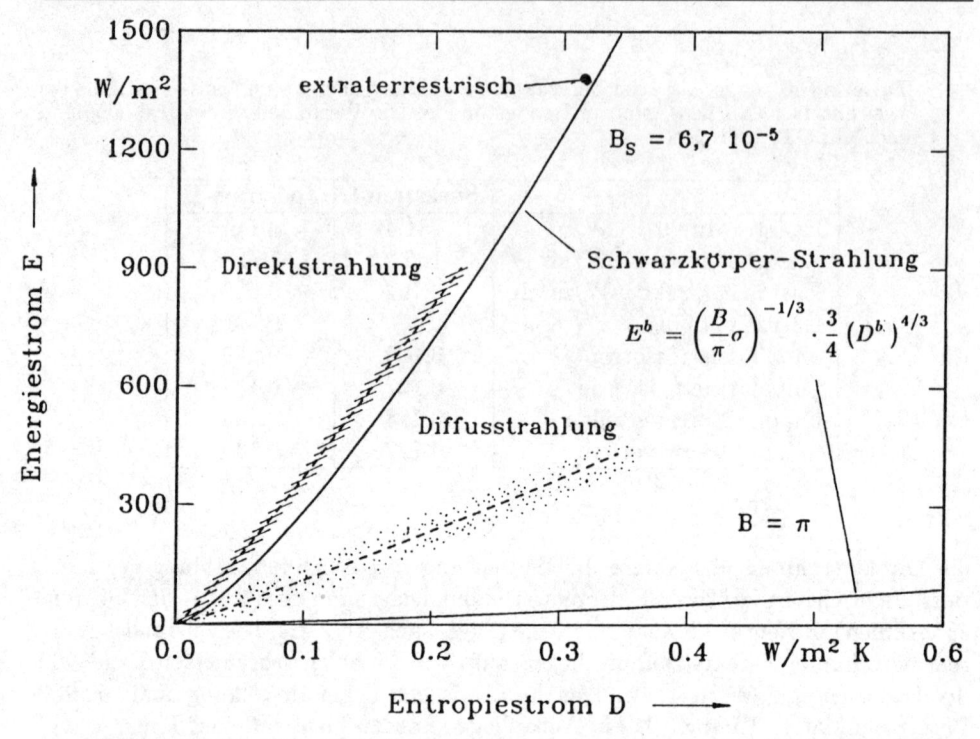

Bild 5.18 Das Energie,Entropie-Diagramm für terrestrische Solarstrahlung. Eingetragen sind die Rechenergebnisse für Direktstrahlung (Geometrie B_s) und für kurzwellige Diffusstrahlung (Geometrie $B = \pi$).

angenähert werden. Die Konstanten haben hier die Werte $C_{dif} = 0,0688$ bzw. $C^*_{dif} = 0,0014$. Bezüglich der Berechnung der Entropie des langwelligen Anteils der Diffusstrahlung ergibt sich aus der Gl. 5-3 nach Integration über Wellenlänge und Raumwinkel wie erwähnt bei einer mittleren Atmosphärentemperatur von 273 K der Wert $D_{dif,A}(T_A = 273 \text{K}) = 0,757$ W/m²K, und bei einer Atmosphärentemperatur von 300 K ein Wert $D_{dif,A}(T_A = 300 \text{ K}) = 1,08$ W/m²K. Die Addition der Entropie der beiden Anteile zur Entropie der Diffusstrahlung insgesamt ist möglich, da die beiden Anteile vollständig inkohärent sind.

5.3 Ein Anwendungsbeispiel

Mit der Möglichkeit, für beliebige Strahlungsenergieströme den zugehörigen Entropiestrom zu berechnen, können Energie- und Entropiebilanzgleichungen für einen Strahlungsempfänger formuliert werden. Um hierbei auch von der Empfängeroberfläche abgehende (d.h. reflektierte, transmittierte und emittierte) Strahlungsströme benennen zu können, muß zusätzlich die Wechselwirkung zwischen realer Strahlung und realer Materie betrachtet werden.

Trifft ein Strahlungsstrom auf eine Körperoberfläche, z.B. die Oberfläche der

5.3 Ein Anwendungsbeispiel

in Abb. 5.19 dargestellten Glasscheibe, so wird ein Teil dieser Strahlung reflektiert, ein Teil transmittiert, und der restliche Teil wird von der Materie absorbiert, vgl. Kap. 4.2. Die hier maßgebenden Größen ρ, τ und α sind Stoffwerte, deren Werte sowohl von der Wellenlänge und dem Raumwinkel der einfallenden Strahlung wie aber auch vom Material, dessen Temperatur, Oberflächenbeschaffenheit usw. abhängen. Zur Auswertung der Bilanzgleichungen müssen diese funktionalen Zusammenhänge (also die Materialgleichungen, die hier die Rolle von Zustandsgleichungen übernehmen) bekannt sein. Da gemessene Datensätze in dem hier genann-

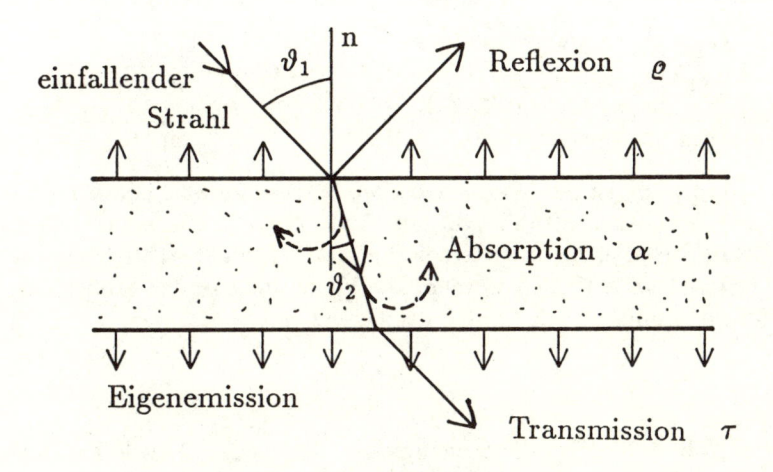

Bild 5.19 Die Strahlungsvorgänge an einer Glasscheibe.

ten Umfang sehr selten sind[8], ist zumeist die Berechnung dieser Werte z.B. in Form einer Abschätzung anhand einfacher Molekülmodelle notwendig. Ein solches Vorgehen wird im folgenden skizziert. Bei der Berechnung speziell der Entropieströme ist ferner zu beachten, daß, ähnlich wie bei der Streuung, auch ursprünglich unpolarisierte Strahlung durch die Reflexion bzw. Transmission teilweise polarisiert wird. Auch zeigt sich, daß die reflektierte bzw. die transmittierte Strahlung mit der Eigenstrahlung der Materie (der Emission) teilweise kohärent ist, da sie auf denselben Ursprung (der Oszillation der Molekül–Dipole) zurückzuführen ist.

Die Wechselwirkung zwischen Strahlung und Materie kann wiederum entweder mit Hilfe der Maxwellschen Feldgleichungen oder mit Hilfe der quantenstatistischen Festkörper–Physik beschrieben werden. Letztere wird in Kap. 7 im Zusammenhang mit den dort beschriebenen photovoltaischen Zellen einführend behandelt, so daß hier die einfachen Ansätze benannt werden sollen, wie sie die klassische, elektromagnetische Theorie zur Verfügung stellt.

---

[8]Bei einem adiabaten Strahlungsempfänger z.B. muß die sich einstellende Temperatur des Absorbers iterativ aus der Energiebilanz bestimmt werden, so daß die Stoffwerte des Absorbers als Funktion der Temperatur bekannt sein müssen.

Die Glasscheibe als Beispiel

Die Glasscheibe ist eines der häufigsten Bauelemente in der Solarenergietechnik. Sie findet als Abdeckung von Flachkollektoren, als Schutzschicht von Heliostat-Spiegeln, aber auch als passives Bauelement in der Solararchitektur Verwendung. Trifft eine ebene, monochromatische Welle aus einem homogenen, isotropen Medium des Brechungsindexes m_1 (z.B. Luft) auf ein anderes, ebenfalls homogenes, isotropes und ideal nichtleitendes Dielektrikum mit dem Brechungsindex m_2 (z.B. Glas), kann die Abhängigkeit des Reflexionsgrads ϱ und des Transmissionsgrads τ vom Einfallswinkel ϑ_1 mit Hilfe der Fresnelschen Gleichungen (Born und Wolf, 1987)

$$\varrho_\| = \frac{\tan^2(\vartheta_1 - \vartheta_2)}{\tan^2(\vartheta_1 + \vartheta_2)} \qquad \varrho_\perp = \frac{\sin^2(\vartheta_1 - \vartheta_2)}{\sin^2(\vartheta_1 + \vartheta_2)}$$
$$\tau_\| = \frac{\sin 2\vartheta_1 \sin 2\vartheta_2}{[\sin^2(\vartheta_1 + \vartheta_2)\cos^2(\vartheta_1 - \vartheta_2)]} \qquad \tau_\perp = \frac{\sin 2\vartheta_1 \sin 2\vartheta_2}{\sin^2(\vartheta_1 + \vartheta_2)} \qquad 5\text{-}19$$

berechnet werden. ϑ_2 ist der Winkel zwischen Flächennormale und dem in das Medium hineingebrochenen Strahl, vgl. Abb. 5.19. Zur Ableitung dieser Formeln ist der einfallende Strahl in die durch seinen Polarisationsgrad beschriebenen zwei polarisierten Teilstrahlen aufgeteilt worden. Die Verbindung zu den Stoffeigenschaften, i.e. den Brechungsindizes, wird durch das Gesetz von SNELL

$$\frac{m_1}{m_2} = \frac{\sin \vartheta_2}{\sin \vartheta_1}$$

hergestellt. Abb. 5.20 zeigt die Abhängigkeit der beiden Anteile des Reflexionsgrads vom Einfallswinkel ϑ_1, wenn unpolarisierte Einstrahlung sowie $m_1 = 1$ (Luft) und $m_2 = 1,52$ (Glas) vorgegeben wird. Bei einem bestimmten Einfallswinkel, dem

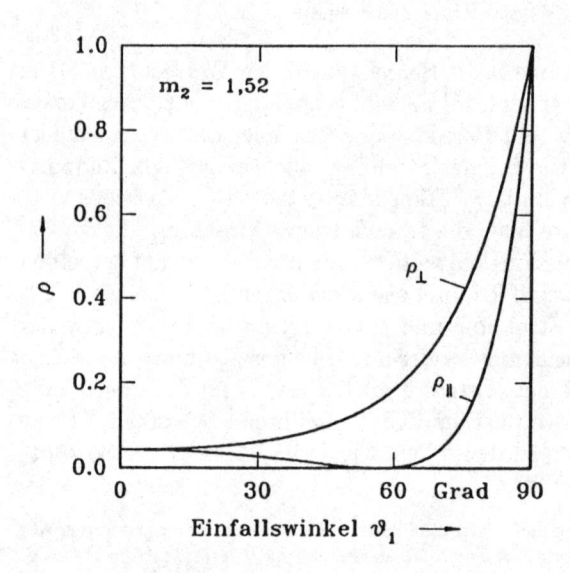

Bild 5.20 Die Abhängigkeit der Reflexionsgrade für die beiden polarisierten Teilstrahlen vom Einfallswinkel ϑ_1 bei zwei idealen Dielektrika

5.3 Ein Anwendungsbeispiel

Brewster-Winkel, ist der reflektierte Strahl vollständig polarisiert. Den Gleichungen 5-19 liegt das sog. „ray-tracing" zugrunde, wo der Verlauf eines einzelnen Strahls (einer ebenen Welle) betrachtet wird. Bei einer Glasscheibe endlicher Dicke wird der in die Scheibe hineingebrochene Strahl an der gegenüberliegenden Grenzfläche wieder zum Teil reflektiert und somit unendlich oft in der Scheibe hin- und hergeworfen. Eine Reihenentwicklung ergibt für den insgesamt durch die Glasscheibe hindurch transmittierten Strahl die Beziehungen

$$\tau_{\|} = \frac{1-\varrho_{\|}}{1+\varrho_{\|}} \quad \text{und} \quad \tau_{\perp} = \frac{1-\varrho_{\perp}}{1+\varrho_{\perp}}. \qquad 5\text{-}20$$

Dieser Ableitung der Abhängigkeit des Reflexions- bzw. Transmissionsgrades vom Einfallswinkel liegt nur die Annahme zugrunde, daß die elektrische Leitfähigkeit des Materials $\sigma = 0$ sei und das Material eine ideal glatte Oberfläche (spiegelnde Reflexion) habe. Wird als nächster Schritt die Abhängigkeit der Stoffwerte von der *Wellenlänge* (Dispersion) betrachtet, wird zusätzlich ein Modell der atomaren Struktur des Festkörpers benötigt. Analog zur Streuung an einem Partikel (vgl. Abschnitt 5.1) wird hierzu ein Atom als einfacher, schwingungsfähiger elektrischer Dipol betrachtet, der in einem idealen Dielektrikum ungedämpft schwingen würde. Da es hier bei entsprechender Anregung zur vollständigen Resonanz kommt, muß ein Dämpfungsfaktor in Abhängigkeit der elektrischen Leitfähigkeit σ des Materials eingeführt und die Schwingungs-Differentialgleichung dieses gedämpften Systems gelöst werden (Born und Wolf, 1987). Aus dieser einfachen Modellvorstellung ergibt sich ein komplexer Brechungsindex $\bar{m} = n - ik$, für welchen die Fresnelschen Beziehungen weiterhin Gültigkeit behalten und dessen Real- und Imaginärteil durch

$$n^2 = \frac{\mu_r \gamma_r c_0^2}{2} \left\{ 1 + \left[1 + \left(\frac{\lambda}{2\pi c_0 \sigma \gamma_r} \right)^2 \right]^{1/2} \right\}$$

$$k^2 = \frac{\mu_r \gamma_r c_0^2}{2} \left\{ -1 + \left[1 + \left(\frac{\lambda}{2\pi c_0 \sigma \gamma_r} \right)^2 \right]^{1/2} \right\} \qquad 5\text{-}21$$

mit der Wellenlänge λ verknüpft sind. Neben der elektrischen Leitfähigkeit σ tritt hier die relative Permittivität γ_r auf. Die relative magnetische Permeabilität μ_r ist bei schwach absorbierenden Materialien wie Glas nahezu eins. Anstelle der Gl. 5-19 werden bei absorbierenden Materialien gemäß der Maxwellschen Theorie die spektralen Reflexionsgrade durch

$$\varrho_{\perp}(\lambda, \vartheta_1) = \frac{a^2 + b^2 - 2a\cos\vartheta_1 + \cos^2\vartheta_1}{a^2 + b^2 + 2a\cos\vartheta_1 + \cos^2\vartheta_1}$$

$$\varrho_{\|}(\lambda, \vartheta_1) = \frac{a^2 + b^2 - 2a\sin\vartheta_1 \tan\vartheta_1 + \sin^2\vartheta_1 \tan^2\vartheta_1}{a^2 + b^2 + 2a\sin\vartheta_1 \tan\vartheta_1 + \sin^2\vartheta_1 \tan^2\vartheta_1} \varrho_{\perp}(\lambda, \vartheta_1) \qquad 5\text{-}22$$

mit

$$2a^2 = \left[\left(n^2 - k^2 - \sin^2\vartheta_1\right)^2 + 4n^2 k^2 \right]^{1/2} + n^2 - k^2 - \sin^2\vartheta_1$$

$$2b^2 = \left[\left(n^2 - k^2 - \sin^2\vartheta_1\right)^2 + 4n^2 k^2 \right]^{1/2} - \left(n^2 - k^2 - \sin^2\vartheta_1\right)$$

beschrieben (vgl. Siegel, Howell und Lohrengel, 1988).

Nachdem mit diesen Gleichungen näherungsweise die Voraussetzungen zur Auswertung der Energie- und Entropiebilanzgleichung bezüglich der Stoffwerte geschaffen wurden, soll beispielhaft die Entropie–Erzeugungsrate bei der Transmission terrestrischer Solarstrahlung durch eine Glasscheibe berechnet werden. Dazu wird mit Hilfe des Atmosphären-, des Raumwinkel–Verteilungs- und des Polarisationsmodells für jeweils eine Wellenlänge die Strahldichte und der Polarisationsgrad aus jedem Raumwinkelelement der Hemisphäre berechnet und mit Hilfe der Gl. 5-21 und 5-22 die reflektierte und die transmittierte Teil–Strahldichte in den beiden Polarisationsebenen bestimmt. Durch eine Strahlungsbilanz kann der im Glas absorbierte Teil der einfallenden Strahlungsenergie berechnet werden. Bei dem hier gezeigten Beispiel wurde die Temperatur der Glasscheibe willkürlich zu $T_M = 293$ K vorgegeben und dadurch die Eigenemission festgelegt. Ansonsten muß die Temperatur der Glasscheibe mittels einer Energiebilanzgleichung unter Berücksichtigung von Konvektion und Konduktion iterativ bestimmt werden. Nach Integration der Strahldichten über Raumwinkel und Wellenlänge kann dann der Differenzbetrag zwischen insgesamt absorbierter und emittierter Energie berechnet werden, der im stationären Fall durch Konvektion und Konduktion an die Umgebung abgegeben wird

$$\dot{Q}_{kon} = A E^{dir} + A E^{dif} - A E_{refl} - A E_{trans} - 2 A E_{eigen}.$$

Bezüglich der Entropieberechnung muß die von der Glasoberfläche *abgehende* Strahlung, also zum einen die reflektierte Strahlung zuzüglich der Eigenemission, zum anderen die transmittierte Strahlung zuzüglich der Eigenemission (vgl. Abb. 5.19), gesondert betrachtet werden, da diese Strahlungsströme kohärent sind, vgl. Kap. 4.4.

Dieses zeigt sich zum Beispiel, wenn die Oberfläche eines adiabaten, nicht transparenten Körpers bilanziert wird. Fällt Schwarzkörper–Strahlung isotrop aus der Hemisphäre ein, wird mit dieser Anordnung ein Oberflächenelement eines Hohlraums beschrieben. Bei einem solchen Element muß sich die Entropieerzeugungsrate *unabhängig von den Materialeigenschaften* jeweils zu null ergeben, da in einem abgeschlossenem System im stationären Gleichgewichtsfall keine Entropie erzeugt wird. Diese Bedingung kann rechnerisch nur vollzogen werden, wenn die Eigenemission der Materie und die reflektierte (Schwarzkörper) Strahlung als kohärent betrachtet werden. Dazu müssen die Strahldichten in jeder Polarisationsebene zuerst zur insgesamt abgehenden Strahldichte addiert werden, um dann die Strahlentropiedichte gemäß Abb. 4.6 zu berechnen. Aufgrund der Abhängigkeit dieser Strahlungsströme untereinander gilt

$$K_{ab} = K\left(L_{refl} + L_{eigen}\right) < K\left(L_{refl}\right) + K\left(L_{eigen}\right).$$

Wenn die Strahlentropiedichten K aus den Strahldichten L_{refl} und L_{eigen} separat berechnet und addiert werden, wie es in der Literatur bisher üblich war (Bell, 1964; Aoki, 1982; DeVos und Pauwels, 1983), kann die Entropieerzeugungsrate im Hohlraum nicht zu null werden.

Aus den berechneten Strahlentropiedichten ergibt sich nach Integration über Raumwinkel und Wellenlänge die Entropieerzeugungsrate $\dot{S}_{irr}$ bei gegebenem Sonnenstand und Atmosphärenzustand als Differenz aller abgehenden und zugehenden Entropieströme[9]. In Abb. 5.21 ist diese Größe über dem Sonnen–Zenitwinkel ϑ_s aufgetragen. Die Gesamt-Entropieerzeugungsrate setzt sich zusammen aus ei-

---

[9]Der Wärmeübergang durch Konvektion und Konduktion ist hierbei als reversibel angesetzt worden, um die gesuchten Resultate bezüglich der Strahlungsvorgänge nicht zu beeinflussen.

5.3 Ein Anwendungsbeispiel

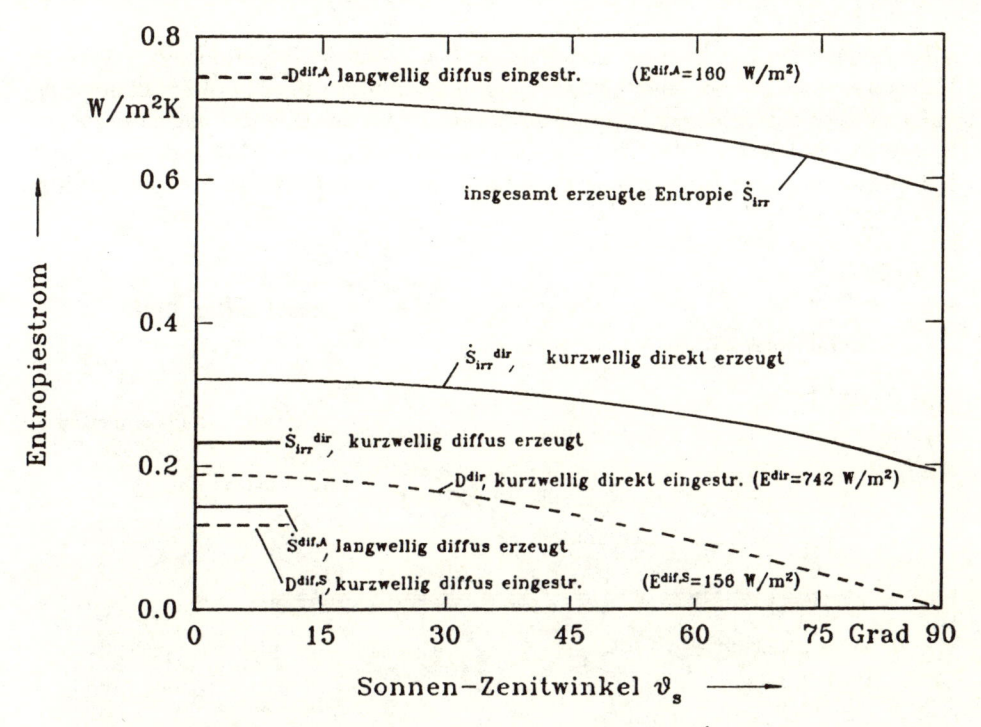

Bild 5.21 Die flächenspezifische Entropieerzeugungsrate $\dot{S}_{irr}$ bei der Transmission terrestrischer Solarstrahlung durch eine 5 mm dicke Glasscheibe

nem durch die Direktstrahlung bedingten Anteil $\dot{S}_{irr}^{dir}$, aus einem durch die kurzwellige Diffusstrahlung bedingten Anteil $\dot{S}_{irr}^{dif,s}$ und einem durch die langwellige Atmosphärenstrahlung (Gl. 5-3) bedingten Anteil $\dot{S}_{irr}^{dif,A}$. Diese Anteile sind in Abb. 5.21 ebenfalls aufgeführt, zusammen mit den jeweiligen eingestrahlten Entropieströmen der genannten Anteile (gestrichelte Linien). Die zugehörigen Werte der eingestrahlten Energieströme sind in Klammern angegeben. Die Diffusanteile, welche aus der Hemisphäre einfallen, sind nicht vom Sonnen–Zenitwinkel abhängig. Es wurde eine schwach absorbierende, 5 mm dicke Glasscheibe sowie das Spektrum I für den klaren Himmel zugrunde gelegt. Die erzeugte Entropie ist für die senkrechte Einstrahlung am größten. Es zeigt sich, daß die bei diesem einfachen Transmissionsvorgang erzeugte Entropie in der gleichen Größenordnung liegt wie die insgesamt eingestrahlte Entropie.

Wird anstelle eines Dielektrikums (Glasscheibe) ein elektrischer Leiter (Metalloberfläche) betrachtet, bleibt der vorstehend skizzierte Berechnungsgang im wesentlichen bestehen. Es rückt hierbei die Dispersion in den Vordergrund, die relative Permeabilität ist i.a. sehr viel größer als eins (ferromagnetische Stoffe). Wegen der hohen elektrischen Leitfähigkeit wird die Strahlung sehr stark absorbiert, d.h. die elektromagnetische Welle wird sehr stark gedämpft und die Strahlungsenergie in Joulesche Wärme umgewandelt. Durch die hohe Absorption wird aber eine hohe Reflektivität möglich, so daß Metalloberflächen als Spiegel Verwendung finden. Bei solarthermischen Kraftwerken zum Einsatz kommende Parabolrinnen–Spiegel oder Heliostaten sind i.a. aus einer Glasschicht mit rückseitig aufgedampfter Silberschicht aufgebaut, so daß beide der hier angesprochenen Fälle zur Bilanzierung eines solchen Spiegels kombiniert werden müssen. Diese Anordnung ist in Abb. 5.22 dargestellt. Bei einer derartigen Berechnung muß noch die Unebenheit der Spiegeloberfläche

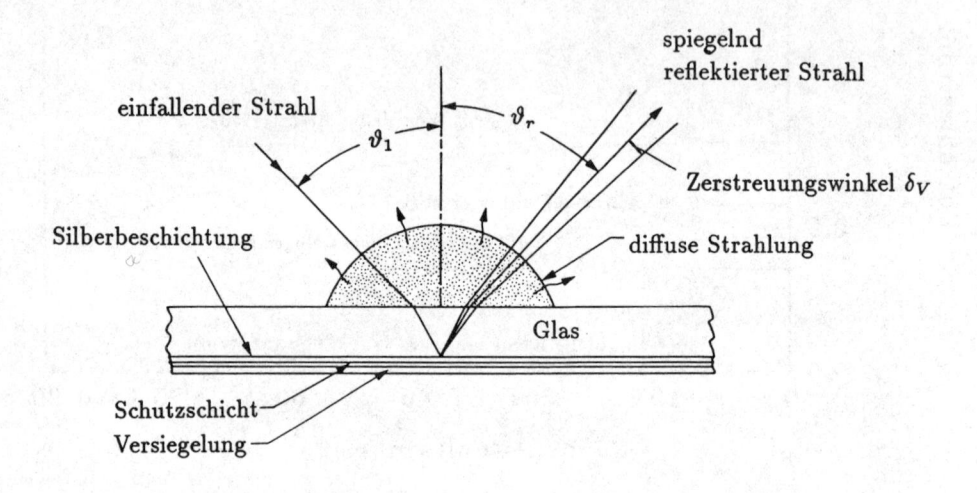

Bild 5.22 Der Strahlengang in einer Glasscheibe mit rückseitiger Spiegelschicht

berücksichtigt werden, die eine Aufweitung (Verdünnung) des reflektierten Strahls zur Folge hat.

5.4 Die Strahlungsentropie in der Thermodynamik der irreversiblen Prozesse

Die Wechselwirkung zwischen Strahlung und Materie findet nicht nur an festen bzw. flüssigen „Oberflächen" statt, sondern auch in gasförmiger Materie. Die hierdurch bedingte Schwächung der Strahlung wurde in Kap. 5.1 vereinfacht durch das allgemeine Transmissionsgesetz, Gl. 5-1, erfaßt. Dieses Transmissionsgesetz leitet sich aus der Integration der Strahlungsdurchgangsgleichung (radiative transfer equation) unter vereinfachten Bedingungen ab. Diese Gleichung lautet in spektraler, differentieller Form (Howell, 1988; Goody and Yung, 1989)

$$\frac{\partial L_\lambda}{\partial \tau_\lambda} + L_\lambda(\Omega) = j_\lambda(\tau_\lambda, \Omega).\qquad\text{5-23}$$

Hierbei ist τ die lokale optische Tiefe, definiert als

5.4 Die Strahlungsentropie in der Thermodynamik der irreversiblen Prozesse

$$\tau_\lambda(r) = \int_{r^*=0}^{r} (k_\lambda + \sigma_\lambda)\, dr^*$$

mit $k_\lambda(r)$ als dem lokalen spektralen Massen-Absorptionskoeffizienten und $\sigma_\lambda(r)$ als dem spektralen Streukoeffizienten. Die Quellfunktion j_λ definiert die Strahldichte in Richtung des Raumwinkels Ω an einer lokalen Position r, die sich aus der Emission des Mediums selbst und der Streustrahlung in Richtung Ω zusammensetzt

$$j_\lambda(\tau_\lambda, \Omega) = \epsilon_\lambda L_\lambda^G(T_{em}) + \frac{a_\lambda}{4\pi} \int_0^{4\pi} L_\lambda(\Omega)\, \mathcal{I}(\lambda, \Omega, \Omega^*)\, d\Omega^*. \qquad 5\text{-}24$$

$a_\lambda = \sigma_\lambda/(k_\lambda + \sigma_\lambda)$ ist die Albedo, $\mathcal{I}$ die Streu–Funktion, vgl. Kapitel 5.1. Sie beschreibt die Strahldichte der aus Ω^* einfallenden und in Richtung von Ω gestreuten Strahlung. Die Eigenstrahlung des Mediums im Volumenelement wird durch den Emissionsgrad ϵ_λ, multipliziert mit der Strahldichte des Schwarzen Körpers der Temperatur T_{em} der Materie repräsentiert. Hierdurch (und gegebenenfalls durch temperaturabhängige Stoffwerte) ist die Temperatur implizit enthalten. Zur Verdeutlichung der Gleichung 5-23 ist in Abb. 5.23 stark vereinfacht ein Volumenelement der Atmosphäre mit einigen Strahlungsenergieströmen dargestellt,

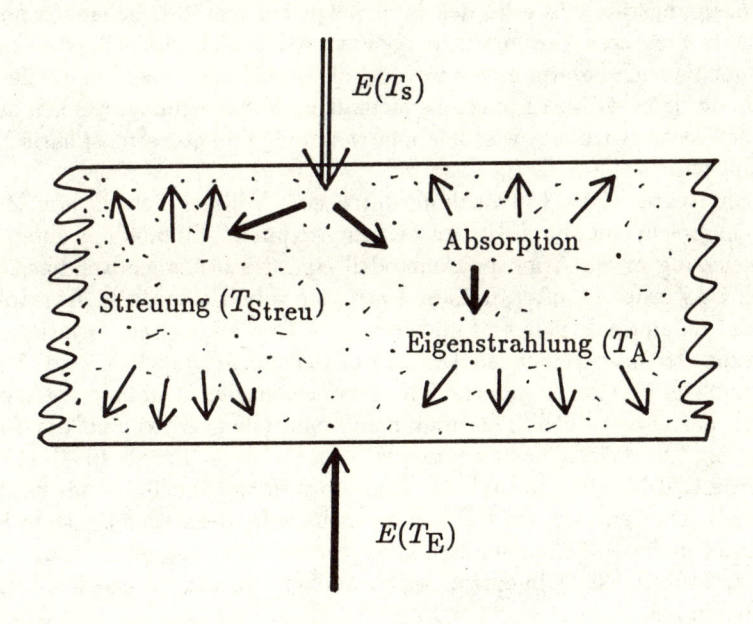

Bild 5.23 Vereinfachte Darstellung der Strahlungsenergieströme in einem Kontrollvolumen der Erdatmosphäre

die dieses Volumenelement durchsetzen (eine ausführlichere Strahlungsbilanz ist in Abb. 5.4 enthalten). Der von der Sonne in das betrachtete Volumen eindringende

Strahlungsstrom $E(T_s)$ wird durch Streu- und Absorptionsprozesse an den Gasmolekülen und Aerosolen geschwächt, gleichzeitig wird der Strahl in Fortschreitungsrichtung durch Streustrahlung aus anderen Streuzentren sowie durch die Eigenemission der Materie verstärkt. Wird jeweils Schwarzkörper–Strahlung angenommen, so wäre der solaren Strahlungsenergie im Volumenelement die Temperatur T_s zuzuordnen, der an der Materie gestreuten Strahlung (verdünnte Schwarzkörper–Strahlung) die niedrigere Temperatur[10] T_{streu} und der Eigenstrahlung der Materie schließlich die Atmosphärentemperatur T_A. Diese liegt wiederum niedriger als die beiden erstgenannten Temperaturen, sie ergibt sich aus der absorbierten Strahlungsenergie und anderen „Energiequellen" wie z.B. Kondensationsenthalpien. Der von der Erde ausgehende, von unten eindringende Strahlungsenergiestrom hat die Temperatur T_E. Diese Temperaturvielfalt in einem (noch so kleinen) Kontrollvolumen wird am Ende dieses Abschnitts wieder aufgegriffen. Schon die Auswertung der Strahlungsdurchgangsgleichung 5-23 ist nur mit einschneidenden Vereinfachungen und hohem Rechenaufwand möglich. Dieser Aufgabe sind viele Forschungsaktivitäten gewidmet (Chandrasekhar, 1960; Lenoble, 1985; Howell, 1988; Goody and Yung, 1989).

Das entropische Verhalten eines ortsabhängigen kombinierten Systems aus Materie und Strahlung wird durch die Thermodynamik irreversibler Prozesse beschrieben, da die hier auftretenden Prozesse der Absorption, Emission und Streuung grundsätzlich irreversibel verlaufen. Über die Formulierung der hier relevanten Entropieerzeugungsrate gibt es in den diesbezüglichen Veröffentlichungen noch keinen Konsens. In mehreren Veröffentlichungen zur Atmosphärenphysik ist in den letzten Jahren der Versuch unternommen worden, die Strahlung in die Theorie der Thermodynamik der irreversiblen Prozesse einzubauen, da das Klimageschehen maßgeblich durch die Wechselwirkung zwischen Solarstrahlung und den atmosphärischen Gasen beeinflußt wird.

Initiiert wurde diese Entwicklung durch eine Veröffentlichung von PALTRIDGE (1975), in welcher er durch die zusätzliche, explizite Einbindung einer Entropiebilanzgleichung in ein Atmosphärenmodell eine der bisher notwendigen Vorgaben ersetzte. Es wurde vermutet, daß die Entropieproduktionsrate im Kontrollvolumen einem Extremalprinzip gehorcht und somit die Anwendung von Variationstechniken zur Lösung der beschreibenden Differentialgleichungen möglich wird. PALTRIDGE und GRASSL (1981) gehen aufgrund des Abweichens der Strahlung von den linearen Ansätzen der irreversiblen Thermodynamik von einem Maximum der Entropieerzeugung im stationären Zustand aus, während andere (Essex, 1984, 1987; Callies und Herbert, 1984, 1988) gemäß des Glansdorff–Prigogine Theorems ein Minimum postulieren. Die zentrale, bis heute noch nicht zufriedenstellend gelöste Schwierigkeit besteht in der vollständigen und konsistenten Ableitung einer Beziehung für die Entropieproduktionsrate in einem von Strahlungsströmen durchsetzten materiellen Kontrollvolumen.

Die klassische Aufbereitung thermodynamischer Grundlagen vor der Anwendung der eigentlichen Theorie der irreversiblen Prozesse, i.e. den phänomenologischen An-

---

[10]In der Berechnungsgleichung für diese verdünnte Schwarzkörper–Strahlung, Gl. 4-11 und 4-12, würde zwar T_s stehen, die den spektralen, gerichteten Strahlbündel der Streustrahlung charakterisierende Temperatur wäre aber $T_{streu} = T_\lambda^v$ nach Abschnitt 4.3.

5.4 Die Strahlungsentropie in der Thermodynamik der irreversiblen Prozesse

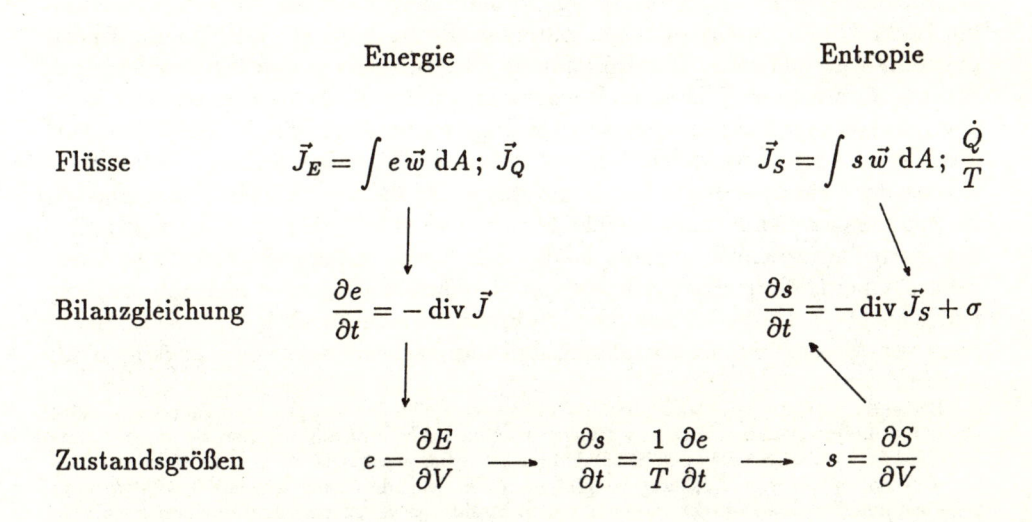

	Energie	Entropie
Flüsse	$\vec{J_E} = \int e\vec{w}\,dA;\ \vec{J_Q}$	$\vec{J_S} = \int s\vec{w}\,dA;\ \dfrac{\dot{Q}}{T}$
Bilanzgleichung	$\dfrac{\partial e}{\partial t} = -\operatorname{div}\vec{J}$	$\dfrac{\partial s}{\partial t} = -\operatorname{div}\vec{J_S} + \sigma$
Zustandsgrößen	$e = \dfrac{\partial E}{\partial V}\ \longrightarrow\ \dfrac{\partial s}{\partial t} = \dfrac{1}{T}\dfrac{\partial e}{\partial t}\ \longrightarrow\ s = \dfrac{\partial S}{\partial V}$	

Bild 5.24 Die Berechnung der Entropieerzeugungsrate

sätzen, den Onsagerschen Reziprozitätsbeziehungen und dem Prigogineschen Extremalprinzip, besteht in der Kombination der Gibbschen Fundamentalgleichung und der lokal formulierten Energiebilanzgleichung mit der Entropiebilanzgleichung (Callen, 1985), die in dem bilinearen Ausdruck für die Entropieerzeugungsrate

$$\dot{s}_{irr} = \sum_k \nabla F_k\, J_k \qquad 5\text{-}25$$

mündet (vgl. Abb. 5.24). Die „thermodynamische Kraft" ∇F_k als Gradient von lokalen Zustandsgrößen und der den irreversiblen Prozeß charakterisierende Energiefluß J_k gehen über eine Definitionsgleichung für die Entropiestromdichte

$$J_s = \frac{1}{T} J_u - \sum_i \frac{y}{T} J_i = \sum_k F_k J_k \qquad 5\text{-}26$$

in die Gl. 5-25 zugrundeliegende Entropiebilanzgleichung ein. Die Gleichung Gl. 5-26 ist in Anlehnung an die Fundamentalgleichung 1-6 in volumenspezifischer, zeitdifferenzierter Form

$$\frac{\partial s}{\partial t} = \frac{1}{T}\frac{\partial u}{\partial t} - \sum_i \frac{y_i}{T}\frac{\partial x_i}{\partial t}$$

formuliert (Callen, 1985). Die Ableitung von Gl. 5-25 ist ausschließlich durch Umformung von Beziehungen der klassischen Thermodynamik der Phase aufgebaut, wobei zusätzlich einige Definitionen eingeflossen sind. So wird vorausgesetzt, daß die Fundamentalgleichung in lokaler Formulierung auch für die hier betrachteten Nicht–Gleichgewichtszustände gültig ist. Ferner wird Gl. 5-26 für die Entropie*strom*dichte definiert. Es wird dadurch eine Brücke von den ortsunabhängigen Zustandsgrößen einer Phase im Gleichgewicht zu den Momentanwerten der lokalen „Feld–Zustandsgrößen" eines materiellen Punktes im Raum geschlagen. Die eigentliche Theorie der irreversiblen Prozesse beginnt erst an dieser Stelle mit der Formulierung der phänomenologischen Gleichungen, die die irreversiblen Flüsse und die thermodynamischen Kräfte miteinander verknüpfen und die Beziehungen zwischen den hierbei auftretenden phänomenologischen Koeffizienten aufstellen. Diese Theorie greift bei alleiniger Betrachtung von Strahlung nicht, da es hier aufgrund der fehlenden Wechselwirkung zwischen den Photonen nicht möglich ist, ohne Einbeziehung von Materie eine den Strahlungsfluß verursachende thermodynamische Kraft zu formulieren.

Bei allen herkömmlichen irreversiblen Prozessen laufen die Ausgleichsvorgänge von selbst ab; durch die molekularen Wechselwirkungen würden sich die Zustandsgrößen zweier im Nicht–Gleichgewicht befindlicher, benachbarter Volumenelemente nach Isolation von der Umgebung mit der Zeit angleichen. Bei Strahlung ist dies nicht der Fall, durch die fehlende Wechselwirkung zwischen den Photonen würden in einem reinen Strahlungssystem zwei quasi–monochromatische Strahlenbündel unterschiedlicher Wellenlänge unendlich lange nebeneinander bestehen bleiben. Von daher fällt es in einem materiellem Volumenelement leichter, sich lokal ein Quasi–Gleichgewicht und somit die Gültigkeit der Gibbschen Fundamentalgleichung vorzustellen als bei Strahlungssystemen im Nicht–Gleichgewicht.

In klassischen Büchern zur Thermodynamik irreversibler Prozesse (De Groot und Mazur, 1962; Haase, 1963) wird die Strahlung gemäß der Maxwellschen Theorie behandelt, die keine Entropieströme berücksichtigt und daher nur Irreversibilitäten durch elektrische und magnetische Polarisationsarbeit und durch elektrische Widerstandsarbeit kennt. Nachdem sich GRASSL (1978,1981) davon gelöst hat, ist der letzte Stand durch die Arbeit von CALLIES UND HERBERT (1984, 1988) bzw. HERBERT und PELKOWSKI (1990) dargestellt. Es werden in diesen Arbeiten die Energie- und Entropiegleichungen für die Materie und für die Strahlung getrennt formuliert und über einen Energiequellterm gekoppelt. Die Energiebilanzgleichung für die innere Energie des Atmosphärengases lautet, wenn lediglich Energietransport durch Konduktion und Strahlung berücksichtigt wird,

$$\frac{\partial u}{\partial t} + \mathrm{div}\, J_Q = \sigma_u \qquad\qquad 5\text{-}27$$

Der Energiequellterm σ_u soll die energetische Wechselwirkung zwischen Materie und Strahlung, also Absorption und Emission berücksichtigen (Callies und Herbert, 1984). Für die Energiebilanz des Strahlungsteils wird die Strahlungsdurchgangsgleichung in einer stark vereinfachten Form zugrundegelegt, mit welcher eine Identifizierung des „Quellterms" in Gl. 5-27 möglich ist. Wird in der Strahlungsdurchgangsgleichung 5-23 die Streuung vernachlässigt, läßt sie sich in der Form

$$\frac{\partial L_{\lambda,zu}}{\partial r} = \varrho \epsilon_\lambda L_{\lambda,em} - \varrho k_\lambda L_{\lambda,zu} \qquad\qquad 5\text{-}28$$

schreiben. ϱ ist die Dichte der Materie, ϵ_λ der spektrale Emissionsgrad, k_λ der spektrale Absorptionsgrad und r die Ortskoordinate in Fortschreitungsrichtung des

5.4 Die Strahlungsentropie in der Thermodynamik der irreversiblen Prozesse

Strahls. Wird diese Gleichung formal über alle Raumwinkel Ω und alle Wellenlängen λ integriert, erhält man eine lokale Strahlungsenergiebilanz der Form

$$\frac{\partial e}{\partial t} + \text{div} E = \sigma_e \,. \qquad 5\text{-}29$$

Der Quellterm nimmt hierbei die Gestalt

$$\sigma_e = \varrho \int \left(4\pi\epsilon_\lambda L_{\lambda,em} - k_\lambda \int L_{\lambda,zu} d\Omega \right) d\lambda$$

an. Um die Energieerhaltung zu gewährleisten, muß $\sigma_e = -\sigma_u$ gelten. Mit Hilfe der Fundamentalgleichung berechnen CALLIES und HERBERT (1984) aus diesen beiden Energiebilanzgleichungen die zeitliche Änderung der volumetrischen Entropie des lokalen materiellen Systems und des lokalen Strahlungssystems. Für das einfache, materielle System ergibt sich aus Gl. 5-25

$$\frac{\partial s}{\partial t} + \text{div}\left(\frac{J_Q}{T}\right) = J_Q \nabla F_Q - \frac{\sigma_e}{T} = \dot{s}_{mat} \qquad 5\text{-}30$$

mit $\nabla F_Q = \text{grad}(1/T)$. Diese Gleichung ist keine herkömmliche Entropiebilanzgleichung, da $\dot{s}_{mat}$ negative Werte annehmen kann und somit keine Entropieerzeugungsrate darstellt. Dies liegt an der willkürlichen Definition des Quellterms σ_e, der positiv wie auch negativ werden kann. Zur vollständigen Formulierung einer (Gesamt-)Entropiebilanz muß auch der Strahlungsanteil berücksichtigt werden. Hierzu setzen CALLIES und HERBERT die Fundamentalgleichung in der spektralen Form

$$\frac{\partial K_\lambda}{\partial L_\lambda} = \frac{1}{T_\lambda^*} \qquad 5\text{-}31$$

an, wobei T_λ^* die von der Wellenlänge und dem Raumwinkel abhängige Temperatur eines quasi-monochromatischen Strahlenbündels nach Gl. 3-8 ist. Analog zur materiellen Seite ergibt sich aus Gl. 5-31 mit Gl. 5-28

$$\frac{\partial K_\lambda}{\partial r} = \frac{1}{T_\lambda^*} \varrho \left(\epsilon_\lambda L_{\lambda,em} - k_\lambda L_{\lambda,zu} \right) \,.$$

Durch Integration über Raumwinkel und Wellenlänge erhalten CALLIES und HERBERT auch für die Strahlungsentropie eine Teilbilanz der Form

$$\frac{\partial s_{str}}{\partial t} + \text{div} D = \dot{s}_{str} \,.$$

Addition mit Gl. 5-30 ergibt die gesuchte Entropiebilanzgleichung des kombinierten Systems

$$\frac{\partial (s_{mat} + s_{str})}{\partial t} + \text{div}\left(\frac{J_Q}{T} + D\right) = \dot{s}_{irr}$$

$$\dot{s}_{irr} = J_Q \nabla F_Q + \int_\lambda \int_\Omega J(\lambda, \Omega) \nabla F_{str} d\Omega d\lambda$$

mit dem hierdurch definierten „thermodynamischen Strahlungsfluß"

$$J(\lambda, \Omega) = \varrho\, (\epsilon_\lambda L_{\lambda,em} - k_\lambda L_{\lambda,zu})$$

und der „thermodynamischen Kraft"

$$\nabla F_{str}(\lambda, \Omega) = \frac{1}{T_\lambda^*} - \frac{1}{T},$$

die jeweils Funktionen der Wellenlänge und des Raumwinkels sind. Die Unstimmigkeit in dieser Ableitung besteht in der Anwendung der Fundamentalgleichung 5-31 auf die Strahlungsdurchgangsgleichung 5-28, da in dieser Gleichung *mehrere unterschiedliche* Temperaturen auftreten. Die Strahlungsdurchgangsgleichung verknüpft, auch in der spektralen Schreibweise, mindestens zwei, i.a. aber unendlich viele (spektrale) Temperaturen, nämlich die der zugehenden (teilweise absorbierten, gestreuten und durchgelassenen) Strahlung, welche von einer (fernen) Strahlungsquelle z.B. der Temperatur T_s geprägt ist, mit der von der Materie im Volumen selbst emittierten Strahlung der Temperatur T sowie gegebenenfalls die Temperaturen der gestreuten Strahlung, vgl. Abb. 5.23 und deren Erläuterung. Daher ist die Fundamentalgleichung nicht auf die Strahlungsenergiebilanz anwendbar, wie es in 5-31 angedeutet wurde. Auch eine (nachträgliche) Integration über alle Wellenlängen ändert hieran nichts, weil schon die Zuordnung $K_\lambda = K(L_\lambda, T_\lambda^*)$ nicht stimmt.

Es muß demnach für jede „Strahlungsart" separat die Fundamentalgleichung zur Anwendung kommen, d.h. es ist neben dem materiellen System nicht nur ein, sondern es sind entsprechend viele Strahlungssysteme zu bilanzieren. In einem stark vereinfachten System ohne Streuung lauten die Strahlungsenergiebilanzgleichungen hierfür

$$\frac{L_{\lambda,zu}}{\partial r} = -\varrho k_\lambda L_{\lambda,zu}\left(T_{\lambda,zu}^*, \Omega\right) \quad \text{und} \quad \frac{L_{\lambda,em}}{\partial r} = \varrho \epsilon_\lambda L_{\lambda,em}\left(T_{\lambda,em}^*, \Omega\right).$$

Wenn diese einzelnen Strahlungssysteme unabhängig voneinander sind (was bei Streuung nicht immer der Fall ist), können die einzelnen, gemäß Gl. 5-31 berechneten Strahlentropiedichten zu einer Gesamtgröße

$$\frac{\partial K_{\lambda,ges}}{\partial r} = \frac{1}{T_{\lambda,em}^*}\varrho \epsilon_\lambda L_{\lambda,em} - \frac{1}{T_{\lambda,zu}^*}\varrho k_\lambda L_{\lambda,zu} \qquad \text{ohne Streuung}$$

aufaddiert werden, und die Entropieerzeugungsrate ergibt sich korrekt zu

$$\begin{aligned}\dot{s}_{irr} =\ & J_Q \nabla F_Q + \\ & + \varrho \int_\Omega \int_\lambda \left[\left(\frac{1}{T_{\lambda,em}^*} - \frac{1}{T}\right)\epsilon_\lambda L_{\lambda,em} - \left(\frac{1}{T_{\lambda,zu}^*} - \frac{1}{T}\right)k_\lambda L_{\lambda,zu}\right] d\lambda d\Omega.\end{aligned}$$

Die von CALLIES und HERBERT angegebene Struktur zwischen den Kräften und Flüssen bleibt prinzipiell auch in dieser Form erhalten. Eine Auswertung dieser Gleichung im Zusammenhang mit einem endlichen Volumen wie z.B. in Abb. 5.23 ist nur schwer vorstellbar. Es wird daher pragmatisch auf einfache, halbempirische Modelle zurückgegriffen. Diese Ansätze erlauben die Berechnung der Strahldichte und des Polarisationsgrades am Erdboden und somit auch die Berechnung des zugehörigen Strahlungsentropiestroms gemäß Kap. 4.5.

5.4 Die Strahlungsentropie in der Thermodynamik der irreversiblen Prozesse

Die in diesem Abschnitt durchgeführten Betrachtungen zur Thermodynamik irreversibler Prozesse weisen auf eine grundsätzliche Problematik in der thermodynamischen Behandlung von Strahlungsströmen hin. So sehr einfach die *formale* Umrechnung vom geschlossenen Strahlungssystem auf Strahlungsströme erscheint, Gl. 4-7, verbirgt sich dort eine Schwierigkeit. Energie- und Stoffströme kommen durch Potential*gradienten* zustande und werden, wie oben beschrieben, durch solche beschrieben (z.B. $\dot{q} = -\lambda \, \text{grad} \, T$). Strahlungsströme werden aber als *absolute* Ströme formuliert, nicht als Potentialdifferenz (z.B. $E = \sigma T^4$). In diesem Abschnitt hat diese Diskrepanz zur Definition einer „thermodynamischen Kraft" auch für die Strahlung geführt. In Kap. 6 wird diese Problematik bezüglich der Exergie eines Strahlungsenergiestroms noch einmal aufgegriffen.

6 Die Exergie der Strahlung

Die aktive Nutzung der Solarstrahlung als Primärenergie wird in Zukunft an Bedeutung gewinnen, da die hierzu notwendigen Energie-Umwandlungsprozesse nahezu ideal umweltverträglich sind. Es werden daher zunehmend solarthermische wie auch photovoltaische und photochemische Umwandlungsprozesse untersucht und zur technischen Reife gebracht (Winter, Sizmann und vant-Hull, 1991). Wie bei anderen Umwandlungspfaden auch, spielt der Exergiebegriff bei der Beurteilung dieser Energiewandlungsprozesse eine zentrale Rolle, vgl. Kap. 1. Die (solare) Strahlungsenergie gehört wegen der mitgeführten Strahlungsentropie zu den beschränkt umwandelbaren Energieformen, und die Kenntnis der Exergie der Strahlungsenergie als theoretische Obergrenze der Arbeitsfähigkeit dieser Energieform ist von Bedeutung in Theorie und Praxis.

Zur Berechnung der maximalen Arbeitsfähigkeit eines Strahlungsenergiestroms wird ein kontinuierlich im stationären Betrieb arbeitender Strahlungsenergiewandler nach Abb. 6.1 betrachtet. Die als bekannt angenommenen Eingangsgrößen sind der flächenspezifische Strahlungsenergiestrom E_{zu} mit dem zugehörigen spezifischen Strahlungsentropiestrom D_{zu}. Die gesuchte Exergie wird als (entropiefreie) Lei-

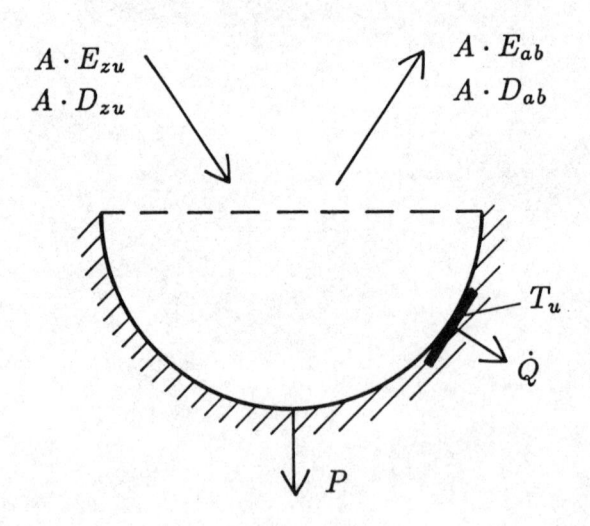

Bild 6.1 Der allgemeine Strahlungsenergiewandler

stung P abgegeben, während für den eventuell notwendigen Entropieabgleich im System der Wärmestrom $\dot{Q}$ vorgesehen ist. Dieser Wärmestrom wird bei der Umgebungstemperatur T_u über die Systemgrenze geführt, um dem System hierüber keine Exergie zu entziehen. Schließlich muß noch ein vom System abgehender spezifischer

Strahlungsenergiestrom E_{ab} berücksichtigt werden. Der begleitende Entropiestrom wird mit D_{ab} bezeichnet. Diese abgehende Strahlung wird durch das Kirchhoffsche Gesetz bedingt. Jede Materie, die Strahlung absorbiert, wird selbst Strahlung emittieren[1]. An irgendeiner Stelle innerhalb des Systems „Strahlungsenergiewandler" wird die einfallende Strahlung mit Materie in Wechselwirkung treten müssen, um in eine andere Energieform umgewandelt zu werden. Die Eigenemission dieser nicht näher spezifizierten Empfängerfläche[2] sowie evt. reflektierte Strahlung werden summa summarum durch diesen abgehenden Strahlungsenergiestrom E_{ab} erfaßt. Das genaue Schicksal der einfallenden Strahlung bezüglich Reflexion, Absorption usw. ist zunächst nicht weiter von Interesse, die Bilanzgrenze verläuft knapp außerhalb des strahlungsaktiven Teils des Wandlers.

Der in Abb. 6.1 skizzierte Energiewandler stellt den einfachsten und gleichzeitig allgemeinsten Fall dar. Erwartungsgemäß führen spezielle Betrachtungen an photovoltaischen, photochemischen oder thermischen Umwandlungssystemen im reversiblen Fall zum gleichen Ergebnis (Sizmann, 1990). Die Energiebilanzgleichung für den allgemeinen Strahlungsenergiewandler lautet

$$P + \dot{Q} = A E_{zu} - A E_{ab}.\qquad\text{6-1}$$

Die abgehende Leistung P ist positiv gezählt. In der Literatur wird teilweise über die *spektrale* Strahlungsenergie bilanziert (Karlsson, 1982; Sizmann, 1990), obwohl diese keine Erhaltungsgröße ist. Eine zweite, unabhängige Bilanzgleichung für den Strahlungsenergiewandler stellt der zweite Hauptsatz der Thermodynamik bereit

$$A D_{zu} + A \dot{S}_{irr} = \frac{\dot{Q}}{T_u} + A D_{ab},\qquad\text{6-2}$$

so daß der unbekannte Wärmestrom $\dot{Q}$ eliminiert werden kann. Die gesuchte Leistung

$$P = A(E_{zu} - E_{ab}) - T_u A (D_{zu} - D_{ab}) - T_u A \dot{S}_{irr}$$

wird durch die prinzipiell positive Entropieerzeugungsrate $\dot{S}_{irr}$ grundsätzlich vermindert. Nur für den idealen, reversibel arbeitenden Wandler gilt $\dot{S}_{irr} = 0$ und

$$P_{rev} = A(E_{zu} - E_{ab}) - T_u A (D_{zu} - D_{ab}).\qquad\text{6-3}$$

Diese Gleichung für die maximal abzuführende Leistung erinnert vom Aufbau her an die Formulierung der Exergie eines Stoffstromes bei Vernachlässigung von kinetischer und potentieller Energie

$$P_{rev} = \mathcal{E}_{St} = \dot{H} - \dot{H}_u - T_u \left(\dot{S} - \dot{S}_u\right)$$

(vgl. Baehr, 1992), wobei $\dot{H}$ und $\dot{S}$ die Enthalpie bzw. Entropie des Stoffstroms im Eintrittsbzw. im Umgebungszustand bezeichnen.

---

[1] Eine interessante Variante hierzu stellt der optische Zirkulator dar (Sizmann, 1990; Ries, 1984). Dieser ermöglicht aufgrund der endlichen Ausbreitungsgeschwindigkeit der elektromagnetischen Wellen eine örtliche Trennung der einfallenden und der ausgehenden Strahlung, so daß Absorption und Emission von Strahlung aus bzw. in jeweils verschiedene Richtungen möglich sind.

[2] Im folgenden wird bezüglich der Wechselwirkung zwischen Strahlung und Materie vereinfachend von Oberfläche gesprochen, wiewohl eine Fläche nicht strahlen kann.

Mit einem Enthalpiewandler (d.h. einem reversiblen Energiewandler, der die aus der Enthalpie eines Stoffstromes maximal gewinnbare Leistung bei gegebenem Umgebungszustand bereitstellt) hat der Strahlungsenergiewandler gemein, daß bei beiden Wandlern im stationären Fall der zugehende Stoff- bzw. Strahlungsstrom einen zusätzlichen abgehenden Energie- und Entropiestrom erzwingt. Beim Enthalpiewandler wird die abgeführte, massenstromspezifische Entropie durch den Umgebungszustand und durch die Zustandsgleichung des vorgegebenen Stoffes festgelegt, sie kann größer oder kleiner sein als der Wert der zuströmenden spezifischen Entropie. Beim Strahlungsenergiewandler wird diese abgehende Strahlungsentropie durch die Materialeigenschaften der Empfängerfläche festgelegt, was eine im Prinzip frei wählbare, systemspezifische Größe ist.

Bevor anhand von Gl. 6-3 eine Leistung berechnet werden kann, muß der abgehende Strahlungsstrom bekannt sein. Da dieser eine wandlerspezifische Größe und der Wandler zunächst beliebig ist, muß hierzu eine *Festlegung* getroffen werden. Bei dieser Festlegung sind zwei Wege möglich, die auf zwei Versionen des Strahlungsenergiewandlers und somit zwei unterschiedliche Ergebnisse für die Strahlungsexergie hinauslaufen.

6.1 Die erste Version des Strahlungsenergiewandlers

Eine sinnvolle Festlegung des abgehenden Strahlungsenergiestroms wäre derart, daß diese Strahlung keine Exergie davonträgt, da dies die abzugebende Leistung mindern würde. Der abgehende Strahlungsstrom sollte sich also im Gleichgewicht mit der Umgebung befinden, d.h. Strahlung im „Umgebungszustand" sein. Da Strahlung zumindest die gasförmige Umgebung nahezu ungehindert durchdringt, muß der Umgebungsbegriff für den Strahlungsenergiewandler erweitert werden. Die Umgebung ist in diesem Fall alle für die Strahlung erreichbare Materie. Zur Ableitung der Umgebungsstrahlung wird auf die Berechnung der Exergie eines geschlossenen Systems Bezug genommen. System und Umgebung werden dort als ein abgeschlossenes Gesamtsystem betrachtet (Fratscher, 1986; Ahrendts, 1977). Dieses Gesamtsystem ist aufgrund seines Gleichgewichtszustands mit Hohlraumstrahlung der Temperatur der sehr viel größeren Umgebung erfüllt. Analog hierzu wird für kontinuierliche Strahlungsenergiewandler Schwarzkörper-Strahlung bei Umgebungstemperatur T_u als Umgebungsstrahlung zugrundegelegt. Daher soll bei der ersten Version die vom Wandler abgehende Strahlung als *Schwarzkörper-Strahlung bei T_u festgelegt* werden.

Mit dieser Festlegung der abgehenden Strahlung kann die im reversiblen Fall vom Wandler abgegebene Leistung nach Gl. 6-3 berechnet werden. Für die Entropie von Schwarzkörper-Strahlung gilt die Beziehung $D_{ab} = D_{ab}^G = 4/3\,\sigma^{1/4} E_{ab}^{3/4}$, vgl. Gl. 4-13. Damit wird Gl. 6-3 zu

$$\frac{P_{rev}}{A} = E_{zu} - E_{ab} - T_u\left(D_{zu} - \frac{4}{3}\sigma^{1/4} E_{ab}^{3/4}\right).$$

Das Maximum der Leistung in Bezug auf E_{ab} liegt bei

$$\frac{\partial P_{rev}}{\partial E_{ab}} = T_u\frac{\sigma^{1/4}}{E_{ab}^{1/4}} - 1 \stackrel{!}{=} 0 \quad \rightsquigarrow \quad \left(\frac{E_{ab}}{\sigma}\right)^{1/4} = T_u,$$

6.1 Die erste Version des Strahlungsenergiewandlers

d.h. das Leistungsmaximum stellt sich, wie zu erwarten, ein, wenn die abgehende Strahlung im Umgebungszustand ist. Da weder der abgehende Strahlungsenergiestrom noch der abgegebene Wärmestrom Exergie davonträgt, ist die abgegebene Leistung P_{rev} im reversiblen Umwandlungsfall mit der zugehenden Strahlungsexergie gleichzusetzen. Die Exergie der Strahlungsenergie berechnet sich gemäß der hier vorgestellten ersten Version des Strahlungsenergiewandlers (Index I) zu

$$\mathcal{E}^I = \frac{P_{rev}^I}{A} = E_{zu} - T_u D_{zu} + \frac{1}{3}\sigma T_u^4 . \qquad 6\text{-}4$$

Je geringer der Entropiegehalt der zugehenden Strahlung ist, desto höher ist ihre Exergie. Wird entropiefreie Energie eingestrahlt (Laserstrahlung), kann noch Entropie aus der Umgebung vermittels eines Wärmestroms aufgenommen werden, so daß die vom Wandler abgegebene Leistung größer ist als der zugehende Strahlungsenergiestrom (d.h. der exergetische Anteil $\mathcal{E}/E_{zu}$ wird größer als eins).

Wird speziell Schwarzkörper-Strahlung aus dem Halbraum eingestrahlt, kann die abgegebene Leistung durch

$$P_{rev}^I = A\sigma T_{zu}^4 \left(1 - \frac{4}{3}\frac{T_u}{T_{zu}}\right) + \frac{1}{3}A\sigma T_u^4$$

beschrieben werden. Bezogen auf den zugehenden Strahlungsenergiestrom, ergibt sich

$$\frac{P_{rev}^I}{AE_{zu}} = 1 - \frac{4}{3}\frac{T_u}{T_{zu}} + \frac{1}{3}\frac{T_u^4}{T_{zu}^4} . \qquad 6\text{-}5$$

Diese Gleichung ist in der Literatur als Berechnungsgleichung für die Exergie von Schwarzkörper-Strahlung weit verbreitet. Sie wird von Petela (1964), Landsberg und Tonge (1980), Bošnjaković und Knoche (1988) sowie Ahrends (1988) angegeben[3]. Die allgemeine Version von Gl. 6-5 bei beliebiger Einstrahlung lautet

$$\eta^I = \frac{P_{rev}^I}{AE_{zu}} = 1 - T_u \frac{D_{zu}}{E_{zu}} + \frac{1}{3}\frac{\sigma T_u^4}{E_{zu}} . \qquad 6\text{-}6$$

Zahlenbeispiele zu Gl. 6-6 werden im Abschnitt 6.3 angegeben.

Bei der vorstehend abgeleiteten ersten Version des Strahlungsenergiewandlers wurde durch die Vorgabe der abgehenden Strahlung eine Festlegung einer Eigenschaft des Wandlers vorgenommen, die auch Auswirkungen auf die Umwandlung der zugehenden Strahlung hat. Die mit der einfallenden Strahlung an irgend einer Stelle des Wandlers wechselwirkende Materie emittiert selbst und bedingt dadurch die abgehende Strahlung E_{ab}. Diese Doppelfunktion der Empfänger-Fläche verkoppelt die Ein- und Ausstrahlung, d.h. die Umwandlung der einfallenden Strahlung kann nicht unabhängig von der Festlegung der abgehenden Strahlung betrachtet

---

[3]Diese Gleichung entspricht von der Form her der in Kapitel 3.2 abgeleiteten Gl. 3-19 von PETELA für geschlossene Systeme. Diese formale Übereinstimmung liegt in der nahezu identischen Formulierung von Hohlraum- und Schwarzkörper-Strahlung begründet und hat den Mißverständnissen bezüglich offenen und geschlossenen Systemen Vortrieb geleistet.

werden. Bei der ersten Version des Strahlungsenergiewandlers wird Schwarzkörper-Strahlung emittiert, so daß nur ein Schwarzer Körper der Temperatur T_u auch mit der einfallenden Strahlung in Wechselwirkung stehen kann[4]. Dieser Absorptions- und Emissionsvorgang soll definitionsgemäß reversibel sein, da zur Ableitung von Gl. 6-4 die Entropieerzeugungsrate in Gl. 6-2 zu null gesetzt wurde. Die hier geforderte Reversibilität ist, wie nachfolgend gezeigt wird, nicht gegeben, so daß die Gültigkeit der ersten Version des Strahlungsenergiewandlers in Frage gestellt werden muß.

Es ist schwer vorstellbar, daß ein Schwarzer Körper einfallende Strahlung, die er definitionsgemäß vollständig absorbiert (vgl. Kap. 4), *nicht* in thermische innere Energie umwandelt. Die Umwandlung beliebiger Strahlung in thermische Energie an einer Schwarzkörper-Fläche aber ist im allgemeinen irreversibel. Die Aussage: „Ein Schwarzer Körper wandelt alle einfallende Strahlung in thermische Energie um" läßt sich nicht beweisen, es ist eine Vermutung. Die Aussage, daß eine solche Umwandlung i.a. irreversibel ist, kann durch Bilanzgleichungen belegt werden.

Ein Schwarzer Körper absorbiert definitionsgemäß alle auftreffende Strahlung, und er emittiert (allein in Abhängigkeit seiner Temperatur) bei allen Wellenlängen. Diese speziellen Strahlungseigenschaften des Schwarzen Körpers sind durch die völlige Unordnung seiner Energiezustände zu erklären, was sich dann in dem Entropiemaximum der Schwarzkörper-Strahlung niederschlägt (vgl. Kap. 3). Solche ungeordneten Bewegungszustände speziell der Moleküle bilden auch die Basis der thermischen Energie, womit sich die strenge Analogie zwischen einem Schwarzkörper-Strahlungsstrom und einem Wärmestrom erklärt. Somit ist es naheliegend, bei der Absorption von Strahlung an einem Schwarzen Körper die Umwandlung der Strahlungsenergie in thermische Energie anzunehmen. Die ausschließliche Direktumwandlung z.B. in elektrische Energie durch gezielte Anregung spezieller Elektronen-Energieniveaus ist beim Schwarzen Körper unwahrscheinlich. Die Umwandlung einer Energieform in thermische Energie ist im allgemeinen Fall mit einer Entropieerzeugung verbunden. Dies zeigt sich, wenn speziell ein Schwarzer Körper als Empfängerfläche bilanziert wird, Abb. 6.2. Es wird hier beliebige Strahlung zugeführt, Schwarzkörper-Strahlung bei der Temperatur T abgestrahlt, und ein Wärmestrom $\dot{Q}$ abgeführt, der die Fläche auf der Temperatur T hält. Die Energiebilanz dieses speziellen Systems, welches ein Teilsystem der ersten Version des Strahlungsenergiewandlers ist, lautet

$$A E_{zu} = A \sigma T^4 + \dot{Q},$$

die zugehörige Entropiebilanz ergibt sich zu

$$A D_{zu} + A \dot{S}_{irr} = \frac{4}{3} A \sigma T^3 + \frac{\dot{Q}}{T}.$$

Aus diesen beiden Gleichungen berechnet sich die Entropieerzeugungsrate zu

---

[4]Ob dieser Schwarze Körper in einfacher Weise angeordnet ist, oder ob eine kompliziertere Anordnung vorliegt wie z.B. mit optischen Zirkulatoren nach Sizmann (1985), ist ohne Bedeutung. Da nur die Größen an der Bilanzgrenze einfließen, resultiert in jedem Fall Gl. 6-4.

6.1 Die erste Version des Strahlungsenergiewandlers

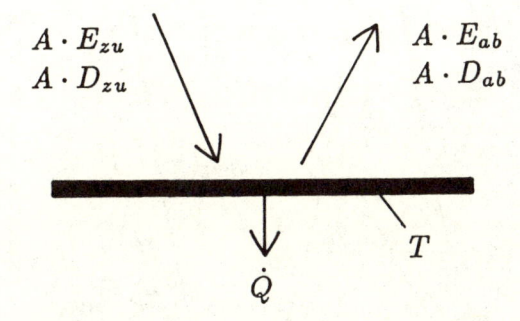

$A \cdot E_{zu}$
$A \cdot D_{zu}$

$A \cdot E_{ab}$
$A \cdot D_{ab}$

$\dot{Q}$ T

Bild 6.2 Die Bilanzgrößen an der Absorberfläche

$$\dot{S}_{irr,Q} = \frac{1}{3}\sigma T^3 + \frac{E_{zu}}{T} - D_{zu}.$$

Je größer der zugehende Entropiestrom, desto geringer die Entropieerzeugungsrate bei der Absorption von Strahlung. Durch den abgehenden Strahlungsenergiestrom sowie durch den abgeführten Wärmestrom wird dem System kontinuierlich Entropie entzogen, die zum Teil, bzw. im Extremfall $D_{zu} = 0$ vollständig, erzeugt werden muß. Die maximal mögliche Entropie wird zugeführt (die Entropieerzeugungsrate also minimiert), wenn Schwarzkörper-Strahlung einfällt. Dann gilt:

$$\dot{S}_{irr,Q} = \sigma \left(\frac{1}{3}T^3 + \frac{T_{zu}^4}{T} - \frac{4}{3}T_{zu}^3 \right). \qquad 6\text{-}7$$

Diese für den Sonderfall der Schwarzkörper-Einstrahlung geltende Gleichung ist in Abb. 6.3 über der Temperatur der schwarzen Absorberfläche T aufgetragen. Die Temperatur der zugehenden Strahlung ist einmal mit $T_{zu} = 300$ K vorgegeben, ein weiteres Mal mit $T_{zu} = 700$ K.

Die Umwandlung von Schwarzkörper–Strahlung in einen Wärmestrom vermittels eines schwarzen Absorbers ist irreversibel, wenn der Absorber und die einfallende Strahlung unterschiedliche Temperaturen haben. Diese Irreversibilität ist nicht „konstruktionsbedingt", sondern grundsätzlicher Natur. Bei Temperaturgleichheit wird der Wärmestrom zu null. Dieses Resultat wurde schon von Planck (1923) angegeben[5]. Zusätzlich aufgetragen in Abb. 6.3 ist die Entropieerzeugungsrate bei

---
[5]Die Gl. 6-7 war Anlaß einer Diskussion zwischen WÜRFEL (1982) und DE VOS und PAUWELS (1983), da WÜRFEL aufgrund der Nichtbeachtung von Gl. 6-7 auf ein thermodynamisches Paradoxon stieß.

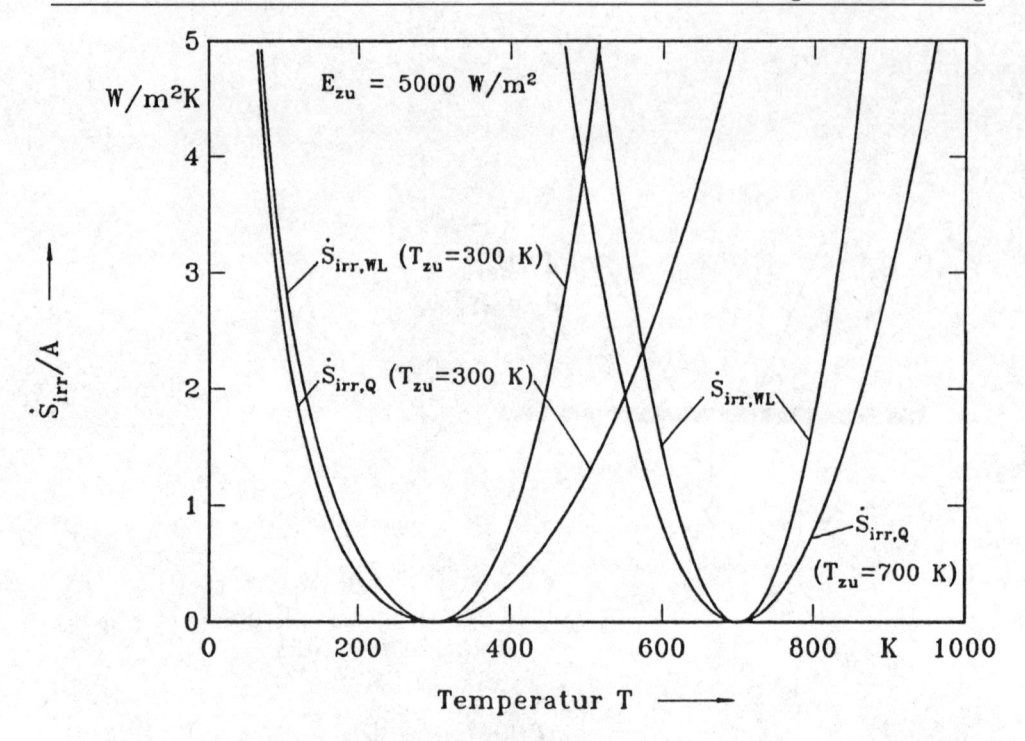

Bild 6.3 Die Entropieerzeugungsrate bei der Umwandlung eines Schwarzkörper-Strahlungsstroms in einen Wärmestrom an einer schwarzen Empfängerfläche nach Gl. 6-7, verglichen mit der Entropieerzeugungsrate bei Wärmeleitung, Gl. 6-8

reiner Wärmeleitung (Index WL) eines gleichgroßen Wärmestroms zwischen zwei unterschiedlichen Temperaturen (Baehr, 1992)

$$\dot{S}_{irr,WL} = \dot{Q}\left(\frac{1}{T} - \frac{1}{T_{zu}}\right) \quad \text{mit} \quad \dot{Q} = A\sigma\left(T_{zu}^4 - T^4\right). \qquad 6\text{-}8$$

Die bei der Wärmeleitung erzeugte Entropie zeigt einen ähnlichen Verlauf wie Gl. 6-7, ist aber bei gleichem Wärmestrom $\dot{Q}$ und gleicher Temperatur T mit der *höheren* Entropieerzeugung verbunden, der Kurvenverlauf ist steiler. Es ist zu beachten, daß bei der Wärmeleitung der übertragene Wärmestrom $\dot{Q}$ und die Temperatur T i.a. unabhängig zu wählende Variable sind, im Fall der Schwarzkörper–Strahlung ist nur eine dieser Größen frei wählbar.

Festzuhalten ist, daß trotz des hier zugrundeliegenden Falls der maximalen Entropieeinstrahlung nur ein besonderer Zustand existiert, wo die Entropieerzeugungsrate gerade (d.h. mit waagerechter Tangente) zu null wird, ansonsten ist sie immer positiv. Sie wird gerade dann zu null, wenn die Temperatur der einfallenden Schwarzkörper-Strahlung gleich der Temperatur der abgehenden Schwarzkörper-Strahlung wird, also $T_{zu} = T_{ab}$. Dies ist der Gleichgewichtszustand, bei dem zwar erwartungsgemäß die Entropieerzeugung zu null wird, aber ebenso der abzugebende Wärmestrom $\dot{Q}$, da genausoviel Energie abgestrahlt wie zugestrahlt wird.

Ist die zugehende Strahlung nicht Schwarzkörper-Strahlung, sondern beliebige Strahlung, so ist die Strahlungsentropie D_{zu} bei gleicher Strahlungsenergie E_{zu} niedriger, d.h. nach Gl. 6-7 die Entropieerzeugungsrate $\dot{S}_{irr,Q}$ durchweg höher als im Fall der Schwarzkörper-Einstrahlung, Abb. 6.3. Es existiert nun kein Punkt mehr, an welchem die Entropieerzeugungsrate zu null wird. Somit gilt:
   Es ist unmöglich, mit einer schwarzen Absorberfläche beliebige (d.h. nichtschwarze) Strahlung reversibel in einen Wärmestrom umzuwandeln.

Auch wenn die einfallende Strahlung von einem grauen Körper ausgeht, der dieselbe Temperatur hat wie die empfangende Oberfläche, wird Entropie erzeugt.

Nachdem mit dieser Diskussion die erste Version des Strahlungsenergiewandlers in Frage gestellt wurde, soll eine zweite Version aufgezeigt werden, welche eine reversible Umwandlung von Strahlungsenergie in Leistung ermöglicht.

6.2 Die zweite Version des Strahlungsenergiewandlers

Aus Abb. 6.3 und den zugehörigen Ausführungen geht hervor, daß eine reversible Umwandlung von Schwarzkörper-Strahlung in thermische Energie nur im „Gleichgewichts-Fall" möglich ist. Ein solches Gleichgewicht stellt sich ein, wenn die abgehende Strahlung genau der zugehenden Strahlung entspricht, also jeweils Schwarzkörper-Strahlung derselben Temperatur darstellt. Diese Aussage läßt sich für beliebige Strahlung verallgemeinern, es muß dazu aber die Festlegung der Empfängerfläche als Schwarzkörper-Oberfläche einer vorgegebenen Temperatur fallengelassen werden. In der zweiten Version des Strahlungsenergiewandlers werden die Strahlungseigenschaften der Empfängerfläche nicht von vornherein festgelegt, sondern den jeweiligen Einstrahlungsbedingungen angepaßt. Mit einer solchen Empfängerfläche kann die einfallende Strahlungsenergie reversibel in einen Wärmestrom umgewandelt werden. Allerdings wird der abgehende Strahlungsstrom dann i.a. nicht der Umgebungsstrahlung entsprechen, d.h. nicht exergielos sein. Dieser Aspekt wird am Ende des Kapitels diskutiert. Der vom Absorber abgegebene Wärmestrom wiederum kann einer reversibel arbeitenden Wärmekraftmaschine zugeführt werden, vgl. Abb. 6.4, womit ein reversibler Umwandlungspfad geschaffen wäre.

Um die vorstehend abgeleiteten Beziehungen zur reversiblen Absorption von Schwarzkörper-Strahlung auf beliebige Strahlung zu erweitern, sollen zwei Hilfsgrößen eingeführt werden. In Anlehnung an das Energie,Entropie-Diagramm aus Abschnitt 4.3 wird für den Strahlungsentropiestrom eines beliebigen Strahlungsstroms der Ansatz

$$D = \frac{4}{3} x \, \sigma^{1/4} E^{3/4} \qquad 0 \leq x \leq 1 \qquad \text{6-9}$$

gemacht. Die mit Gl. 6-9 definierte Größe x berechnet sich aus einem Strahlungsenergiestrom E und dem zugehörigen Strahlungsentropiestrom D zu

$$x = \frac{3}{4} \frac{D}{\sigma^{1/4} E^{3/4}} = \frac{D(E)}{D^G(E)}.$$

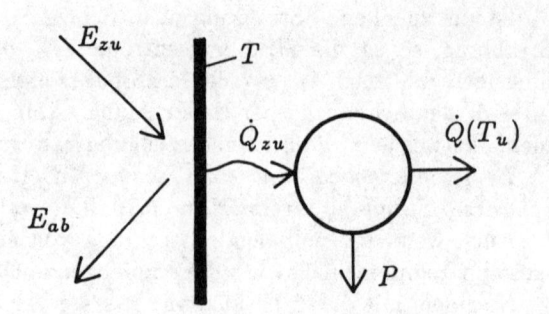

Bild 6.4 Die zweite Version des Strahlungsenergiewandlers mit reversibler Absorption und reversibler Wärmekraftmaschine

reversible Absorption   reversible WKM

Diese Größe x ist ein Maß für die *Qualität* eines Strahlungsenergiestroms, i.e. dessen relativer Entropiegehalt in Bezug zur Entropie $D^G(E)$ der energieäquivalenten Schwarzkörper-Strahlung. Diese Größe kann zwischen $x \simeq 0$ (Laserstrahlung) und $x = 1$ (Schwarzkörper–Strahlung) variieren. Sie ist nicht mit dem Verdünnungsgrad (Kap. 4.3) zu verwechseln, sie nimmt weder Einfluß auf das zu E gehörige Spektrum noch bedingt sie irgend eine Temperatur der Strahlungsquelle.

Eine reversible Umwandlung der Strahlungsenergie ist nun möglich, wenn $x_{ab} = x_{zu}$ gilt. Dies geht aus Abb. 6.5 hervor, wo die Entropieerzeugungsrate als Funktion der abgestrahlten Energie einer Absorberfläche aufgetragen ist. Die Strahlungseigenschaften der Absorberfläche sind so eingestellt, daß die Qualität x_{ab} der abgehenden Strahlung gleich der Qualität x_{zu} der zugehenden Strahlung ist. Die Entropieerzeugungsrate wird *mit waagerechter Tangente* null, wenn $E_{ab} = E_{zu}$ wird. Dies entspricht bei Schwarzkörper-Strahlung dem Fall, daß die Temperaturen gleich sind, vgl. Abb. 6.3. Es bietet sich für diesen Grenzfall $E_{ab} = E_{zu}$ die Berechnung einer Temperatur T an. Aus der Energie- und Entropiebilanz eines beliebigen Absorbers ergibt sich:

$$\dot{Q} = A(E_{zu} - E_{ab}) ,$$

$$\dot{S}_{irr,Q} = (D_{ab} - D_{zu}) + \frac{1}{T}(E_{zu} - E_{ab}) .\qquad 6\text{-}10$$

Die Temperatur der Wärmeabgabe ist dann

$$T = \frac{E_{zu} - E_{ab}}{D_{zu} - D_{ab} + \dot{S}_{irr}} . \qquad 6\text{-}11$$

Diese Temperatur ist der thermodynamischen Mitteltemperatur T_m ähnlich (vgl. Baehr, 1992), welche zur exergetischen Bewertung eines Enthalpiestroms bei veränderlicher Temperatur nötig ist.

Mit dem Grenzwert $E_{ab} \rightarrow E_{zu}$ ergibt sich aus Gl. 6-11 eine besondere Temperatur

6.2 Die zweite Version des Strahlungsenergiewandlers

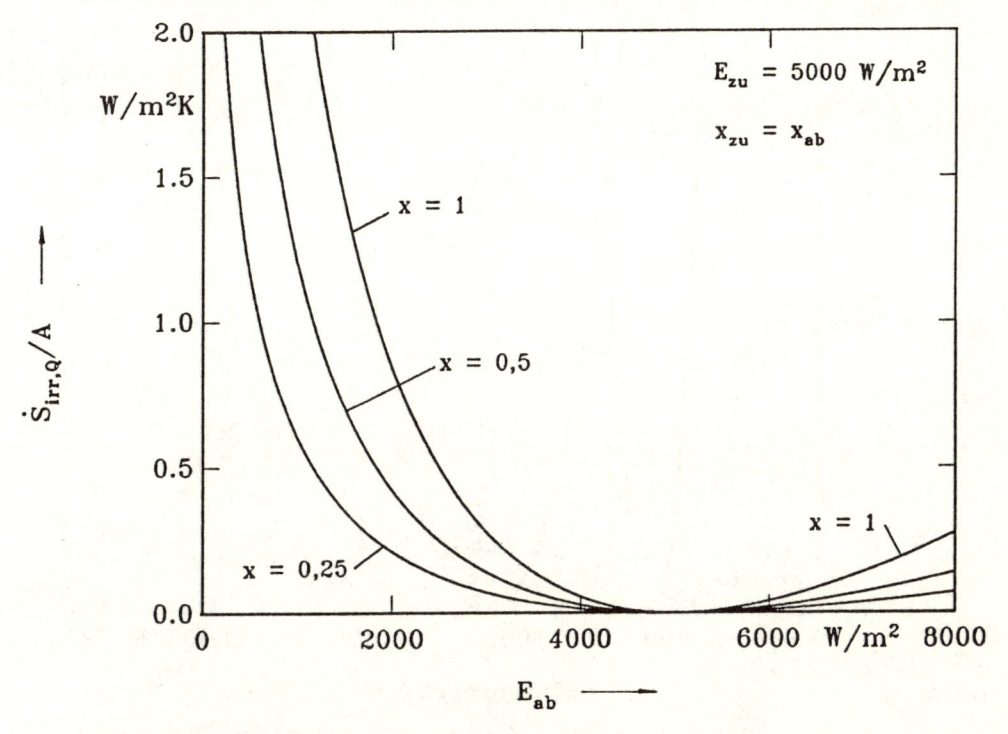

Bild 6.5 Darstellung der Entropieerzeugungsrate als Funktion des abgestrahlten Energiestroms einer beliebigen Absorberfläche. Die Qualitäten x der eingehenden und der abgehenden Strahlung sind jeweils gleich.

$$T^* = \lim_{E_{ab} \to E_{zu}} \left\{ \frac{E_{zu} - E_{ab}}{D_{zu} - D_{ab} + \dot{S}_{irr}/A} \right\}$$

$$= \lim_{E_{ab} \to E_{zu}} \left\{ \frac{E_{zu} - E_{ab}}{\frac{4}{3} x \sigma^{1/4} \left(E_{zu}^{3/4} - E_{ab}^{3/4} \right)} \right\} = \frac{1}{x} \left(\frac{E}{\sigma} \right)^{1/4}. \qquad 6\text{-}12$$

Diese Temperatur T^* gehorcht auch der thermodynamischen Beziehung

$$\frac{\partial D}{\partial E} = \frac{\partial}{\partial E} \left\{ \frac{4}{3} x \sigma^{1/4} E^{3/4} \right\} = x \left(\frac{\sigma}{E} \right)^{1/4} = \frac{1}{T^*},$$

so daß sich diese Temperatur als Temperatur der Wärmeabgabe (also der Temperatur der Absorberfläche) anbietet. Wird diese Temperatur in die Gl. 6-10 zur Berechnung der Entropieerzeugungsrate eingesetzt, ergibt sich der in Abb. 6.6 dargestellte funktionale Zusammenhang. Als Parameter tritt jeweils der Qualitätsparameter $x = x_{zu} = x_{ab}$ auf[6]. Die Temperatur T^* ist das $1/x$-fache der Temperatur

---

[6]Das Modell der verdünnten Schwarzkörper–Strahlung erhält man als Sonderfall, wenn $x^4 = \epsilon$ gesetzt wird:
$$E^v = \sigma x^4 T^4 \quad ; \quad D^v = \frac{4}{3} \epsilon X(\epsilon) \sigma T^3 \ .$$

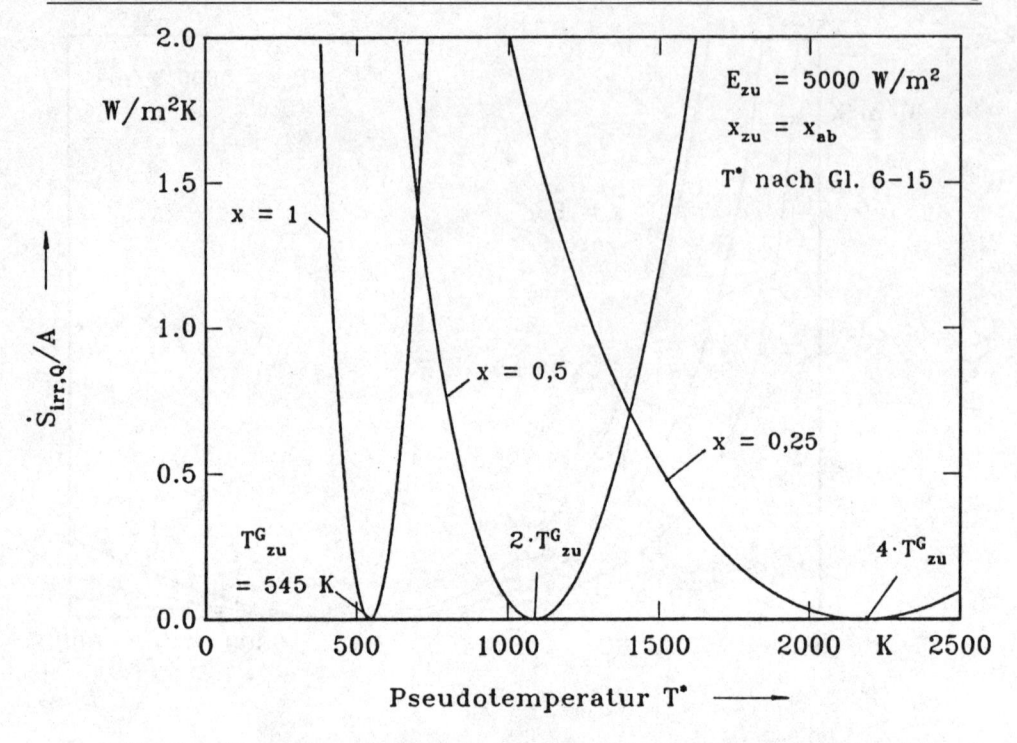

Bild 6.6 Darstellung der Entropieerzeugungsrate über der Temperatur T^* nach Gl. 6-12. Es wird beliebige Strahlung der Qualität x an einer beliebigen Fläche absorbiert, wobei die abgehende Strahlung nämliche Qualität hat.

$T^G = (E/\sigma)^{1/4}$ eines Schwarzen Körpers, der den vorgegebenen Strahlungsenergiestrom E emittieren würde. Der Verlauf der Kurven in Abb. 6.6 ist analog zur Abb. 6.3. Es gibt demnach auch im hier betrachteten Fall beliebiger Einstrahlung eine besondere Konstellation, wo die Entropieerzeugungsrate $\dot{S}_{irr}$ den Wert null mit waagerechter Tangente durchläuft. Dazu müssen die Strahlungseigenschaften der Empfängerfläche derart sein, daß sich die Qualität der abgehenden Strahlung genau gleich der Qualität der zugehenden Strahlung ergibt. Das bedeutet, daß sowohl die spektrale Verteilung wie auch die Raumwinkelverteilung und der Polarisationsgrad der beiden Strahlungsströme gleich sind.

Ist an einer derartigen Empfängerfläche die reversible Umwandlung des einfallenden Strahlungsenergiestroms in einen Wärmestrom vollzogen worden, kann in einem zweiten Schritt dieser Wärmestrom vermittels einer reversiblen Wärmekraftmaschine in Leistung umgewandelt werden, vgl. Abb. 6.4. Da der Wärmestrom $\dot{Q}_{zu}$ bei der Temperatur T^* zur Verfügung steht, ergibt sich der energetische Wirkungsgrad der Wärmekraftmaschine zu

$$\eta = 1 - \frac{T_u}{T^*} = \frac{P}{\dot{Q}}.\qquad 6\text{-}13$$

Wird Schwarzkörper-Strahlung aus dem Halbraum eingestrahlt, wird die Temperatur T^* zur thermodynamischen Temperatur der Schwarzkörper-Strahlung. Gl. 6-13

6.2 Die zweite Version des Strahlungsenergiewandlers

erlaubt die Berechnung der Leistung P, die vom Strahlungsenergiewandler gemäß der zweiten Version im reversiblen Fall abgegeben wird. Der Wärmestrom $\dot{Q}$ ergibt sich aus der Differenz zwischen dem zugehenden und dem abgehenden Strahlungsenergiestrom, dividiert durch die Absorberfläche A. Entsprechend Gl. 6-4 für die erste Version des Strahlungsenergiewandlers resultiert für die zweite Version

$$\mathcal{E}^{II} = \frac{P^{II}_{rev}}{A} = \left(1 - \frac{T_u}{T^*}\right)(E_{zu} - E_{ab}) \,. \qquad \text{6-14}$$

Der Hintergrund dieser zweiten Version des Strahlungsenergiewandlers ist der thermodynamische Gleichgewichtszustand, insbesondere das Gleichgewicht zwischen Zu- und Abstrahlung an der Empfängerfläche des Absorbers. In einem solchen Gleichgewichtszustand wird der vom Absorber abgehende Wärmestrom $\dot{Q}$ infinitesimal klein sein, und ebenso die vom Strahlungsenergiewandler abgegebene Leistung. Ein *endlicher* Wärmestrom wird den betrachteten Absorber nur verlassen können, wenn eine unendlich große Absorberfläche zur Verfügung steht. Mit dem Ansatz

$$A := \frac{C}{E_{zu} - E_{ab}} \qquad \dot{Q} = A(E_{zu} - E_{ab}) \stackrel{!}{=} \Phi_{Netto} \qquad \text{6-15}$$

kann über die frei zu wählende Konstante C ein endlicher Grenzwert

$$\lim_{E_{ab} \to E_{zu}} \{\dot{Q}\} = \lim \left\{ C \frac{E_{zu} - E_{ab}}{E_{zu} - E_{ab}} \right\} = C = \Phi_{Netto}$$

eingestellt werden. Beliebige Strahlung mit gegebenem Energiestrom E_{zu} und bekanntem Entropiestrom D_{zu}, die isotrop aus dem Halbraum einfällt, kann reversibel in einen endlichen Wärmestrom umgewandelt werden, wenn der Absorber den Abgleich zwischen D_{zu} und D_{ab} sowie eine unendlich große Fläche ermöglicht.

Der Ansatz für die Fläche A ist dem konvektiven Wärmeübergang entliehen, wonach der übertragene Wärmestrom $\dot{Q} = Ak(T_{zu} - T)$ das Produkt aus Temperaturdifferenz, Übertragungsfläche und Wärmedurchgangskoeffizient k ist. Auch hier wird, wenn der Wärmeübergang reversibel erfolgen soll, die Temperaturdifferenz unendlich klein, was nur bei unendlich großer Übertragungsfläche oder unendlich hohem Wärmedurchgangskoeffizienten einen endlichen Wärmestrom ermöglicht. Diese theoretischen Grenzfälle stellen natürlich Idealisierungen dar, sind aber wie z.B. im Fall der reversiblen (Carnot)-Wärmekraftmaschine, wo Wärmeströme reversibel zu- und abgeführt werden, anerkanntermaßen die Obergrenze. Nur dann resultiert der weit verbreitete Carnot–Faktor. Bei irreversiblen Wärmeübergang mit endlicher Temperaturdifferenz ergibt sich anstelle des Carnot-Faktors $\eta_C = 1 - T_u/T_{zu}$ der modifizierte Wirkungsgrad einer innerlich reversiblen Carnot-Maschine $\eta = 1 - \sqrt{T_u/T_{zu}}$ (Curzon und Ahlborn, 1975).

Mit Gl. 6-15 ist der Netto-Strahlungsenergiestrom $\Phi_{Netto} := A(E_{zu} - E_{ab})$ eingeführt worden. Mit dieser Größe schreibt sich Gl. 6-14

$$P^{II}_{rev} = \Phi_{Netto}\left(1 - \frac{T_u}{T^*}\right) \qquad \text{mit} \quad T^* = \frac{1}{x_{zu}}\left(\frac{E_{zu}}{\sigma}\right)^{1/4} = \frac{4}{3}\frac{E_{zu}}{D_{zu}} \qquad \text{6-16}$$

oder

$$\eta^{II} = \frac{P^{II}_{rev}}{\Phi_{Netto}} = \left(1 - \frac{T_u}{T^*}\right) \,. \qquad \text{6-17}$$

Wird speziell Schwarzkörper-Strahlung zugeführt, ergibt sich

$$P_{rev}^{II} = \Phi_{Netto}\left(1 - \frac{T_u}{T_{zu}}\right).\qquad\text{6-18}$$

Die reversible Umwandlung eines Schwarzkörper–Strahlungsstroms ist der Umwandlung eines Wärmestroms vollkommen analog und resultiert im Carnot–Faktor als Umwandlungswirkungsgrad. Dieses Ergebnis betont die schon erwähnte thermodynamische Äquivalenz zwischen einem Schwarzkörper Netto-Strahlungsstrom und einem Wärmestrom. Die durch Gl. 6-16 berechnete Leistung ist die Exergie der Strahlung, wie sie sich gemäß der zweiten Version des Strahlungsenergiewandlers darstellt. Sie wird in Kap. 6.3 mit der ersten Version (Gl. 6-4) verglichen. Anhand dieser zweiten Version wird deutlich, daß die Betrachtung *absoluter* Strahlungsenergieströme, wie sie bislang üblich ist, nicht mit der klassischen Gleichgewichtsthermodynamik harmoniert. Erst mit Hilfe des Netto–Strahlungsstroms nach Gl. 6-15 können die bekannten Ansätze auch auf die Strahlungsenergie übertragen werden.

Die Einführung des Netto–Strahlungsenergiestroms läßt sich begründen, wenn der Energietransfer durch Strahlung als ein räumlich auseinandergezogener „Wärmeleitvorgang" betrachtet wird. In beiden Fällen wird Energie von einem stärker erregten Molekül an ein minder erregtes übertragen. Bei der konduktiven Wärmeübertragung wird dies durch die Brownsche Molekülbewegung veranschaulicht, wobei Stoßenergien immer in *beide* Richtungen des Temperaturgradienten übertragen werden, ein Netto-Energiestrom aber nur in Richtung der niedrigeren Temperatur zu beobachten ist. So gesehen handelt es sich auch bei einem konduktiven Wärmestrom immer um einen Netto–Energieaustausch, ausgenommen den Fall, daß die empfangende Materie die Temperatur null Kelvin hat. Da der absolut vorhandene Rückstrom von Energie weder bei der Wärmeleitung noch bei der Strahlung zu unterbinden ist, wäre in Analogie zum Wärmestrom auch bei Strahlung der Netto-Strahlungsenergiestrom eine sinnvolle Größe. Bei der Wärmeübertragung durch Strahlung wird dies so gehandhabt, bei der allgemeinen Behandlung der Strahlung wird ein derartiger Ansatz durch die sehr einfache Formulierung der absoluten Strahlungsenergieströme von Schwarzkörper-Strahlung gemäß $E = \sigma T^4$ hintergangen. Die Abhängigkeit $E \sim T^4$ läßt zudem oft einen Strom gegenüber den anderen vernachlässigbar erscheinen, wie z.B. beim System Sonne-Erde.

Es ist hier auf einen besonderen Unterschied zwischen den flächenspezifischen Größen E_{zu} bzw. D_{zu} und den extensiven Größen $\Phi_{zu}(= \int E_{zu}\,dA)$ bzw. $\Psi_{zu}(= \int D_{zu}\,dA)$ hinzuweisen. Diese beiden Vorgaben sind, im Gegensatz zur klassischen Thermodynamik (z.B. in Bezug auf spezifische Größen), nicht gleichwertig. Bei der Vorgabe der extensiven Strahlungsgrößen Φ_{zu} und Ψ_{zu} bleibt die Qualität x der Strahlung unspezifiziert (wie ein Wärmestrom ohne Temperaturangabe), nur flächenspezifische Strahlungsströme können im Energie,Entropie-Diagramm eindeutig festgelegt und so ihr Verhältnis zur energieäquivalenten Schwarzkörper–Strahlung abgelesen werden. Für die extensiven Größen gilt bei Schwarzkörper-Strahlung

$$\left.\begin{array}{l}\Phi^G = A\,\sigma\,T^4 \\ \Psi^G = \frac{4}{3}A\,\sigma T^3\end{array}\right\} \Psi^G = \frac{4}{3}(A\sigma)^{1/4}\,\Phi^{3/4}.$$

Diese Gleichung ist vollständig analog zur Fundamentalgleichung der Hohlraumstrahlung, Gl. 3-15. Da in dieser Beziehung die Fläche A vorkommt, kann bei gegebenem Strahlungsenergiestrom Φ^G durch entsprechende Wahl der Fläche jeder beliebige Strahlungentropiestrom Ψ^G eingestellt werden, anders als beim Enthalpiestrom eines Stoffes, der durch Variation des Massenstroms in der Qualität nicht beeinflußt wird. Das Verhältnis zwischen Φ^G und Ψ^G liegt im Gegensatz zu E^G und D^G nicht

6.2 Die zweite Version des Strahlungsenergiewandlers

fest, es kann beliebig variiert werden. Die Fläche steht hier stellvertretend für das Volumen V und ist wie V eine extensive Zustandsgröße. Diese Besonderheit erklärt sich aus der rein formalen Umrechnung von volumenspezifischen Strahlungsgrößen auf flächenspezifische Strahlungsströme durch den Faktor $c/4\pi$. Es gilt daher, wie bei volumenspezifischen Größen, bei Schwarzkörper–Strahlung die Fundamentalgleichung in der flächenspezifischen Form $\partial D^G/\partial E^G = 1/T$, aber nicht $\partial \Psi/\partial \Phi = 1/T$, wie aus folgenden Überlegungen deutlich wird. Mit dem Ansatz

$$\partial \Psi = \partial\left(A D^G\right) = D^G \partial A + A \partial D^G$$

ergibt sich mit

$$D^G = \frac{4}{3}\sigma T^3 = \frac{4}{3}\frac{E^G}{T} \quad \text{und} \quad \partial D^G = \frac{1}{T}\partial E^G$$

die Fundamentalgleichung für die extensiven Strahlungsströme zu

$$\begin{aligned}\partial \Psi &= \frac{4}{3}\sigma T^3 \partial A + A\frac{1}{T}\partial E^G = \frac{4}{3}\frac{E^G}{T}\partial A + \frac{A}{T}\partial E^G \\ &= \frac{1}{T}\partial\left(E^G A\right) + \frac{1}{3}\frac{E^G}{T}\partial A = \frac{1}{T}\partial \Phi + \frac{1}{3}\frac{E^G}{T}\partial A,\end{aligned}$$

so daß in der Fundamentalgleichung in der Formulierung mit den extensiven Strahlungsströmen noch ein Term hinzukommt, welcher dem $p/T\, \partial V$ - Term in Gl. 1-6 entspricht. Bei konstantem Strahlungsenergiestrom Φ ändert sich der Strahlungsentropiestrom Ψ bei Veränderung der Fläche A, es muß daher der Fläche besondere Aufmerksamkeit gewidmet werden. Andererseits ist eine explizite Angabe von A nur bedingt möglich, da es sich von der Anschauung her um eine maschinenspezifische Größe handelt, die bei der Bewertung einer Energieform nicht in Erscheinung treten sollte.

Neben der ersten Version ist in der Literatur eine weitere Version eines Strahlungsenergiewandlers bekannt geworden, die hier ebenfalls aufgeführt werden soll und den Index III bekommt. Es wird hierzu ein Energiewandler nach Abb. 6.7 betrachtet, bei welchem der zugehende Netto–Strahlungsenergiestrom per Definition in ein Wärmestrom umgewandelt wird, die Empfängerfläche A aber als vorgegebene Größe konstant gehalten wird. Die Umwandlung der durch E_{zu} und D_{zu} spezifizierten Strahlungsenergie in Wärmeenergie wird „erzwungen" durch den Ansatz nach Gl. 6-7. Wird also in die Entropiebilanzgleichung 6-2 die Entropieerzeugungsrate $S_{irr,Q}$ nach Gl. 6-7 eingesetzt, berechnet sich im speziellen Fall der Schwarzkörper–Strahlung zusammen mit Gl. 6-1 die Leistung zu

$$P^{III} = A\sigma\left(T_{zu}^4 - T^4\right) - A\sigma T_u\left(\frac{T_{zu}^4}{T} - T^3\right).$$

Diese abzugebende Leistung durchläuft einen Maximalwert; sie ist null sowohl bei $T = T_u$ wie auch bei $T = T_{zu}$. Das Maximum in Bezug auf die unbekannte Absorbertemperatur T ergibt sich durch die Gleichung

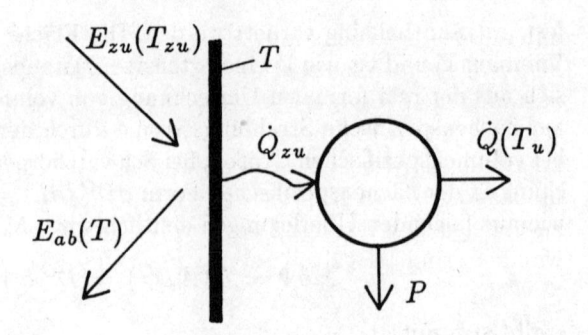

Bild 6.7 Die dem Fall III zugrundeliegende reversible Carnot-Maschine mit vorgeschaltetem irreversiblen Absorber

irreversible Absorption   reversible WKM

$$\frac{\partial P^{III}}{\partial T} \stackrel{!}{=} 0 \quad \leadsto \quad 0 = 4T_{opt}^5 - 3T_u T_{opt}^4 - T_{zu}^4 T_u,$$

die iterativ nach der optimalen Temperatur des Absorbers zu lösen ist. Mit $T = T_{opt}$ wird die in diesem Fall maximal abzugebende Leistung

$$P_{max}^{III} = A\sigma T_{zu}^4 \left(1 - \frac{T_{opt}^4}{T_{zu}^4}\right) \left(1 - \frac{T_u}{T_{opt}}\right) = \Phi_{Netto} \left(1 - \frac{T_u}{T_{opt}}\right). \qquad 6\text{-}19$$

Dieses Ergebnis ist die zweite in der Literatur verbreitete Beziehung für die maximale Arbeitsfähigkeit eines Schwarzkörper-Strahlungsenergiestroms (Castañs, 1976; De Vos und Pauwels, 1982; Bejan, 1988). Da hier die „optimale" Temperatur des Absorbers immer niedriger ist als die Temperatur T^* der zugehenden Strahlung, Gl. 6-12, ist der Wandler-Wirkungsgrad P^{III}/Φ_{Netto} kleiner als der Carnot-Faktor von Fall II. Wegen der unterschiedlichen Temperaturen $T_{zu} \neq T_{opt}$ wird im zuletzt betrachteten Fall bei der Umwandlung der Strahlungsenergie in einen Wärmestrom zwingend Entropie erzeugt, es handelt sich hier um keinen reversiblen Strahlungsenergiewandler. Zudem ist auch hier wieder die Leistung maximiert worden, nicht der Wirkungsgrad.

6.3 Die Exergie der Solarstrahlung

In den vorstehenden Abschnitten wurden zwei Gleichungen 6-6 und 6-18 zur Berechnung der Exergie von Strahlungsenergie vorgestellt, die im folgenden quantitativ gegenübergestellt werden sollen. Es ist zur Zeit nicht möglich, den einen oder den anderen Ansatz als den allein richtigen zu identifizieren. Beide Gleichungen werden

6.3 Die Exergie der Solarstrahlung

anhand des besonders interessierenden Falls der Solarstrahlung gemäß den Ergebnissen aus Kap. 5.2 diskutiert. Dort wurden für drei charakteristische Atmosphärenzustände die Strahlungsenergie- und entropieströme berechnet und in Tab. 5.5 zusammengestellt. Zu diesen Werten wurde noch der Energie- und Entropiestrom der langwelligen Atmosphärenstrahlung für eine Atmosphärentemperatur von 273 K hinzuaddiert, vgl. Kap. 5.1. Die unter diesen Einstrahlungsbedingungen maximal zu erzielende Wirkungsgrade gemäß der beiden Versionen des Strahlungsenergiewandlers sind in Tab. 6.1 zusammengefaßt. Die Ergebnisse der beiden Versionen

Tabelle 6.1 Ergebnisse der berechneten Umwandlungswirkungsgrade bei drei unterschiedlichen Atmosphärenzuständen nach Gl. 6-6 und 6-17. Die Temperatur der Umgebung beträgt $T_u = 300$ K.

		Spektrum I (klar)	Spektrum II (trüb)	Spektrum III (bewölkt)	Schwarzkörper-Str. ($T^G = 1000$ K)
$E_{zu,gesamt}$	W/m²	1058	415	447	56700
$D_{zu,gesamt}$	W/m² K	1,06	0,904	0,98	75,6
η^I nach Gl. 6-6		0,844	0,715	0,685	0,603
T^*	K	1331	612	608	1000
η^{II} nach Gl. 6-18		0,77	0,51	0,507	0,7

unterscheiden sich merklich. Bei Schwarzkörper–Strahlung liefert die zweite Version den höheren Exergiegehalt, bei realer Strahlung die erste Version. Die Exergie des bewölkten bzw. trüben Himmels ist aber in beiden Fällen noch beachtlich.

7 Das chemische Potential der Strahlung

Die Ausführungen, insbes. im vorhergehenden Kapitel 6 haben gezeigt, daß eine Einbindung der Strahlungsenergie als eine Energieform in der klassischen Kontinuumsthermodynamik nur bedingt möglich ist. An vielen Stellen fließen Vorgaben ein, denen atomare Modellvorstellungen zugrunde liegen. Zur Vervollständigung der Beschreibung der Wechselwirkung zwischen Strahlung und Materie soll in diesem Kapitel eine Einführung in quantenstatistische Modellvorstellungen erfolgen. Speziell die Vorgänge in einer idealisierten photovoltaischen Zelle können hiermit beschrieben werden. Die durch die photovoltaische Zelle repräsentierte *Direkt*umwandlung eines Strahlungsenergiestroms in (elektrische) Leistung ist gemäß Kapitel 6 mit den klassischen Vorstellungen nicht zu vereinbaren.

Mit einigen vereinfachenden Annahmen ergibt sich aus der quantenmechanischen Festkörper-Physik bei der Modellierung eines Halbleiter-Strahlungsfeld Systems ein Ausdruck für die Photonenstromdichte, der als mit einem chemischen Potential μ_γ behaftete Photonenstrom eines Schwarzen Körpers interpretiert werden kann (Landsberg, 1981; DeVos und Pauwels, 1981; Würfel, 1982). Es soll in diesem Kapitel untersucht werden, ob mit diesem Ansatz eine Verbindung zwischen nicht-thermischer und thermischer Strahlung hergestellt werden kann und welche Auswirkungen ein chemisches Potential auf die Thermodynamik der Strahlung hat.

7.1 Die zugrundeliegende Idee

Es wird zur Erläuterung vereinfachend ein Gitter von Atomen betrachtet, dessen Valenzelektronen nur zwei Energieniveaus einnehmen können. Bezüglich eines Halbleiters werden diese Niveaus durch das Valenzband, Index J, und das höherenergetische Leitungsband mit dem Index I spezifiziert, vgl. Abb. 7.1. Diese Ebenen seien durch die Energie eines Elektrons im jeweiligen Band, E_I und E_J, durch die Anzahl der in diesen Bändern den Elektronen verfügbaren Energie-Quantenzustände N_I und N_J sowie durch die zugehörigen Besetzungswahrscheinlichkeiten p_I und p_J gekennzeichnet. Hierbei sind E_I und E_J die mittleren Energien eines Bandes, die die vielen, eng beieinander liegenden Energiezustände innerhalb des Bandes repräsentieren. Die Differenz der mittleren Bandenergien, der Bandabstand $E_G = E_I - E_J$, ist eine charakteristische Eigenschaft des Gittermaterials. Die Existenz von Besetzungswahrscheinlichkeiten erklärt sich durch die sehr viel größere Zahl von Quantenzuständen im Vergleich zur Zahl der vorhandenen Elektronen. Für diese Anzahl der betrachteteten Elektronen gilt $n = p_I N_I + p_J N_J$. Die Besetzungswahrscheinlichkeiten werden durch die Fermi-Dirac Statistik beschrieben, da ein Quantenzustand

7.1 Die zugrundeliegende Idee

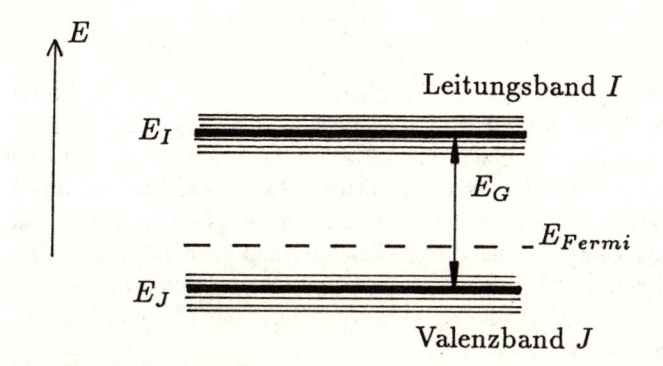

Bild 7.1 Die beiden Energieniveaus in einem homogenen Halbleiter.

von maximal einem Elektron besetzt werden kann (Pauli–Prinzip). Jeder Übergang eines Elektrons in das energertisch höhere Leitungsband hinterläßt im Valenzband ein Loch. Ein solcher Übergang kann z.B. durch die Absorption eines Photons der Energie $E_G = h\nu$ bewirkt werden. Formal wird ein solcher Vorgang durch eine Reaktionsgleichung der Form

$$e + l \rightleftharpoons \gamma$$

beschrieben, wenn e ein angeregtes Elektron im Leitungsband, l ein Loch im Valenzband und γ ein Photon repräsentiert. Die Rekombination eines angeregten Elektrons mit einem Loch unter Emission eines Photons ist die Umkehrung dieser Reaktion, so daß es für diese Wechselwirkung zwischen Elektronen und Photonen einen (chemischen) Gleichgewichtszustand gibt.

Die Ableitung in Abschnitt 7.2 zeigt, daß im Fall dieses speziellen Elektron–Photon Gleichgewichts die flächenspezifische Photonenstromdichte durch

$$N_\gamma(\nu, \mu_\gamma) = \frac{2\nu^2}{hc^2} \frac{1}{\exp\left[(h\nu - \mu_\gamma)/kT\right] - 1} \qquad \text{7-1}$$

beschrieben wird (Würfel, 1982). Diese Gleichung entspricht der Photonenstromdichte von Schwarzkörper–Strahlung, vgl. Kapitel 4.1, wobei aber im Nenner der mittleren Besetzungszahl eine zusätzliche Größe μ_γ auftritt, die als ein chemisches Potential der Strahlung μ_γ gedeutet werden kann. Dieses Potential berechnet sich aus der Differenz der Quasi-Fermi-Energien der Bänder I und J der mit der Strahlung wechselwirkenden Materie $\mu_\gamma = \mu_I - \mu_J$, (vgl. Abschnitt 7.2). Eine thermodynamische Interpretation kann über die Gibbssche Fundamentalgleichung erfolgen

$$dG = -S\,dT + V\,dp + \sum_i \mu_i\,dn_i\,.$$

Für das Reaktions- (und Phasen)gleichgewicht (i.e. Minimum der Gibbs-Funktion) folgt hieraus bei konstantem Druck und konstanter Temperatur

$$\sum_i \mu_i = 0 \quad \text{bzw.} \quad \mu_\gamma = \mu_e + \mu_l = \mu_I - \mu_J,$$

wenn die stöchiometrischen Koeffizienten in der Reaktionsgleichung wie in diesem Fall jeweils eins sind. Aus dieser Analogie zur chemischen Reaktion wird deutlich, warum in diesem Zusammenhang von chemischen Potentialen gesprochen wird. Das hier und auch im folgenden vorausgesetzte thermische Gleichgewicht wird durch die Wechselwirkung zwischen der Materie und Phononen hergestellt, durch eine Phonon–Elektron Reaktion überträgt sich dieses Gleichgewicht auch auf die Elektronen in den verschiedenen Energiebändern. Die Phonon–Elektron Reaktion ist nach Würfel (1982) für die thermische Strahlung verantwortlich, die Elektron–Photon Reaktion für die nicht–thermische Strahlung.

Die neue Formulierung der Photonenstromdichte N nach Gl. 7-1 ermöglicht interessante Interpretationen. Zum einen wird hier die Wechselwirkung zwischen Materie und Strahlung von vornherein in den Modellansatz für die Strahlung eingebaut, wie es in den vorhergehenden Kapiteln schon mehrfach wünschenswert erschien. Durch das chemische Potential wird der Strahlung der Stempel der emittierenden Materie aufgedrückt, der real immer vorhanden ist und die häufig zitierte ideal reflektierende Wand relativiert. Nur im Idealfall der Schwarzkörper–Strahlung wird das chemische Potential zu null, diese Strahlung ist von materiellen Eigenschaften unabhängig und als Sonderfall in diesem Ansatz enthalten. Im allgemeinen lassen sich ja gerade charakteristische Eigenschaften der Materie aus der emittierten Strahlung ermitteln, was z.B. in der Spektroskopie genutzt wird.

Zum zweiten ersetzt das chemische Potential die Vielfalt des Temperaturbegriffs in Bezug auf reale Strahlung. Die in Gl. 7-1 auftretende Temperatur ist die eine thermodynamische Temperatur der emittierenden Materie, also z.B. die meßbare Temperatur des Atomgitters eines Halbleiters. Es werden hier (zunächst) keine willkürlichen Pseudo–Temperatur Definitionen benötigt, wie sie u.a. in Kapitel 4.3 dargestellt wurden. Schließlich ermöglicht der Ansatz mit einem chemischen Potential der Strahlung nach Gl. 7-1 eine leistungsfähige Modellierung von photovoltaischen Zellen, Leuchtdioden und Lasern (vgl. Landsberg und Schöll, 1983; Landsberg, 1986). Da das chemische Potential der Strahlung aber nur in einigen speziellen Fällen aus meßbaren Größen abgeleitet werden kann, bleibt es zunächst eine willkürlich definierte Größe, die ohne zusätzliche physikalische Modellvorstellungen keine neue Information einbringt. Der mögliche Zugang einer Berechnung des chemischen Potentials sowie die Verbindung zu den bisherigen Betrachtungen soll in den folgenden Abschnitten aufgezeigt werden.

7.2 Die physikalische Herleitung

Im Gegensatz zur nicht–thermischen Strahlung überdeckt das Schwarzkörper–Spektrum den *gesamten* Frequenzbereich $0 \leq \nu \leq \infty$, während die nicht–thermische Strahlung z.B. einer Leuchtdiode nur Photonen oberhalb einer materialspezifischen

7.2 Die physikalische Herleitung

Frequenz ν_G beinhaltet[1]. Dies ist gemäß dem quantenstatistischen Modell der nicht–thermischen Strahlung ein Resultat der endlichen Bandabstände, also der „Lücken" in der Gesamtheit der Energiezustände der Elektronen. Die Besetzungswahrscheinlichkeit p eines dieser erlaubten Elektronen–Energiezustände E wird durch die Fermi–Dirac Verteilung

$$p(E) = \frac{1}{\exp\left[(E - \mu_f)/kT\right] + 1} \qquad 7\text{-}2$$

beschrieben[2]. Diese Gleichung ist grundlegend in der Ableitung. In jedem homogenen Material gibt es eine Fermi–Energie μ_f, welche als die Energie in jenem Zustand definiert ist, in dem die Elektronen-Besetzungswahrscheinlichkeit gerade gleich 0,5 ist. Sie ist auch der höchste Energiezustand, den ein Elektron bei null Kelvin einnehmen kann. Dieser Bezug zum Grundzustand ist notwendig, weil rechnerisch sonst alle Elektronen im Gleichgewichtszustand den niedrigsten Energiezustand einnehmen würden. Dies ist aufgrund des Pauli-Prinzips nicht möglich. Jede Abweichung von der Fermi-Energie, dem Grundzustand, entspricht einem Nicht–Gleichgewichtszustand. Es wird nun *jedem Band* ein Quasi–Gleichgewichtszustand mit einem quasi–chemischen Potential (hier μ_I und μ_J) zugeordnet. Die niederenergetischen Wechsel von Energiezuständen innerhalb eines Bandes wird durch Phononen gesteuert, so daß sich innerhalb jeder Gruppe wie aber auch zwischen den Gruppen untereinander ein thermischer Gleichgewichtszustand einstellt. Auf dieser Ebene niedriger Energien ist, wie erwähnt, auch die Emission der thermischen Strahlung des Gitters angesiedelt.

Bei einem Halbleiter, wo der Bandabstand zwischen Valenz- und Leitungsband geringer ist als bei Nichtleitern, hängt die Fermi-Energie u.a. von der Dotierung ab. Werden zwei unterschiedlich dotierte Halbleiter zusammengefügt, würde es zwei unterschiedliche Fermi-Energien geben, was aber im thermischen Gleichgewicht nicht möglich ist. Daher verbiegen sich im Bereich der Grenzfläche dieser unterschiedlich dotierten Bereiche (p-n Übergang) die Energiebänder, wie es in Abb. 7.2 skizziert ist. Diese „Raumladungszone" spiegelt sich in dem Spannungsabfall über den p-n Übergang wieder, sie wird bei einem Halbleiter durch die angelegte Spannung U^{el} beeinflußt. Die aufgenommene Energie wird hierbei mit der angelegten Spannung durch die Gleichung $\mu_I - \mu_J = qU^{el}$ mit den Quasi-Fermi-Energien verknüpft. Fließt ein Strom, so wird einem Ladungsträger mit der Ladung q (z.B. einem Elektron) beim Überqueren dieser Raumladungszone die Energie qU^{el} zugeführt bzw. abgenommen. Die Differenz der Quasi-Fermi Energien der beiden Halbleiter beschreibt die so erzwungene Abweichung vom Gleichgewichtszustand. Dadurch wird durch die makroskopische, meßbare Spannung U^{el} in dieser Theorie die Verbindung zu den atomaren Energiezuständen und auch der Strahlungscharakteristik hergestellt.

Die Besetzung der Elektronen–Energiezustände in einem einfachen Zweiband–Modell wird bei Wechselwirkung zwischen Elektronen und Strahlung durch vier Vorgänge verändert (Landsberg, 1983), und zwar durch

---

[1] Die nicht–thermische Strahlung wird auch hier von der immer vorhandenen thermischen Strahlung überlagert, die aber i.a. nur vergleichsweise geringe Strahldichten aufweist.
[2] Als Einheit der Energie wird das Elektronenvolt eV benutzt. Es gilt 1 eV = $1,6022 \cdot 10^{-19}$ J.

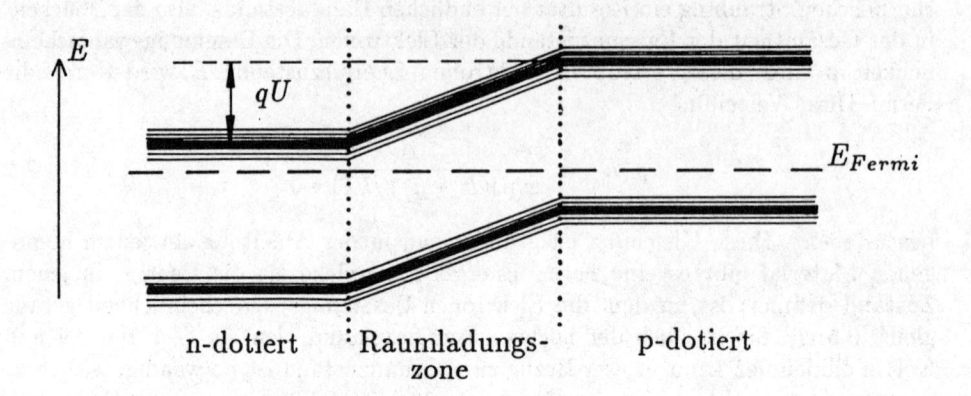

Bild 7.2 Die qualitative Darstellung der Energieniveaus im p-n Grenzbereich zweier unterschiedlich dotierten Halbleiter

- Absorption eines Photons, wodurch ein Elektron–Loch Paar entsteht. Die Übergangswahrscheinlichkeit in einem Zeitintervall wird durch B_a beschrieben.

- Emission eines Photons, wobei ein (angeregtes) Elektron–Loch Paar durch Rekombination vernichtet wird. Die Übergangswahrscheinlichkeit sei durch B_e gegeben. Es muß hierbei zwischen *stimulierter* und *spontaner* Emission unterschieden werden. Die stimulierte Emission wird durch ein einfallendes Photon ausgelöst gemäß der Reaktionsgleichung

$$e + l + \gamma \rightarrow 2\gamma,$$

sie hängt von der Photonendichte des die Materie umgebenden Strahlungsfeldes ab. Die spontane Emission $e + l \rightarrow \gamma$ ist unabhängig von äußeren Strahlungseinflüssen, sie hängt von der mittleren Verweilzeit eines Elektrons im angeregten Zustand ab.

- Anregung der Elektronen durch Mechanismen, die nicht mit Strahlung zusammenhängen. Dies sind zum einen externe „Pump"-Vorgänge z.B. durch zugeführte elektrische Energie, zum anderen die „thermische" Anregung aufgrund der inneren Energie des Gitters. Letztere wird durch eine Reaktion zwischen Elektronen, Löchern und Phononen beschrieben (Würfel und Ruppel, 1985). Da Phononen i.a. sehr viel niedrigere Energien haben als Photonen, werden zur Anregung eines Elektrons sehr viele Phononen benötigt. Die Übergangsrate durch externe Pumpvorgänge wird durch P, die der thermischen Anregung durch C_1 beschrieben, so daß sich die Übergangswahrscheinlichkeit aufgrund nicht–strahlungsbedingter Anregung zu $C = P + C_1$ ergibt.

7.2 Die physikalische Herleitung

- Rekombination von Elektronen und Löchern, die nicht mit der Emission eines Photons verbunden ist. Diese Vorgänge hängen entweder mit der Emission von Phononen oder mit der Abgabe von chemischer oder elektrischer Energie zusammen. Diese Übergangswahrscheinlichkeit wird durch D beschrieben.

Die Anzahl der hier beschriebenen Elektronenübergange zwischen den Bändern in der Zeit dt, u, kann jeweils durch Gleichungen der Form

$$u^{Strlg} = B_e (N+1) \alpha - B_a N \beta \quad ; \quad u^{Anregung} = C \beta \quad \text{und} \quad u^{Rekom} = D \alpha$$

beschrieben werden. N ist die Photonendichte bezüglich der mittleren Frequenz ν; die hier eingeführten Übergangsfaktoren α und β für Rekombination und Anregung lauten (Landsberg, 1983)

$$\alpha = N_I\, p_I\, N_J\, (1 - p_J) \quad \text{und} \quad \beta = N_J\, p_J\, N_I\, (1 - p_I) \, . \qquad 7\text{-}3$$

Das Verhältnis der Besetzungswahrscheinlichkeiten beider Bänder nach Gl. 7-2 ist ein Maß für die Übergangswahrscheinlichkeit der Elektronen, so daß für die Übergangsfaktoren gemäß Gl. 7-3

$$\frac{\alpha}{\beta} = \exp\left[\frac{(\mu_I - \mu_J) - E_G}{kT}\right] \qquad 7\text{-}4$$

gilt. Es ist somit zwischen dem Bandabstand (Valenzband–Leitungsband) im Grundmaterial (z.B. Si), gekennzeichnet durch die Grenzfrequenz $h\nu_G = E_G$, und der Verzerrung der Raumladungszone durch die angelegte Spannung, $qU^{el} = \mu_I - \mu_J$ zu unterscheiden, wobei Gl. 7-4 diese beiden Energien verknüpft. Eine Herleitung dieser hier vereinfacht dargestellten Zusammenhänge ist z.B. bei FAHRENBUCH und BUBE, 1983 aufgeführt.

Mit der Gleichung 7-3 kann die Änderungsrate der Photonenstromdichte durch

$$\dot{N} = u^{Strahlung} = B_e (N+1) \alpha - B_a N \beta$$

und die Übergangsrate der Elektronen durch

$$\dot{n} = -u^{Strahlung} - u^{Rekom} + u^{Anregung} = -B_e (N+1)\alpha + B_a N \beta - D\alpha + C\beta$$

beschrieben werden. Für den stationären Strahlungszustand $\dot{N} = 0$ erhält man unter Berücksichtigung von Gl. 7-4 die Photonenstromdichte zu

$$N = \frac{1}{\dfrac{B_a}{B_e}\dfrac{\beta}{\alpha} - 1} = \frac{1}{\dfrac{B_a}{B_e} \exp\left[\dfrac{(h\nu - (\mu_I - \mu_J))}{kT}\right] - 1} \, . \qquad 7\text{-}5$$

Mit $B_a = B_e$ und $\mu_\gamma = \mu_I - \mu_J$ beschreibt Gl. 7-5 die mittlere Besetzungszahl von Schwarzkörper–Strahlung mit einem chemischen Potential der Strahlung μ_γ, vgl. Gl. 7-1. Der Strahlung wird der Abstand der Quasi-Fermi-Energien der emittierenden Materie aufgeprägt, der wiederum von dem Nicht–Gleichgewicht, also z.B. der angelegten Spannung über $\mu_I - \mu_J = qU^{el}$ abhängt. Somit ist das Ungleichgewicht der Strahlung unmittelbar an das Ungleichgewicht der Materie gekoppelt. Man kann diese Quasi–Bosonen Verteilung (Landsberg, 1986) in ein Schwarzkörper–Spektrum überführen, indem man eine Emissionstemperatur T_{em} einführt, d.h. $(h\nu - \mu_\gamma)/kT := h\nu/kT_{em}$ setzt. Auf diese Vorgehensweise wird im nächsten Abschnitt eingegangen. Ein instabiler Zustand entsteht, wenn die Besetzungswahrscheinlichkeit des energiereicheren Zustands größer wird als jene des Valenzbandes. Dieser Zustand kann durch starkes Pumpen erzielt werden, das System wird dann in den „lasing" Zustand übergehen. In diesem Fall gilt $\mu_J > \mu_I$, d.h. dieser Zustand wird durch ein negatives Potential der Strahlung beschrieben.

7.3 Auswirkung eines chemischen Potentials

Das chemische Potential als partielle molare Zustandsgröße beschreibt die Änderung der Entropie eines Systems bei Variation der Stoffmenge der Komponente i

$$\mu_i := T \left(\frac{\partial S}{\partial n_i}\right)_{U,V,n_j}. \qquad 7\text{-}6$$

Es ist eine Größe der Gemisch–Thermodynamik, die sinnvoll zur Beschreibung der *Wechselwirkung* zweier (oder mehrerer) Komponenten in einem System dient. Insbesondere kennzeichnet die Gleichheit des chemischen Potentials einer Komponente das Phasengleichgewicht in den verschiedenen Phasen. Zur Überprüfung der Anwendbarkeit der Entropie–Berechnungsgleichung 4-14 für den Fall von Strahlung mit chemischem Potential wird ein beliebiges System betrachtet, dem reversibel eine sehr kleine Menge Photonengas zugefügt wird. Als Menge wird hierbei eine bekannte Anzahl N_γ von Photonen verstanden. Die Entropie dieser zugeführten Strahlung im Frequenzbereich $\nu, \nu+d\nu$ wird durch

$$S_\gamma = 8\pi V \frac{\nu^2}{c^3} k \left[(1+n_\gamma)\ln(1+n_\gamma) - n_\gamma \ln n_\gamma\right] \qquad 7\text{-}7$$

beschrieben, die Energie durch

$$U_\gamma = 8\pi V \frac{\nu^2}{c^3} h\nu\, n_\gamma.$$

n_γ ist die mittlere Besetzungszahl im betrachteten Frequenzintervall. Die Änderung der Entropie des Gesamtsystems hierbei wird durch Gl. 7-6 beschrieben, also

$$\partial S = \partial S_\gamma + \frac{\partial Q}{T} = -\frac{\mu_\gamma}{T} dN_\gamma.$$

7.3 Auswirkung eines chemischen Potentials

Da die innere Energie des Systems bei diesem Vorgang konstant bleiben soll, muß die mit der Strahlung zugeführte Energie dem System als Wärme wieder abgezogen werden, es gilt also $\partial Q = \partial U_\gamma$. Durch Ableiten der Gl. 7-7 nach der Photonenzahl N_γ erhält man die Entropieänderung zu

$$\frac{\partial S_\gamma}{\partial N_\gamma} = \frac{\partial S_\gamma}{\partial n_\gamma} \cdot \frac{\partial n_\gamma}{\partial N_\gamma} = 8\pi V \frac{\nu^2}{c^3} k \ln\left(1 + \frac{1}{n_\gamma}\right) \cdot \frac{c^3}{8\pi V \nu^2},$$

wenn für die Anzahl der Photonen der Frequenz $\nu, \nu+d\nu$ in einem Volumen V die Beziehung (vgl. Kap. 3.1)

$$N_\gamma = 8\pi V \frac{\nu^2}{c^3} n_\gamma$$

gilt. Aus der Entropiebilanz für das Gesamtsystem bei reversibler Zustandsänderung

$$\partial S = \partial S_\gamma - \frac{\partial Q}{T}$$

erhält man die Beziehung

$$\ln\left(1 + \frac{1}{n_\gamma}\right) = -\frac{\mu_\gamma}{kT} + \frac{h\nu}{kT}$$

bzw. für die mittlere Besetzungszahl n eines Photonenzustands, vgl. Gl. 3-5,

$$n_\gamma = \frac{1}{\exp\left[\dfrac{h\nu - \mu_\gamma}{kT}\right] - 1}.$$

Es ergibt sich auch mit dem Ansatz der Entropie–Berechnungsgleichung 7-7 das vorher abgeleitete Ergebnis, so daß sie auch auf den Fall der Strahlung mit chemischem Potential Anwendung finden kann. Die hier dargestellte Herleitung der mittleren Besetzungszahl n_γ versagt allerdings bei Schwarzkörper-Strahlung ($\nu = 0$). Diese Unzulänglichkeit der Ableitung liegt in der unterschwelligen Annahme begründet, daß es eine Wechselwirkung zwischen der Strahlung und der restlichen Materie des Systems gibt. Nur dann ließe sich bei Hinzufügen von *Strahlungs*energie die geforderte Konstanz der inneren Energie des Systems durch Ableiten von Wärmeenergie einstellen. Durch die so erzwungene Wechselwirkung muß ein chemisches Potential in der Gleichung für die Besetzungsdichte auftreten.

Die Wirkung der Einführung eines chemischen Potentials auf die Strahldichte und die Strahlentropiedichte ist in Abb. 7.3 und 7.4 dargestellt. In Abb. 7.3 ist die Strahldichte L als Funktion der Frequenz aufgetragen

$$L^{cP}(\nu, \mu_\gamma, T) = \frac{2h\nu^3}{c^2} \frac{1}{\exp\left[(h\nu - \mu_\gamma)/kT\right] - 1},$$

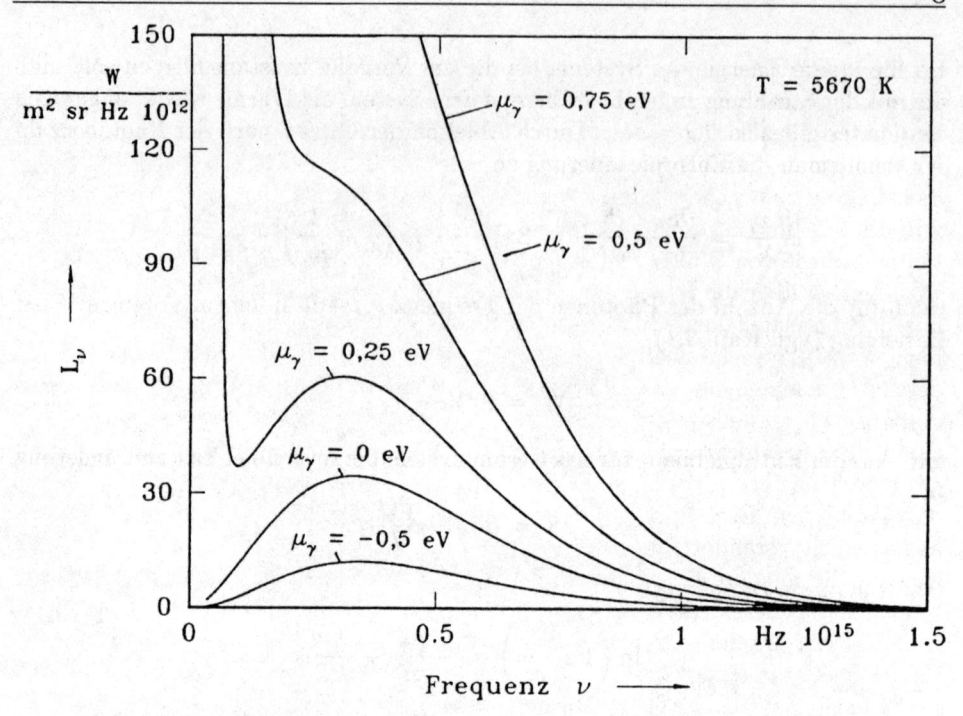

Bild 7.3 Die Strahldichte als Funktion der Frequenz ν bei Berücksichtigung eines chemischen Potentials μ_γ.

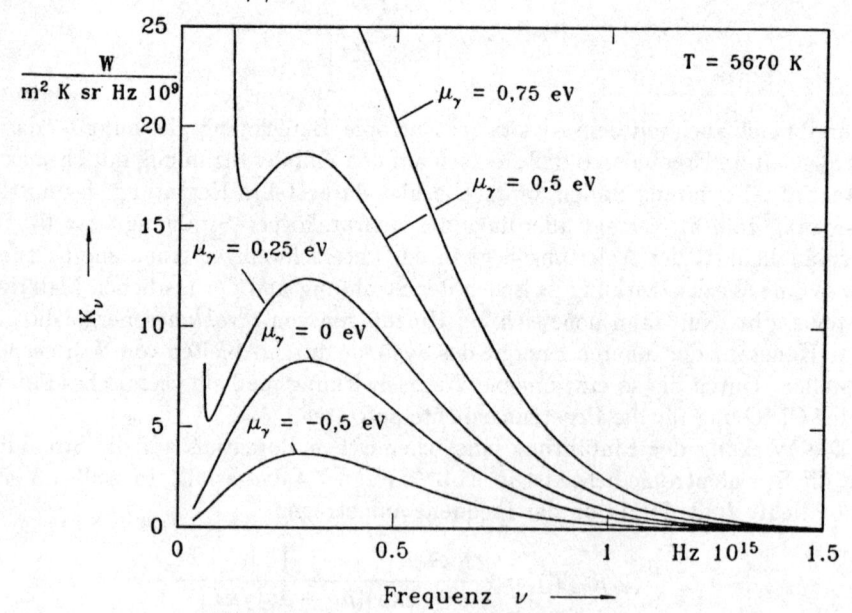

Bild 7.4 Die Strahlentropiedichte als Funktion der Frequenz ν. Als Parameter tritt das chemische Potential μ_γ in eV auf.

7.3 Auswirkung eines chemischen Potentials

als Parameter tritt ein konstantes chemisches Potential, angegeben in eV, auf. Die Kurven beginnen jeweils bei $h\nu = \mu_\gamma$ im positiv Unendlichen, d.h. bei dieser speziellen, materiespezifischen Frequenz tritt Resonanz auf. Ein negatives Potential ergibt ein dem grauen Strahler ähnliches Spektrum. Die Kurven in Abbildung 7.3 zeigen, daß ein konstantes chemisches Potential keine sehr realistische Spektren ergibt (wie z.B. das in Abb. 7.5 gezeigte reale Spektrum). Der Fall eines frequenzabhängigen Potentials wurde von Würfel und Ruppel (1985) untersucht. Die Funktion $\mu_\gamma = \mu_\gamma(\nu)$ wird hierbei über die Bedingung der maximalen Entropie–Produktion gesucht, was nur unter zusätzlichen Randbedingungen für einige Sonderfälle gelingt. Im allgemeinen ist die Suche nach der Frequenzabhängigkeit von μ_γ gleichbedeutend mit der Suche nach einem Materialgesetz, so daß hier die Grenze auch dieses quantenstatistischen Modells erkennbar wird.

Für die Strahlentropiedichte K gilt Gl. 7-7, wenn diese noch mit dem Faktor $c/4\pi$ multipliziert wird. Diese Funktion ist für verschiedene Werte μ_γ in Abb. 7.4 dargestellt. Die Berechnungsgleichung für die Entropie wird durch diesen Modellansatz nicht verändert, da es sich hierbei nur um einen anderen Berechnungsansatz für die mittlere Besetzungszahl eines Photonenzustands handelt. Eine Veranschaulichung dieses Ansatzes kann durch Vergleich mit *gemessenen* Spektren von Lumineszenz–Dioden erfolgen. Ein solches Spektrum ist z.B. das in Abb. 7.5 gezeigte Spektrum einer GaAs–Diode bei $T = 78$ K, wie es von SARACE et al. (1965) unter möglichst idealen (d.h. den hier zugrundeliegenden Annahmen genügenden) Bedingungen gemessen wurde. Der zugehörige spektrale Emissionsgrad, der im Ge-

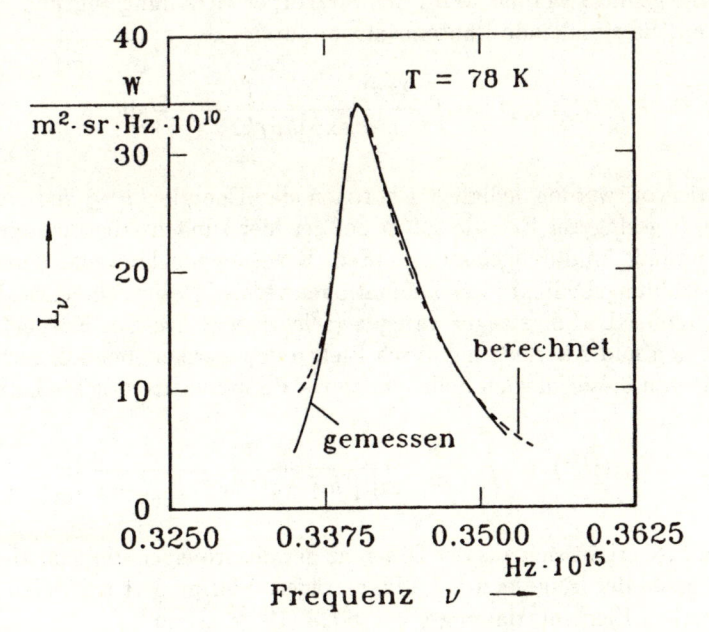

Bild 7.5 Ein Vergleich zwischen einem gemessenem und einem berechneten (gestrichelte Kurve) Spektrum einer Leucht–Diode aus GaAs

gensatz zur herkömmlichen Theorie mit diesem Modellansatz *berechnet* werden kann (Würfel, 1982), ist ebenfalls aufgeführt. Der hierzu notwendige Berechnungsgang wertet das Verhältnis von absorbierten Photonen zur Zahl der einfallenden Photonen aus, wobei die räumliche Verteilung des Photonen–Elektronen Gleichgewichtes im Material als Funktion der Eindringtiefe der Strahlung berücksichtigt werden muß (Würfel, 1982). Mit dem Ansatz der effektiven Temperatur wäre ein solches Spektrum nur mit einer Temperatur $T^o = 2413$ K zu beschreiben, während der hier beschriebene Ansatz dieses Spektrum mit der aktuellen Gitter–Temperatur richtig wiedergibt (vgl. gestrichelte Kurve). Das chemische Potential der Strahlung entspricht der angelegten Spannung von $\mu_\gamma = 1,33$ eV. Dieser Ansatz ergibt nur Vorteile, wenn keine Strahldichten vorgegeben sind, sondern aus dem physikalischen Aufbau der Materie heraus ein Emissionsspektrum *berechnet* werden soll. Hierzu muß, ebenso wie bei dem Maxwellschen Ansatz (Kap. 5.3), detaillierte Kenntnis über den Aufbau der Materie vorhanden sein, ansonsten wird durch diesen Ansatz lediglich das Unbekannte in einer anderen Modellgröße versteckt.

7.4 Der Wirkungsgrad einer photovoltaischen Zelle

Die vorstehend allgemeingültig aufgezeigten Zusammenhänge sollen im folgenden zur Berechnung eines energetischen Umwandlungs–Wirkungsgrades einer photovoltaischen Zelle genutzt werden. Wird Schwarzkörper–Strahlung zugrunde gelegt, ist der auf eine Zelle einfallende Photonenstrom durch

$$N_{zu}^G(T_{zu}) = \int_{\nu_G}^{\infty} \frac{2\pi\nu^2}{c^2} \frac{1}{\exp\left[h\nu/kT_{zu}\right] - 1} d\nu \qquad 7\text{-}8$$

gegeben. Hiervon werden lediglich Photonen der Energie $h\nu \geq h\nu_G$ absorbiert, Photonen mit geringerer Energie sollen bei der hier zunächst betrachteten idealen Zelle unbeeinflußt hindurchgelassen werden. Bei einer idealen Zelle werden außerdem nicht strahlungsbedingte Rekombinationen vernachlässigt; ein jedes absorbierte Photon soll einen Ladungsträger anregen (selektiver Schwarzer Körper). Verluste durch Reflexion und Abschattung durch Elektroden werden ebenfalls nicht berücksichtigt. Die von dieser idealen Zelle emittierte Photonenstromdichte lautet

$$N_{em}(U^{el}) = \int_{\nu_G}^{\infty} \frac{2\pi\nu^2}{c^2} \frac{1}{\exp\left[(h\nu - qU^{el})/kT_{pZ}\right] - 1} d\nu \qquad 7\text{-}9$$

Die Stromdichte ergibt sich aus der Differenz der absorbierten und emittierten Photonen als Anzahl der freigesetzten Ladungsträger, multipliziert mit deren Ladung q (der elektrischen Elementarladung $q = 1,6022 \cdot 10^{-19}$ C) zu

$$I(U^{el}) = -q\left[N_{zu} - 2N_{em}\right],$$

wenn eine beidseitige Emission der Zelle zugrunde gelegt wird.

7.4 Der Wirkungsgrad einer photovoltaischen Zelle

Im einfachsten Fall wird die Eigenemission der Zelle gemäß Gl. 7-9 vernachlässigt, d.h. es wird eine Zellentemperatur von 0 K angenommen. Dann wird jedes Photon mit $h\nu \geq h\nu_G$ einen Ladungsträger freisetzen, die überschüssige Energie $h(\nu - \nu_G)$ wird im Gitter der Zelle dissipiert. Es wird also ein Wärmestrom abzuführen sein. Die Leistung dieser Zelle ist nur eine Funktion der zugehenden Strahlung und des Bandabstandes $E_G = h\nu_G = qU$

$$P = U \int I_\nu \mathrm{d}\nu = \frac{E_G}{q} \int_{E_G}^{\infty} \frac{2\pi q}{h^2 c^2} \frac{E^2}{\exp[E/kT_{zu}] - 1} \mathrm{d}E \quad \text{mit} \quad E = h\nu. \qquad 7\text{-}10$$

In dieser Gleichung tritt kein chemisches Potential der Strahlung auf, da keine *Wechsel*wirkung zwischen Materie und Strahlung, sondern nur eine einseitige Einwirkung der Strahlung betrachtet wird. Die Leistung wird für den energetischen Wirkungsgrad auf den einfallenden (nicht den absorbierten) Schwarzkörper–Strahlungsenergiestrom der Temperatur T_{zu} bezogen (z.B. Landsberg, 1986)

$$\eta = \frac{P}{E_{zu}} = \frac{E_G \int_{E_G}^{\infty} \frac{E^2}{\exp[E/kT_{zu}] - 1} \mathrm{d}E}{\int_0^{\infty} \frac{E^3}{\exp[E/kT_{zu}] - 1} \mathrm{d}E}. \qquad 7\text{-}11$$

Der Bandabstand E_G, eine durch die angelegte Spannung zu wählende Größe, ist unspezifiziert und soll durch Maximierung des Wirkungsgrades festgelegt werden. Für einen kleinen Wert E_G ist der Wirkungsgrad klein, da die nutzbare Energie eines Photons klein ist. Für ein großes E_G ist η ebenfalls klein, da nur wenige Photonen mit dieser Energie einfallen. Für das Maximum gilt

$$\frac{\mathrm{d}\eta}{\mathrm{d}E_G} = \frac{1}{E_{zu}} \left\{ \int_{E_G}^{\infty} \frac{E^2 \mathrm{d}E}{\exp[E/kT_{zu}] - 1} - E_G \frac{E_G^2}{\exp[E_G/kT_{zu}] - 1} \right\} = 0, \qquad 7\text{-}12$$

wobei nach Auswertung des Integrals und numerischer Lösung der resultierenden Gleichung der Wert $E_G/kT_{zu} = 2,17$ resultiert. Wird der Bandabstand in der Einheit Elektronenvolt eV angegeben, so ergibt sich mit

$$E_G = 2,17 \frac{k}{e} T_{zu} = 1,87 \cdot 10^{-4} T_{zu}$$

z.B. bei $T_{zu} = 5670$ K ein optimaler Bandabstand von 1,06 eV. Ist umgekehrt der Bandabstand durch das Halbleiter–Material vorgegeben, gilt für den maximalen Wirkungsgrad dieser stark idealisierten Zelle bei unterschiedlichen Materialien die Abbildung 7.6 (Bonnet und Rickus, 1982). Der optimale Bandabstand ist von dem einfallenden Spektrum abhängig, also bei Schwarzkörper–Strahlung von der Temperatur T_{zu}. Da die Diffusstrahlung das Strahldichte–Maximum bei etwas höheren Photonenenergien (Frequenzen) hat als die Direktstrahlung, und auch das Spektrum etwas kompakter ist (vgl. z.B. Abb. 5.15), liegt der optimale Bandabstand und somit auch der Wirkungsgrad bei diffuser Einstrahlung etwas höher als bei der Direktstrahlung (Landsberg und Mallinson, 1977). Die weit verbreitete Gleichung 7-11 wurde 1961 von SHOCKLEY und QUEISSER veröffentlicht.

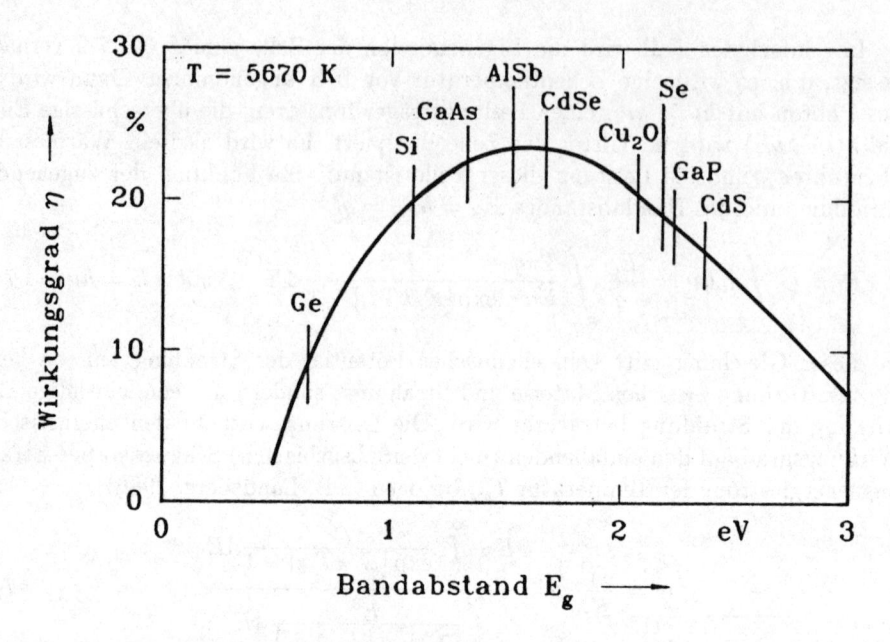

Bild 7.6 Der Wirkungsgrad einer idealisierten photovoltaischen Zelle als Funktion des Bandabstandes bei $T_{zu} = 5670$ K

Das bisher betrachtete, bekannte Modell einer idealen Einzelzelle bei 0 K ist zwar einfach, aber unrealistisch. Eine bessere Modellierung berücksichtigt zum einen die Eigenemission der Zelle, d.h. eine Temperatur des Halbleiter-Gitters größer null, zum anderen die bisher ungenutzte Energie der transmittierten Photonen. Eine Umwandlung auch dieser Strahlungsenergie wird durch die Kaskadenschaltung ermöglicht, bei der im Idealfall unendlich viele Halbleiter-Zellen mit kontinuierlich variierendem Bandabstand $0 \leq \nu_G \leq \infty$ übereinander gelegt werden. Der einfallenden Schwarzkörper-Strahlung zugewandt ist die Zelle mit der höchsten Grenzfrequenz angeordnet, am Ende der Kaskade jene mit der niedrigsten (vgl. Abb. 7.7). Die einzelnen Zellen sind für Strahlung der Photonenenergie $h\nu < h\nu_G$ transparent. Die von der jeweiligen Einzelzelle n emittierte Strahlung wird von der darunterliegenden Zelle vollständig, von der darüberliegenden Zelle n-1 bis auf einen Frequenzbereich $\nu_{n-1} - \nu_n$ absorbiert. Die jeweils emittierte Photonenstromdichte ist nach Gl. 7-5 von dem Abstand der Fermi-Bänder, also der angelegten Spannung und der Zellentemperatur T_{pZ}, abhängig. Die Stromstärke I wird durch die Zahl der zur Verfügung stehenden Ladungsträger bestimmt, sie ist die Differenz zwischen angeregten und im Zuge der Eigenemission rekombinierten Elektronen, also gleich der Differenz der Photonendichten im Frequenzbereich $\nu, \nu+d\nu$

$$dI_\nu \left(U^{el}, T_{zu}, T_{pZ}, \nu\right) =$$

$$= \frac{2\pi\nu^2 q}{c^2} \left\{ \frac{1}{\exp\left[(h\nu - qU^{el})/kT_{pZ}\right] - 1} - \frac{1}{\exp\left[h\nu/kT_{zu}\right] - 1} \right\} d\nu .$$

7.4 Der Wirkungsgrad einer photovoltaischen Zelle

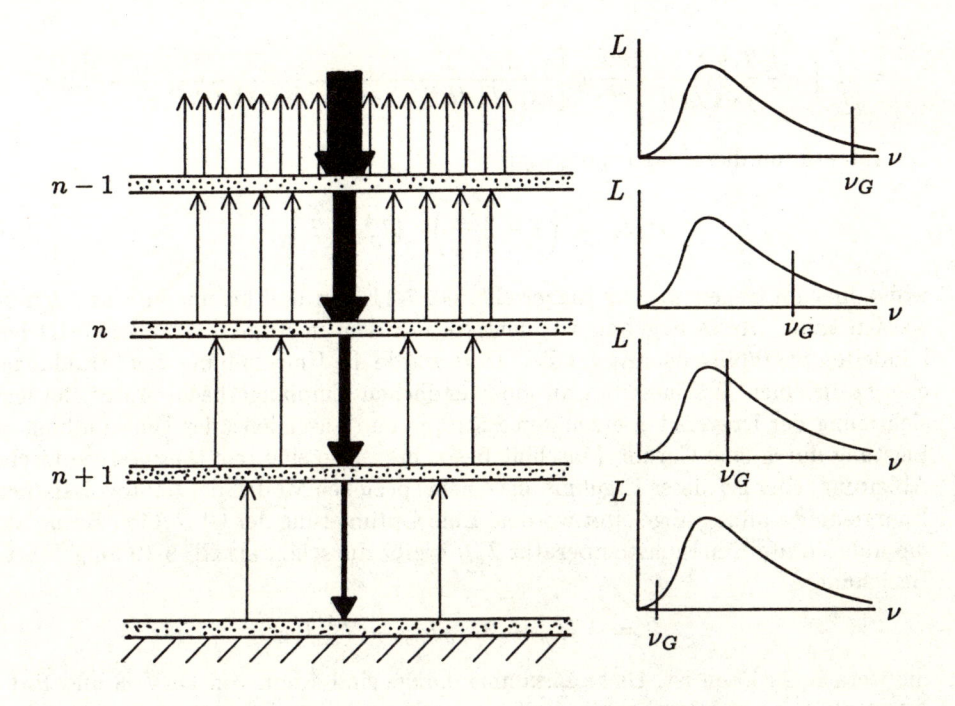

Bild 7.7 Der Strahlengang und die Grenzfrequenzen in einer Kaskaden-Anordnung photovoltaischer Zellen

Die an jede Zelle anzulegende Spannung U^{el} ist im Prinzip frei wählbar. Die Betrachtung der diese Wechselwirkung beschreibenden Entropiebilanzgleichung ergibt hierzu einen weiteren Zusammenhang. Die Vernichtung eines Photons der Energie $h\nu$ erhöht die Entropie der Solarzelle um $ds_{pZ} = (h\nu - qU^{el})/T_{pZ}$, da nur die Energiedifferenz zwischen der Photonenenergie und der Arbeit an dem Ladungsträger dissipiert wird, und zwar bei der Temperatur des Gitters T_{pZ}. Die Entropie, die ein Photon bei der Emission fortträgt, wird in der Literatur durch eine Emissionstemperatur T_{em} als spektrale Fundamentalgleichung in Form von $ds_\gamma = h\nu/T_{em}$ beschrieben (Landsberg, 1983; DeVos und Pauwels, 1981). Ist die Zelle adiabat, so muß im stationären Strahlungsfall $ds_\gamma = ds_{pZ}$, also

$$\frac{h\nu - qU^{el}}{T_{pZ}} = \frac{h\nu}{T_{em}} \quad \text{bzw.} \quad \frac{qU^{el}}{h\nu} = 1 - \frac{T_{pZ}}{T_{em}} \qquad 7\text{-}13$$

gelten. Die Emissionstemperatur T_{em} ist konstant, wenn die angelegte Spannung U^{el} an jeder Zelle proportional zur Grenzfrequenz ν_G ist. In diesem Fall ergibt sich auch als Emissionsspektrum der Kaskade ein Schwarzkörper-Spektrum. Für die von der Kaskade abgegebene Leistung gilt dann

$$P = \int U^{el} dI_\nu =$$

$$= \int_0^\infty \left(1 - \frac{T_{pZ}}{T_{em}}\right) \frac{h\nu}{q} \frac{2\pi\nu^2}{c^2} q \left[\frac{1}{\exp(h\nu/kT_{em}) - 1} - \frac{1}{\exp(h\nu/kT_{zu}) - 1}\right] d\nu.$$

Die Integration dieser Gleichung ergibt

$$P_{max} = \left(1 - \frac{T_{pZ}}{T_{em}}\right) \sigma \left(T_{zu}^4 - T_{em}^4\right), \qquad 7\text{-}14$$

wobei hier im Gegensatz zur Einzelzelle, Gl. 7-11, von null bis unendlich integriert werden kann. Dieses Ergebnis ist identisch mit dem in Kapitel 6.2 als Fall III behandelten Strahlungsenergiewandler. Dort wurde die Umwandlung von Strahlungsenergie in einen Wärmestrom an einer endlichen Empfängerfläche unter Berücksichtigung der irreversibel erzeugten Entropie und anschließender Umwandlung in Leistung durch eine Carnot–Maschine betrachtet, also eine rein thermodynamische Ableitung. Hier ist dieses Ergebnis aus einem speziellen Modell der photovoltaischen Energieumwandlung abgeleitet worden. Eine Optimierung der Gl. 7-14 in Bezug auf die unbekannte Emissionstemperatur T_{em} ergibt die schon als Gl. 6-19 aufgeführte Beziehung

$$0 = 4T_{opt}^5 - 3T_{pZ}T_{opt}^4 - T_{zu}^4 T_{pZ},$$

die iterativ zu lösen ist. Diese Zusammenhänge sind schon von DeVos und Pauwels, 1981, sowie Landsberg, 1983, angegeben worden. Landsberg interpretiert die Emissionstemperatur T_{em} als die Temperatur des angeregten Elektronengases. Die Gittertemperatur T_{pZ} entspricht der Umgebungstemperatur.

Die Analogie zwischen diesem quantenstatistischen Halbleiter–Modell und dem Energiewandler der klassischen Thermodynamik erklärt sich aus der Integration über *unendlich* viele Bandabstände und der willkürlichen Definition der Eigentemperatur T_{em}. Die Integration zwischen $0 \leq \nu_G \leq \infty$ „verwischt" alle charakteristischen Materialeigenschaften (Lücken in den Energiezuständen), so daß sich hier gerade wieder die material–unabhängige Schwarzkörper–Strahlung ergibt. Die oben eingeführte *konstante* Emissionstemperatur T_{em} bewirkt, daß bei der Emission der gegenüber der einfallenden Strahlung um den Betrag qU^{el} verminderte Energie die gleiche Entropie fortgetragen wird. Die Entropie pro Energie ist damit um den Betrag der dissipierten Energie $h\nu - qU^{el}$, geteilt durch die Temperatur, erhöht worden.

Somit sind von diesem Modellansatz keine neuen thermodynamischen Erkenntnisse zu erwarten, er ermöglicht lediglich eine *spezifische* Interpretation der Vorgänge in Form einer detaillierten Modellvorstellung. Mit einer solchen, die allgemeinen Vorgänge einschränkenden Modellvorstellung wird man immer einen Umwandlungswirkungsgrad erhalten, der niedriger als der am allgemeingültigen Modell (Kap. 6) abgeleitete Wert ist.

8 Anhang

A1 Strömungsgrößen

Der wichtige Zusammenhang zwischen flächenspezifischen Strömungsgrößen und volumenspezifischen Systemgrößen der Strahlung soll gemäß einer Vorlage von PLANCK (1923) allgemeingültig abgeleitet werden. Hierzu wird ein kleines Volumen v betrachtet und nach der hierin enthaltenen Strahlungsenergie bei bekannter Strahldichte L gefragt. Um irgend einen inneren Punkt O dieses Volumens als Mittelpunkt wird eine Kugel mit dem Radius r konstruiert (Abb. 8.1), wobei r groß gegen die Lineardimensionen von v sein soll. Jeder Strahl, der das Volumen v trifft, kommt von einem Flächenelement der Kugeloberfläche dA. Ein infinitesimal dünner

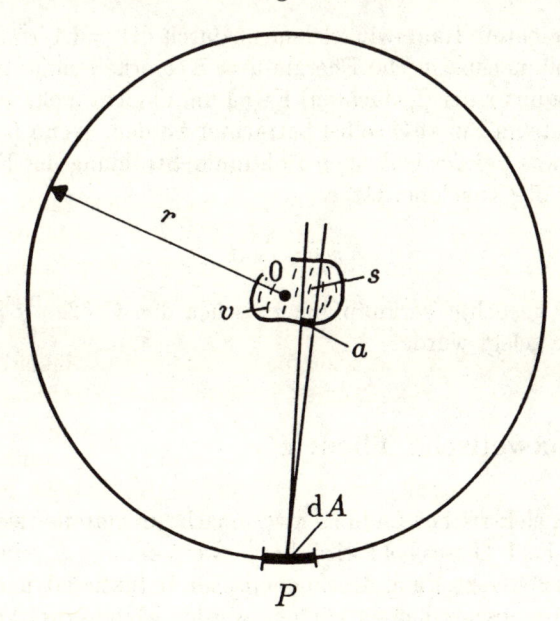

Bild 8.1 Die betrachtete Geometrie zur Umrechnung einer flächenspezifischen Größe in eine volumenspezifische Größe

Strahlenkegel, der von einem Punkt P auf einem beliebigen Flächenelement dA der (inneren) Kugeloberfläche ausgeht und das Volumen v trifft, schneidet aus diesem Volumen einen Kegelstumpf der Länge s und der Querschnittsfläche a heraus. Um die Strecke s zurückzulegen, benötigt die Strahlung die Zeit $t = s/c$. Während dieser Zeit gelangt nach Gl. 4-2 die Energie

$$d\bar{E} = L\cos\vartheta\, t\, d\Omega\, dA = L\frac{a}{r^2}\frac{s}{c}dA \qquad \text{A1-1}$$

vom Flächenelement dA in den Kegelstumpf hinein. Es gilt hierbei $\vartheta = 0°$ und, gemäß der Definition eines Raumwinkels, $d\Omega = a/r^2$. Summiert man über alle von dA ausgehenden Strahlkegel, die das Volumen v treffen, so gilt (s und $\sqrt{a} \ll r$)

$$\frac{L dA}{r^2 c} \sum (a \cdot s) = \frac{L dA}{r^2 c} v = E_{v,dA}$$

als jene insgesamt in v enthaltene Energie, die vom Flächenelement dA der Kugeloberfläche stammt. Um schließlich auf die gesamte in v befindliche Strahlungsenergie zu kommen, muß noch über alle Flächenelemente dA der Kugeloberfläche integriert werden. Dazu betrachtet man einen neuen, dem obenstehend zugrunde gelegten entgegengesetzten Strahlenkegel mit der Spitze im Punkt O, der das Flächenelement dA als Basisfläche auf der Kugeloberfläche hat. Die in v enthaltene Strahlungsenergie wird mit Gl. A1-1 beschrieben durch

$$E_v = \frac{v}{c} \int L\, d\Omega',$$

da das jetzt betrachtete Raumwinkelelement durch $d\Omega' = dA/r^2$ beschrieben wird. Die gesuchte, volumenspezifische Energie $u = E/v$ erhält man durch die Division mit v. Da der Radius r der (gedachten) Kugel um O nicht mehr vorkommt, kann L als die Strahldichte im Punkt O selbst betrachtet werden. *Wenn L von der Richtung unabhängig ist*, was bei der isotropen Hohlraum–Strahlung der Fall ist, ergibt die Integration über die Kugeloberfläche

$$u = \frac{4\pi}{c} L,$$

also die einfache gesuchte Verknüpfung zwischen den Größen u und L, wie sie in Gl. 4-7 zugrunde gelegt wurde.

A2   Die Maxwellsche Theorie

Die Wirkung von elektrischen Ladungen verursacht im materiefreien Raum ein elektromagnetisches Feld. Dieses Feld wird durch zwei Vektoren $\vec{E}_{el}$ und $\vec{B}_{el}$ dargestellt, dem elektrischen Feldvektor und der magnetischen Induktion. Um den Einfluß dieses Feldes auf Materie beschreiben zu können, werden weitere drei Vektoren benötigt. Dies sind die elektrische Stromdichte $\vec{j}$, die elektrische Verschiebungsdichte $\vec{D}_{el}$ und die magnetische Feldstärke $\vec{H}_{el}$. Die örtlichen und zeitlichen Ableitungen dieser Vektoren sind durch die Maxwellschen Gleichungen (Born und Wolf, 1987)

$$\operatorname{rot} \vec{H}_{el} - \frac{1}{c}\frac{\partial \vec{D}_{el}}{\partial t} = \frac{4\pi}{c}\vec{j} \qquad \operatorname{div} \vec{D}_{el} = 4\pi\varrho$$

$$\operatorname{rot} \vec{E}_{el} + \frac{1}{c}\frac{\partial \vec{B}_{el}}{\partial t} = 0 \qquad \operatorname{div} \vec{B}_{el} = 0$$

A2 Die Maxwellsche Theorie

verknüpft. Die dritte Gleichung kann als Definitionsgleichung für die elektrische Ladungsdichte ϱ angesehen werden. Aus der ersten und der dritten Gleichung ergibt sich

$$\frac{\partial \varrho}{\partial t} + \operatorname{div} \vec{j} = 0,$$

aufgrund der Ähnlichkeit mit der gleichnamigen Gleichung in der Fluidmechanik Kontinuitätsgleichung genannt. Sie drückt den Erhaltungssatz von elektrischen Ladungen aus. Um eine eindeutige Berechnung der Feldvektoren aus einer gegebenen Verteilung von Strömen und Ladungen zu ermöglichen, müssen die Maxwellschen Gleichungen noch durch die *Materialgleichungen*

$$\vec{j} = \sigma \vec{E}_{el} \quad ; \quad \vec{D}_{el} = \gamma \vec{E}_{el} \quad ; \quad \vec{B}_{el} = \mu \vec{H}_{el}$$

erweitert werden. σ ist die spezifische elektrische Leitfähigkeit, γ die Dielektrizitätskonstante und μ die magnetische Permeabilität. Diese Materialgleichungen gelten in dieser einfachen Form nur für ruhende Körper und isotrope Materie. Die erste der drei Beziehungen ist die differentielle Form des Ohmschen Gesetzes. Für einen Isolator, also für nichtleitendes Material gilt $\sigma = 0$; die Eigenschaften desselben werden dann vollständig durch μ und γ beschrieben. Leitende Materialien haben eine elektrische Leitfähigkeit $\sigma > 0$. Die magnetische Permeabilität nimmt bei den meisten Materialien Werte um eins an (paramagnetische Stoffe mit $\mu \simeq 1$), nur bei ferromagnetischen Substanzen gilt $\mu \gg 1$. Die hier aufgeführten Gleichungen gelten nur *in* Substanzen mit kontinuierlichen physikalischen Größen. An Phasengrenzen gelten besondere Bedingungen, die z.B. für die Beschreibung der Reflexion berücksichtigt werden müssen. Für die *Energie des elektromagnetischen Feldes* folgt aus den ersten beiden Maxwellschen Gleichungen

$$\vec{E}_{el} \operatorname{rot} \vec{H}_{el} - \vec{H}_{el} \operatorname{rot} \vec{E}_{el} = \frac{4\pi}{c} \vec{j} \vec{E}_{el} + \frac{1}{c} \vec{E}_{el} \frac{\partial \vec{D}_{el}}{\partial t} + \frac{1}{c} \vec{H}_{el} \frac{\partial \vec{B}_{el}}{\partial t}.$$

Für die linke Seite gilt nach den Regeln der Vektorrechnung

$$\vec{E}_{el} \operatorname{rot} \vec{H}_{el} - \vec{H}_{el} \operatorname{rot} \vec{E}_{el} = -\operatorname{div}\left(\vec{E}_{el} \times \vec{H}_{el}\right),$$

womit sich für ein Kontrollvolumen dV unter Anwendung des Gaußschen Satzes

$$\frac{1}{4\pi} \int \left(\vec{E}_{el} \frac{\partial \vec{D}_{el}}{\partial t} + \vec{H}_{el} \frac{\partial \vec{B}_{el}}{\partial t} \right) dV +$$

$$+ \int \vec{j} \vec{E}_{el} \, dV + \frac{c}{4\pi} \int \left(\vec{E}_{el} \times \vec{H}_{el} \right) \vec{n} \, dA = 0$$

ergibt. $\vec{n}$ ist der nach außen gerichtete Einheitsvektor des Oberflächenelements dA. Diese Gleichung folgt direkt aus den Maxwellschen Gleichungen, unabhängig von den Materialgleichungen, es ist der Energieerhaltungssatz des elektromagnetischen Feldes. Beachtenswert ist der Faktor $c/4\pi$ vor dem Oberflächenintegral, der eine Verbindung zwischen volumenspezifischen und flächenspezifischen Größen herstellt. Dieser Faktor wird auch bei der Definition des *Poyntingschen Vektors*

$$\vec{S}_{el} := \frac{c}{4\pi}\left(\vec{E}_{el} \times \vec{H}_{el}\right)$$

berücksichtigt. Der Poyntingsche Vektor repräsentiert die Energie, die im Zeitintervall dt durch das Flächenelement dA hindurchtritt, wobei dA senkrecht zu $\vec{E}_{el}$ wie auch zu $\vec{H}_{el}$ steht. Der Vektor $\vec{S}_{el}$ tritt als Koppelstelle zur thermischen Strahlung auf, indem er in die spektrale Strahldichte L_λ überführt wird. Die oben genannte Definition des Poyntingschen Vektors beinhaltet eine gewisse Willkür. Physikalisch eindeutig ist nur das Integral $\int \vec{S}_{el}\vec{n}\,\mathrm{d}A$ über die geschlossene Oberfläche des Kontrollvolumens. Im Umgang mit $\vec{S}_{el}$ muß über kleine, aber endliche Flächen- und Zeitintervalle gemittelt werden. Dieses ist indirekt durch die Unzulänglichkeit der Maxwellschen Theorie zur Beschreibung realer (thermischer) Strahlung bedingt (vgl. Kap. 1.2). Der Betrag des Poyntingschen Vektors ist ein Maß für die Strahldichte (in der Maxwellschen Theorie wird mit Intensitäten gerechnet), seine Richtung repräsentiert die Achse des Strahlenbündels.

Um die Lösung der Maxwellschen Gleichungen zu skizzieren, wird das Kontrollvolumen als frei von frei beweglichen Ladungen und Stoffströmen angenommen, d.h. $\varrho = 0$ und $\vec{j} = 0$. Eine Umformung der Maxwellschen Gleichungen, diesmal unter Zuhilfenahme der Materialgleichungen, ergibt

$$\nabla^2 \vec{E}_{el} - \frac{\gamma\mu}{c^2}\frac{\partial^2 \vec{E}_{el}}{\partial t^2} = 0 \quad ; \quad \nabla^2 \vec{H}_{el} - \frac{\gamma\mu}{c^2}\frac{\partial^2 \vec{H}_{el}}{\partial t^2} = 0 \,.$$

Diese Wellengleichungen haben allgemeine Lösungen der Form

$$\vec{E}_{el} = E_1\left(rs - vt\right) + E_2\left(rs + vt\right)$$

im Fall der ebenen Welle, wo alle die Welle beschreibenden Größen über jeder Ebene *normal* zur Fortschreitungsrichtung der Welle zu jeder Zeit konstant sind, bzw.

$$\vec{E}_{el} = \frac{E_1\left(r - vt\right)}{r} + \frac{E_2\left(r + vt\right)}{r}$$

im Fall einer Kugelwelle. Für die magnetische Feldstärke $\vec{H}_{el}$ gilt entsprechendes. Die Ausbreitungsgeschwindigkeit ist $v = c_0/\sqrt{\gamma\mu}$, wobei das Verhältnis $m = c/v$ als Brechungsindex bezeichnet wird, d.h. $m = \sqrt{\gamma\mu}$. Wird ein absorbierendes Medium im Kontrollvolumen betrachtet, in welchem sich die Welle ausbreitet, so wird dies in der allgemeinen Lösung durch einen exponentiellen Dämpfungsterm berücksichtigt, der sich dann in einem komplexen Brechungsindex niederschlägt, $\bar{m} = n - ik$, wobei k die Absorptionskonstante des Mediums ist.

Die Konstante c_0 ist 1856 von Kohlrausch und Weber durch Messungen an einem Kondensator ermittelt worden. Sie stellte sich als identisch mit der Lichtgeschwindigkeit im Vakuum heraus, was Maxwell bei der Entwicklung seiner Theorie zugrunde legte. Die Leistungsfähigkeit der Maxwellschen Theorie wiederum wurde durch die Experimente von H. Hertz eindrucksvoll bestätigt.

Für harmonische Wellen schreibt sich die Lösung der Maxwellschen Gleichungen speziell zu

$$\vec{E}_{el}\left(\vec{r}, t\right) = a\left(r\right) \cos\left[\omega t - g\left(r\right)\right]$$

A2 Die Maxwellsche Theorie

mit $\omega = v \cdot 2\pi/\lambda = 2\pi/T$ als Kreisfrequenz. Diese exakt monochromatischen Wellen der Wellenlänge λ kommen in der Realität nicht vor. Zur Überführung des Poyntingschen Vektors in eine Strahldichte wird zunächst der Begriff der quasi-monochromatischen Welle eingeführt, wobei die Amplituden a_ω nur in einem engen Bereich

$$\bar{\omega} - \frac{1}{2}\Delta\omega \leq \omega \leq \bar{\omega} + \frac{1}{2}\Delta\omega \qquad (\Delta\omega/\bar{\omega} \ll 1)$$

um eine mittlere Kreisfrequenz $\bar{\omega}$ merklich von null verschieden ist. Dies ist eine Wellengruppe oder ein Wellenpaket (Goldin, 1982). Eine weitere Mittelung betrifft die Einführung einer infinitesimalen Divergenz der ebenen Welle. Mit diesen beiden Schritten wird der Poyntingsche Vektor $\vec{S}_{el} = (\bar{m}/\mu c)|\vec{E}_{el}|^2$ der Maxwellschen Theorie in eine spektrale Strahldichte L_λ gemäß der Planckschen Theorie überführt.

Literaturverzeichnis

AHRENDTS, J.: Solarkraftwerke. In: *Forsch. Ingenieurwes.* **54** (1988), S. 130-136

ANISIMOV, V.Ya.; SOTXKII, B.A.: Estimate of the entropy of radiation by means of weight functions. In: *Theor. math. phys.* **29** (1976) S. 971-973

AOKI, I.: Radiation entropies in diffuse reflection and scattering and applied to solar radiation. In: *J. Phys. Soc. Japan* **51** (1982), S. 4003-4010

ARPACI, V.: Radiative entropy production - lost heat into entropy. In: *Int. J. Heat Mass Transfer.* **30** (1987), S. 2115-2123

BÁDESCU, V.: L'exergie de la Radiation Solaire Directe et Diffuse sur la Surface de la terre. In: *Entropie* **145** (1988), S. 41-45

BAEHR, H.D.: *Thermodynamik.* 8. Auflage, Berlin: Springer, 1992

BEJAN, A.: Solar Power. In: BEJAN, A.: *Advanced engineering thermodynamics.* New York: Wiley & Sons, 1988, S. 466-527

BELL, E.; EISNER, L.; YOUNG, J.; OETJEN, R.: Spectral radiance of sky and terrain at wavelengths between 1 and 20 microns. In: *J. Opt. Soc. Am.* **50** (1960), S. 1313-1320

BELL, L.N.: On the maximum efficiency of transformation of radiant energy into work. In: *Soviet Physics JETP* **19** (1964), S. 756-759

BERETTA, G.P.; GYFTOPOULOS, E.P.: Electromagnetic radiation: a carrier of energy and entropy. In: G.TSATSARONIS, G.; GAGGIDI, R.; EL-SAYED, Y.; DROST, M.: *Fundamentals of thermodynamics and exergy analysis.* AES–Vol. 19, 1990

BIRD, R.; RIORDAN, C.: Simple solar spectral model for direct and diffuse irradiance on horizontal an tilted planes at the earth's surface for cloudless atmospheres. In: *J. Climate and Appl. Meteor.* **25** (1986), S. 87-97

BIRD, R.; RIORDAN, C.; MYERS, D.: Investigation of a cloud-cover modification to SPCTRAL2, SERI's simple model for cloudless sky, spectral solar irradiance. Golden: U.S. Dep. of Energy (Report Nr. DE 87 001177), 1987

BONNET, D.; RICKUS, E.: Photovoltaische Nutzung der solaren Strahlung. In: BOHN, T. (Hrsg.) *Energie,* Bd. 14: *Nutzung regenerativer Energie.* Köln: Verlag TÜV - Rheinland, 1982

BORN, M.; WOLF, E.: *Principles of optics.* Nachdruck der 6. Aufl. Oxford: Pergamon Press, 1987

BOŠNJAKOVIĆ, F.: Zur Thermodynamik des Solarkollektors. Fortschr. Ber. VDI-Z Reihe 6, Nr. 89, 1981.

BOŠNJAKOVIĆ, F.: Toplinski Dijagram Zracenja. In: *Suncera Energija* **4** (1983), S. 43-51

BOŠNJAKOVIĆ, F.; KNOCHE, K.F.: *Technische Thermodynamik,* Bd. 1, 7. Aufl. Darmstadt: Steinkopff–Verlag, 1988

BUDÓ, A.; KETSKEMÉTY, I.: Further investigations concerning the application of the entropy law to luminescence processes. In: Proc. Int. Conf. on Luminescence 1966, Hungarian Academy of Science, Budapest (1968) S. 245-249

CADLE, R.D.: *Particles in the atmosphere and space.* New York: Van Nostrand Reinhold, 1966

CALLEN, H.B.: *Thermodynamics and an introduction to thermostatistics.* 2.Aufl. New York: Wiley & Sons, 1985

CALLIES, U.: Anwendung der Theorie irreversibler Prozesse auf atmosphärische Strahlungsvorgänge. In: *Ber. Inst. Meteorol. Geophys. der Universität Frankfurt am Main,* No. 61, (1985)

CALLIES, U.: Entropy generation by atm. scattering. In: *Beitr. Phys. Atmosph.* **62** (1989), S. 27-38

CALLIES, U.; HERBERT, F.: On the treatment of radiation in the entropy budget of the earth-atmosphere system. In: BERGER, A.L.; NICOLIS, G. (Hrsg.): *New perspectives in climate modelling.* Amsterdam: Elseview Publ. (1984) S. 311-329

CALLIES, U.; HERBERT, F.: Radiative processes and non-equilibrium thermodynamics. In: *J. appl. math. phys.* **39** (1988), S. 242-266

CASTAÑS, M.: Bases fisicas del aprovechamiento de la energia solar. In: *Rev. Geofis.* **35** (1976), S. 227-239

CASTAÑS, M.: Response to „ Comment on a controversy between M. Castañs and S. Jeter" by A. DeVos and H. Pauwels. In:*Solar Energy* **33** (1984), S. 92

CASTAÑS, M.; SOLER, A.; SURIANO, F.: Theoretical maximal efficiency of diffuse radiation. *Solar Energy* **38** (1987), S. 267-270

CHANDRASEKHAR, S.: *Radiative Transfer.* New York: Dover Publ., 1960

CHUKOVA, Yu.P., 1971. Thermodynamik limit to the efficiency of broad-band photoluminescence. In: *Bull. Acad. Sci USSR Phys. Ser.* **35** (1971), S. 1369-1352

CHUKOVA, Yu.P., 1974. The thermodynamic limit of Anti-Stokes (AS) luminophore efficiency. In: *J. Appl. Spectrose.* **20** (1974), S. 311-313

CHUKOVA, Yu.P.: The maximum efficiency for the conversion of light energy to chemical energy. In: *High Energy Chemistry.* **11** (1977), S. 100-104

C.I.E.: Draft of guide to recommended practice of daylight measurment. C.I.E. T.C. 307. (1989)

CLAUSIUS, R.: Über die Anwendung der mechanischen Wärmetheorie auf die Dampfmaschine. In: *Ann. Phys. Chem.* **173** (1854), S. 441-476 und 513-558

CLAUSIUS, R.: Über verschiedene für die Anwendungen bequeme Formen der Hauptgleichungen der mechanischen Wärmetheorie. In: *Pogg. Ann.* **125** (1865), S. 353-400

CONNOLLY, J.S., 1981. *Photochemical conversion and storage of solar energy.* New York: Academic Press, 1981

COHEN, E.R.; TAYLOR, B.N.: The 1986 adjustment of the fundamental physical constants. In: *CODATA Bulletin* **63** (1986)

COULSON, K.; DAVE, J.; SEKERA, Z.: *Tables related to radiation emerging from a planetary atmosphere with Rayleigh scattering.* Los Angeles: Univ. of Calif. Press, 1960

COULSON, K.: *Polarization and intensity of light in the atmosphere.* Hampton, Virginia: Deepak, 1988

CURZON, F.L.; AHLBORN, B.: Efficiency of a Carnot engine at maximum power output. In: *A. J. Phys.* **43** (1975), S. 22-24

DeGroot, S.R.; Mazur, P.: *Non-equilibrium thermodynamics.* Amsterdam: North-Holland, 1962

DeVos,A.; Pauwels, H.: On the thermodynamic limit of photovoltaic energy conversion. In: *Appl. Phys.* **25** (1981), S. 119-125

DeVos, A.; Pauwels, H.: Comment on a thermodynamical paradox presented by P. Würfel. In: *J. Phys. C.: Solid State Phys.* **16** (1983), S. 6897-6909

DeVos, A.; Pauwels, H.; Castaños, M.; Jeter, S.: Comment on a controversy between M. Castaños and S. Jeter. In: *Solar Energy* **33** (1984), S. 91-95

Diederichsen, Ch.: *Referenzumgebungen zur Berechnung der chemischen Exergie.* Hannover: Universität, Fachber. Maschinenbau.Diss. 1990

Dirac, P.A.M. *Proc. Roy. Soc.* **A 114, 243** (1924), S. 710

Dirac, P.A.M.: *The principles of quantum mechanics.* 4. Aufl. Oxford: Clarendon Press, 1958

DIN 5031: Strahlungsphysik im optischen Bereich und Lichttechnik. Ausg. März 1982. Berlin: Beuth.

DIN 5496: Temperaturstrahlung. Ausg. März 1982. Berlin: Beuth-Verlag.

Duffie, J.A.; Beckmann, W.A.: *Solar engineering of thermal processes.* New York: Wiley & Sons, 1980

Edgerton, R.H.; Patten, J.A.: Thermodynamic availability of solar radiation with special attention to atmospheric Rayleigh scattering. In: Gaggioli, R.A.: *Efficiency and Costing.* ASC Symp. Series 235. Washington D.C. 1983

Einstein, A.: Über einen die Erzeugung und Verwandlung des Lichtes betreffenden heuristischen Gesichtspunkt. In: *Ann. d. Phys.* **17** (1905), S. 132-148

Einstein, A.: Zur Theorie der Lichterzeugung und Lichtabsorption. In: *Ann. d. Phys.* **20** (1906), S. 199-206

Einstein, A.: Antwort auf eine Abhandlung M. v. Laues "Ein Satz der Wahrscheinlichkeitsrechnung und seine Anwendung auf die Strahlungstheorie". In: *Ann. d. Phys.* **47** (1915), S. 879-885

Einstein, A.: *Phys. Z.* **18** (1917), S. 121-135

Essex, Ch.: Radiation and the irreversible thermodynamics of climate. In: *J. Atmos Sci.* **41** (1984), S. 1985-1991

Essex, Ch.: Global thermodynamics, the Clausius inequality, and entropy radiation. In: *Geophys. Astrophys. Fluid Dynamics* **38** (1987), S. 1-13

Fahrenbuch, A.L.; Bube, R.H.: *Fundamentals of solar cells.* New York: Academic Press, 1983

Fainberg, V.N.: Spatial anisotropy of the entropy of scattered radiation. In: *Optics and Spetr.* **22** (1965), S. 403-408

Fowler, R.; Guggenheim, E.A.: *Statistical Thermodynamics.* Cambridge: University Press, 1965

Fratzscher, W.; Brodjanskij, V.M.; Michalek, K.: *Exergie.* Leipzig: VEB Deutscher Verl. f. Grundstoffind. 1986

Fröhlich, C.; Quenzel, H.: Observation and measurement of atmospheric pollution. In: *Special Environmental Report No. 3; WMO-No. 368*, 1974

Gamo, H. In: Wolf, E. (Hrsg.): *Progress in optics.* Bd. 3. New York: J. Wiley & Sons (1964), S. 187.

GLAUBER, R.J.: *Phys. Rev. Letters* **10** (1963a), S. 84
GLAUBER, R.J.: *Phys. Rev.* **130** (1963b), S. 2529
GLAUBER, R.J.: *Phys. Rev.* **131** (1963c), S. 2766
GOODY, R.M.; YUNG, Y.L.: *Atmospheric Radiation, Theoretical Basis.* 2. Aufl. Oxford: Oxford University Press, 1989
GOLDIN, E.: *Waves and photons.* New York: John Wiley & Sons, 1982
GRASSL, H.: Strahlung in getrübten Atmosphären und in Wolken. In: *Hamburger Geophysikalische Einzelschriften*, Reihe A, Heft 37, (1972)
GRASSL, H.: The climate at maximum entropy production by meridional atmospheric and oceanic heat fluxes. In: *Quart. J. R. Met. Soc.* **107** (1981), S. 153-166
GREEN, A.; CHAI, S.T.: Solar spectral irradiance in the visible and infrared regions. In: *Photochem. and Photobiol.* **48** (1988), S. 477-486
GRIBIK, J.A.; OSTERLE, J.F.: The second law efficiency of solar energy conversion. In: *J. Sol. Energy Eng.* **106**, (1984) S. 16-21
HAASE, R.: *Thermodynamik der irreversiblen Prozesse.* Darmstadt: Steinkopff-Verlag, 1963
HARRISON, A.W.; COOMBES, C.A.: Angular distribution of clear sky short wavelenth radiance. In: *Solar energy.* **40** (1988), S. 57-53
HAUGHT, A.F.: Physics considerations of solar energy conversion. In: *J. Sol. Energy Eng.* **106** (1984), S. 3-15
HAYWOOD, R.W.: A critical review of the theorems of thermodynamic availability, with concise formulations. In: *J. Mech. Eng. Sci.* **16** (1974), S. 160-173 und 258-267
HENRY, C.H.: Limiting efficiencies of ideal single and multiple energy gap terrestrial solar cells. In: *J. Appl. Phys.* **51** (1980), S. 4494-4500
HERBERT, F.; PELKOWSKI, J.: Radiation and entropy. In: *Beitr. Phys. Atmosph.* **63** (1990), S. 134-140
HOWELL, J.R.: Thermal radiation in participating media. In: *J. Heat Transfer* **110** (1988), S. 1220-1229
INSTITUT ROYAL METEOROLOGIQUE DE BELGIQUE: Distribution spectrale du rayonnement solaire a Uccle. Miscellanea, Serie B, Nr. 52, 1981
IQBAL, M.: *An introduction to solar radiation.* Toronto: Academic Press, 1983
JEANS, J.H.: On the partition of energy between matter and aether. In: *Phil. Mag.* **10** (1905), S. 91-98
JETER, S.M.: Maximum conversion efficiency for the utilization of direct solar radiation. In: *Solar energy* **26** (1981), S. 231-236
JETER, S.M.: Response to comments by A. DeVos and H. Pauwels. In: *Solar Energy* **33** (1984), S. 93
JETER, S.M.; GRIBIK, J.; OSTERLE, J.; DEVOS, A.; PAUWELS, H.: Discussion of the second law efficiency of solar energy conversion. In: *Journ. of Sol. Energy Eng.* **108** (1986), S. 78-84
KARLSSON, S.: The exergy of incoherent electromagnetic radiation. In: *Physica Scripta* **26** (1982), S. 329-332
KIRCHHOFF, G.: Ueber das Verhältnis zwischen dem Emissionsvermögen und dem Absorptionsvermögen der Körper für Wärme und Licht. In: *Ann. d. Phys.* **19**

(1860), S. 275-301

KNEIZYS, F.; SHETTLE, E.; GALLERY, W.; CHETWYND, I.; ABREU, L.; SELBY, J.; FENN, R.; MCCLATCHEY, R.: Atmospheric transmittance/radiance: computer code LOWTRAN 5. AFGL-TR-80-0067. *Air Force Geophysics Laboratory* Massachusetts, 1980

KNOX, R.S.: Conversion of light into free energy. In: GERISCHER, M.; KATZ, J.J.: *Light-induced charge seperation in biology and chemistry*. Berlin: Dahlem-Konferenzen (1979), S. 45-59

KUSHIDA, T.; GEUSIC, J.E.: Optical refrigeration. In: *Phys. Rev. Letters* **21** (1968), S. 1172-1181

LANDAU, L.: On the thermodynamics of photoluminescence. In: *J. Phys.* **10** (1946), S. 503-506

LANDAU, L.; LIFSHITZ, E.M.: *Statistical physics* 3. Aufl. New York: Pergamon Press, 1980

LANDSBERG, P.T.: The entropy of an non-equilibrium gas. In: *Proc. Phys. Soc.* **74** (1959), S. 486-489

LANDSBERG, P.T.: *Thermodynamics*. Bd. 2 von: PRIGOGINE, I.: *Monographs in statistical physics and thermodynamics*. New York: Interscience, 1961

LANDSBERG, P.T.; EVANS, D.A.: Thermodynamic limits for some light-producing devides. In: *Phys. Rev.* **166** (1968), S. 242-246

LANDSBERG, P.T.: A note on the thermodynamics of energy conversion in plants. In: *Photochem. Photobiol.* **26** (1977), S. 313-314

LANDSBERG, P.T.: *Thermodynamics and statistical mechanics*. Oxford: Oxford University Press, 1978

LANDSBERG, P.T.; Tonge, G.: Thermodynamics of the conversion of diluted radiation. In: *J. Phys. A: Math. Gen.* **12** (1979), S. 551-562

LANDSBERG, P.T.; TONGE, G.: Thermodynamic energy conversion efficiencies. In: *J. Appl. Phys.* **51** (1980), S. R1-R 20

LANDSBERG, P.T.: Photons at non-zero chemical potential. In: *J. Phys. C.: Solid State Phys.* **14** (1981), S. L1025-L1027

LANDSBERG, P.T.: Some maximal thermodynamic efficiencies for the conversion of blackbody radiation. In: *J. Appl. Phys.* **54** (1983), S. 2841-2843

LANDSBERG, P.T.: An introduction to nenequilibrium problems involving electromagnetic radiation. In: DASAS-VAZQUES, J. et al.: *Recent developments in nonequilibrium thermodynamics*. Berlin: Springer, 1986, S. 224-267

LEVINE, R.D.; KAFRI, O.: Thermodynamic efficiency of a finite gain laser. In: *Chem. Phys.* **8** (1975), S. 426-431

LIOU, K.: *An introduction to atmospheric radiation*. New York: Academic Press, 1988

LOUISELL, W.H.: *Quantum statistical properties of radiation*. New York: John Wiley & Sons, 1973

LUMMER, O.; PRINGSHEIM, E.: *Verhandl. deut. phys. Ges.* **2** (1900), S. 163

MALLINSON, J.R.; LANDSBERG, P.T.: Meteorological effects on solar cells. In: *Proc. Roy. Soc.* **A355** (1977), S. 115-121

MANDEL, L.; WOLF, E.: Coherence properties of optical fields. In: *Reviews of Mo-*

dern Physics. **37** (1965), S. 231-287

MARTIN, M.; BERDAHL, P.: Summary of results from the spectral and angular sky radiation measurement program. In: *Solar Energy* **33** (1984), S. 241-252

MAXWELL, J.C.: A dynamical theory of the electromagnetic field (1864). In: NIVEN, W.D.: *The scientific papers of James Clerk Maxwell.* Bd. I. London: Cambridge University Press, 1890

MAYER, J.E.; MAYER, M.: *Statistical mechanics.* New York: John Wiley & Sons, 1966

MCCARTNEY, E.J.: *Optics of the atmosphere.* New York: Wiley & Sons, 1976

MCCARTNEY, E.J.: *Absorption and emission by atmospheric gases.* New York: Wiley & Sons, 1983

MIE, G., 1908. Beiträge zur Optik trüber Medien, speziell kolloidaler Lösungen. In: *Ann. Phys.* **25** (1908), S. 377-445

MÜSER, H.A.: Thermodynamische Behandlung von Elektronenprozessen in Halbleiter-Randschichten. In: *Z. Phys.* **148** (1957), S. 380-390

NANN, S.: ZSW Stuttgart/Ulm. Pers. Mitteilung, 1989

OLSETH, J.A.: Observed and modeled hourly luminuous efficacies under arbitrary clouds. In: *Solar Energy.* **42** (1989), S. 221-230

ORE, A.: Entropy of radiation. In: *Physical review.* **98** (1955), S. 887-888

PALTRIDGE, G.: Global dynamics and climate - A system of minimum entropy exchange. In: *Quart. J.Roy. Meteor. Soc.* **101** (1975), S. 475-484

PASTRŇAK, J.: Thermal source of stimulated radiation. (tschech.). In: *Phys. B* **15** (1965), S. 379-390

PASTRŇAK, J.; HEJDA, B.: Thermodynamical considerations on the quantum efficiency of Anti-Stokes co-operative luminescence. In: *J. of Luminescence* **9**. (1974), S. 249-256

PENNDORF. R.: Tables of the refractive index for standard air and the Rayleigh scattering coefficient for the spectral region between 0,2 and 20 μm. In: *J. Opt. Soc. Am.* **47** (1957), S. 176-182

PEREZ, R.: A new simplified version of the Perez diffuse irradiance model for tilted surfaces. In: *Solar Energy* **39** (1987), S. 221-231

PETTERSON, H.: Cosmic sherules and meteoritic dust. In: *Sci. Am.* **1960-2** (1960), S. 123-132

PETELA, R.: Exergy of heat radiation. In: *J. Heat Transfer* **86** (1964), S. 187-192

PLANCK, M.: Ueber irreversible Strahlungsvorgänge. In: *Ann. d. Phys.* **1** (1900a), S. 69-122

PLANCK, M.: Ueber irreversible Strahlungsvorgänge (Nachtrag). In: *Ann. d. Phys.* **6** (1900b), S. 818-831

PLANCK, M.: Entropie und Temperatur strahlender Wärme. In: *Ann. d. Phys.* **1** (1900c), S. 719-737

PLANCK, M.: Ueber das Gesetz der Energieverteilung im Normalspektrum. In: *Ann. d. Phys.* **4** (1901), S. 553-563

PLANCK, M.: Ueber die Elementarquanta der Materie und der Elektrizität. In: *Ann. d. Phys.* **7** (1902), S. 564-566

PLANCK, M.: *Theorie der Wärmestrahlung.* Nachdruck der 5. Aufl. von 1923. Leipzig: Barth-Verlag, 1966

POWELL jr., A.M.: *A simple solar spectral model for studying the effects of cloud cover and surface albedo on the incomming solar radiation.* Michigan: University. Thesis, 1986

PRESS, W.M.: Theoretical maximum for energy from direct and diffuse sunlight. In: *Nature* **264** (1976), S. 734-735

PRINGSHEIM, P.: Zwei Bemerkungen über den Unterschied von Lumineszenz- und Temperaturstrahlung. In: *Zs. f. Phys.* **57** (1929), S. 739-746

PRINGSHEIM, P.: Some remarks concerning the difference between luminescence and temperature radiation. Anti-Stokes flourescence. In: *J. Phys.* **10** (1946), S. 495-498

RANT, Z.: Exergie, ein neues Wort für technische Arbeitsfähigkeit. In: *Forsch. Ingenieurwes.* **22** (1956), S. 36-37

REIF, F.: *Fundamentals of statistical and thermal physics.* New York: McGraw-Hill, 1965

RIES, M.: *Konzentration diffuser Strahlung.* München: Techn. Universität. Diss. 1984

ROSEN, P.: Entropy of radiation. In: *Phys. Rev.* **96** (1954), S. 555

ROSEN, M.A.; HOOPER, F.C.; BRUNGER, A.P.: The characterization and modelling of the diffuse radiance distribution unter partly cloudy skies. In: *Solar Energy* **43** (1989), S. 281-290

ROSEN, M.A.: *The characterization and modelling of the angular distribution of diffuse sky radiance.* Toronto: University, Dept. of Mechanical Engeneering, Thesis, 1983

RUPPEL, W.; WÜRFEL, P.: Upper limit for the conversion of solar energy. In: *IEEE Trans. Electron. Devices ED* **27** (1980), S. 877-882

SARACE, J.C.; KAISER, R.H.; WHELAN, J.M.; LEITE, R.C.: *Phys. Rev.* **137** (1965), S. A623-A629

SHOCKLEY, W.; QUEISSER, J.: Detailed balance limit of efficiency of p-n junction solar cells. In: *J. Appl. Phys.* **32** (1961), S. 510-519

SIEGEL, R.; HOWELL, J.R.: *Thermal Radiation Heat Transfer.* New York: McGraw-Hill, 1972

SIEGEL, R.; HOWELL, J.R.; LOHRENGEL, J.: *Wärmeübertragung durch Strahlung,* Bd. 1. Berlin: Springer, 1988

SIZMANN, R.: Physikalische Grundlagen zur Nutzung solarer Strahlungsenergie. In: *Proceedings of Solar Energy, ESA SP-240* (1985), S. 5-15

SITZMANN, R.: Solarchemisches Potential der Sonnenstrahlung. In: FISCHER, M.: *Solarchemisches Kolloquium.* Berlin: Springer, 1990

SLOAN, R.; SHAW, J.H.; WILLIAMS, D.: Infrared emission spectrum of the atmosphere. In: *J. Opt. Soc. Am.* **45** (1955), S. 455-460

SPANNER, D.C.: *Introduction to thermodynamics.* London: Acadamic Press, 1964

SZARGUT, J.; MORRIS, D.R.; STEWARD, F.: *Exergy analysis of thermal, chemical, and metallurgical processes.* New York: Hemisphere Publ. Corp. 1988

THOMALLA, E.; KÖPKE, P.; MÜLLER, H.; QUENZEL, H.: Circumsolar radiation calculated for various atmospheric conditions. In: *Solar energy.* **30** (1983), S. 575-

587
VAVILOV, S.: Photoluminescence and thermodynamics. In: *J. Phys.* **9** (1945), S. 68
VAVILOV, S.: Photoluminescence and thermodynamics. In: *J. Phys.* **10** (1946), S. 499-502
VAN DE HULST, H.C.: *Light scattering by small particles.* New York: Dover Publ. 1981
VITTITOE, Ch.; BIGGS, F.: Six gaussian representations of the angular brightness distribution for solar radiation. In: *Solar energy*, **27** (1981), S. 469-490
VON BALTZ, R.: Thermodynamic limitation on the conversion of heat into coherent radiation. In: *Z. Physik* **238** (1970), S. 159-163
VON LAUE, M.: Zur Thermodynamik der Interferenzerscheinungen. In: *Ann. d. Phys.* **20** (1906), S. 365-378
VON LAUE, M.: Die Entropie von partiell kohärenten Strahlenbündeln. In: *Ann. d. Phys.* **23** (1907), S. 1-43
VON LAUE, M.: Zur Thermodynamik der Beugung. In: *Ann. d. Phys.* **31** (1910), S. 547-558
VON LAUE, M.: Die Freiheitsgrade von Strahlenbündeln. In: *Ann. d. Phys.* **44** (1914), S. 1197-1212
VON LAUE, M.: Ein Satz der Wahrscheinlichkeitsrechnung und seine Anwendung auf die Strahlentheorie. In: *Ann. d. Phys.* **47** (1915), S. 853-878
WAGNER, W.: Eine mathematisch statistische Methode zum Aufstellen thermodynamischer Gleichungen. In: *Fortschr. Ber. VDI-Z*, Reihe 3 (1974) Nr. 39
WEINSTEIN, M.A.: Thermodynamic limitation on the conversation of heat into light. In: *J. Opt. Soc. Am.* **50** (1960), S. 597-602
WEXLER, A.; PARROTT, J.E.: Discussion of an article by Parrott (1978). In: *Solar Energy* **22** (1979), S. 572-573
WIEN, W.: *Sitzungsbericht d. Akad. d. Wissenschaften Berlin* vom 9. Febr. 1893, (1893), S. 55
WIEN, W.: Über die Energieverteilung im Emissionsspectrum eines schwarzen Körpers. In: *Ann. d. Phys.* **58** (1886), S. 662-669
WILDT, R.: Thermodynamics of the gray atmosphere IV. In: *Astrophys. J.* **174** (1972), S. 69-77
WÜRFEL, P.: The chemical potential of radiation. In: *J. Phys. C: Solid State Phys.* **15** (1982), S. 3967-3985
WÜRFEL, P.; RUPPEL, W.: The flow equilibrium of a body in a radiation field. In: *J. Phys. C: Solid State Phys.* **18** (1985), S. 2987-3000

Abgelöste Strömungen

von Alfred Leder

1992. XII, 214 Seiten mit 116 Abbildungen und 4 Farbtafeln. (Grundlagen und Fortschritte der Ingenieurwissenschaften; herausgegeben von Wilfried B. Krätzig, Theodor Lehmann und Oskar Mahrenholtz) Gebunden.
ISBN 3-528-06436-6

Die mathematische Behandlung von Strömungsvorgängen basiert auf den Erhaltungssätzen für Impuls, Masse und Bilanzierung von Größen wie z.B. Temperatur. Turbulente abgelöste Strömungen entziehen sich jedoch weitgehend einer direkten mathematischen Behandlung. Strömungsablösungen lassen sich somit nicht mit rein theoretischen Methoden ermitteln. Dieses Buch nutzt die empirischen Ergebnisse ausgiebiger Forschungen, um mit den theoretischen Ansätzen Lösungen für das Verhalten Abgelöster Strömungen zu erarbeiten.

Über den Autor: Dr.-Ing. Alfred Leder forscht und lehrt an der Universität Gesamthochschule Siegen im Fachbereich Maschinentechnik, Institut für Fluid- und Thermodynamik.

Verlag Vieweg · Postfach 58 29 · 65048 Wiesbaden